高等学校教材

工程材料

第二版

刘新佳　姜世杭　姜银方　主编
赵永武　审

化学工业出版社
·北京·

本书是为适应高校专业设置的调整和合并而提出的教改要求，根据国家教育部最新颁布的普通高等学校《工程材料及机械制造基础》系列课程教学基本要求中工程材料课程教学基本内容和要求而编写的。全书引用最新国家标准，主要阐述机械零件在不同工作条件下的性能要求以及机械工程技术人员必备的材料学基本理论和知识，介绍了各类工程材料的成分、组织结构、加工工艺、性能特点和应用范围，结合实例说明了选用材料的原则和方法。全书分为材料力学性能、材料的结构、材料相变基础知识、材料的改性、金属材料、非金属材料和复合材料、材料的选用7章，各章后均附有分析应用型习题。

本书可作为高等学校机械类、近机械类专业学生教材，也可作为有关专业科技人员的参考用书。

图书在版编目（CIP）数据

工程材料/刘新佳，姜世杭，姜银方主编．—2版．—北京：化学工业出版社，2012.11（2024.8重印）
高等学校教材
ISBN 978-7-122-15414-9

Ⅰ.①工…　Ⅱ.①刘…②姜…③姜…　Ⅲ.①工程材料-高等学校-教材　Ⅳ.①TB3

中国版本图书馆CIP数据核字（2012）第231731号

责任编辑：程树珍　　文字编辑：王　琪
责任校对：蒋　宇　　装帧设计：杨　北

出版发行：化学工业出版社（北京市东城区青年湖南街13号　邮政编码100011）
印　　装：北京七彩京通数码快印有限公司
787mm×1092mm　1/16　印张13　字数314千字　2024年8月北京第2版第11次印刷

购书咨询：010-64518888　　售后服务：010-64518899
网　　址：http://www.cip.com.cn
凡购买本书，如有缺损质量问题，本社销售中心负责调换。

定　　价：39.00元

第二版前言

自《工程材料》教材第一版出版以来，我国高校工程材料及机械制造基础课程教学的条件不断得到改善，课程教学改革也取得了一系列重大进展，与本课程有关的一些技术标准的更新力度也很大，为保持教材活力，反映课程教学改革取得的最新成果，适应本科机械类专业对本课程教学的需求，我们决定对教材按调整、更新、精简的原则进行修订再版。本次修订主要做了以下一些工作。

1. 在教材的内容体系上仍延续第一版，以保持和发扬其已有特色。但对教材内容进行了优化与整合，全书由 9 章调整为 7 章，将第一版的第 6 章高分子材料、第 7 章陶瓷材料和第 8 章复合材料调整合并为第二版第 6 章非金属材料和复合材料。为便于学生掌握和巩固已学知识，各章后均附有分析应用型习题。

2. 注意了对教材内容的合理筛选，力求做到与时俱进。根据课程参考学时数和课程教学基本要求，对一些论述过细的基本理论部分和工程上不常用的材料部分进行适当的精简，全书篇幅压缩在 20%以上。

3. 鉴于互联网的日趋普及，文字版教材附带光盘已显多余，故取消第一版所附光盘，其内容考虑置于互联网。

4. 进行了严格的标准化审查。跟踪材料方面新的国家标准及行业标准颁布后，一些与本书有关技术内容的更新，使书中基本概念、名词术语、符号、计量单位，均与最新现行标准一致，以保证教学内容上的科学性和先进性。

5. 拓宽了教材的适用性。编写中注意吸收不同类型高校在工程材料及机械制造基础课程教学内容、教学模式和教学方法改革方面的成功经验，使教材适应大多数工科院校非材料类专业的机械工程专业及过程控制与装备、工业工程等近机械类专业本科的教学需要。

本书由江南大学刘新佳、扬州大学姜世杭、江苏大学姜银方任主编，教材编写分工为：刘新佳编写绪论、第 1、2、4、7 章，姜银方编写第 3 章，姜世杭编写第 5 章，南京工程学院王建中编写第 6 章，此外，江南大学王海彦参与了部分编写工作，邵健萍提供了部分金相图片。江南大学教授、博士生导师赵永武担任主审，并提出了许多宝贵意见，全体编者对此表示衷心的感谢。

在编写过程中，编者参阅了部分国内外相关教材、科技著作、论文（详见参考文献），在此向资料作者表示深切的谢意！

由于编者学识所限，书中不妥之处在所难免，敬请读者批评指正。

编　者

2012 年 10 月

第一版前言

本教材是按照高校专业设置调整与合并所提出的教改要求，以国家教育部最新颁布的《工程材料及机械制造基础课程教学基本要求》中工程材料的教学基本内容和要求为依据来编写的。为与目前机械类专业少学时、宽口径、重技能的教学改革要求相适应，在适度、够用的前提下以精简理论、加强基础、注重应用、拓宽知识面、更新教材内容为基本编写原则。

本教材的内容体系是以重点高等工科院校《工程材料及机械制造基础》系列课程改革指南中工程材料课程改革参考方案为依据，在总结近几年工程材料及机械制造基础系列课程教改成果和遵循材料科学与工程体系的基础上，将《工程材料》课程内容进行有机整合并优化，以机械工业广泛使用的工程材料为研究对象，以材料的"化学成分—加工工艺—组织结构—性能—应用"为纲，由浅入深地展开。内容编排上力求在探索教材新结构的同时保证教材内容的科学性、先进性、适用性和相对稳定性。

本教材在内容选择上注意根据材料科学与工程的发展，顺应制造工程的实际需要，阐述了现代机械工程技术人员所应必备的材料学基本理论和知识。在重点剖析结构材料的同时，适当地介绍功能材料；在重点分析工业上广泛使用的金属材料的同时，适量地介绍非金属材料、新型材料以及新技术、新工艺等方面的有关知识，尽可能体现教材内容的先进性。注重理论联系实际，学以致用，加强对学生实际工程技术能力的培养。

近年来，为与国际先进技术接轨，已对许多材料试验方法标准、材料牌号标准、材料技术条件标准进行了修订，有些更新力度还比较大。本教材力求体现这种更新，采用最新的国家标准和行业标准并增加生产实践中广泛应用的相关图表、资料、经验公式和材料设计实例，以增加本教材的实用性。

为培养学生创造性思维和独立分析与解决实际问题的能力，各章末均附有习题，旨在帮助学生及时理解、消化本章内容。

为在少学时的教学条件下，帮助学生尽快掌握教学内容，我们还进行了以下两方面工作。一是在文字版教材的基础上研制了助学版多媒体教学光盘。光盘除包含全部文字教材内容外，对一些教学上的难点、疑点以及工程实际过程，大量运用自制的动画及视频、图片等形式直观表达，还配有约6万字的多种实用附录和助学资料以减少文字教材篇幅。二是配套设置网上在线学习、考核系统（网址：http://sme.sytu.edu.cn/reviews/index.asp）。题型以选择题为主，其特点是题干及题支（备选项）具有双随机性，运行时系统随机地从题库中选择题干，对应于每道题干题支的顺序也随机产生。多名学生同时学习或集中考试时，所选到的同一道题题支的顺序是不固定的，以最大限度地保证学生学习到正确的答案内容而不只是记忆备选项的标号，可以较好地防止在集中学习或考试过程中可能的作弊行为。系统还具有自动记录上线时间、答题情况、统计成绩等功能，可作为检查学习效果的辅助工具，进一步帮助学生培养自主学习的能力、正确理解和应用教学内容。

本书由刘新佳（江南大学）任主编，姜银方（江苏大学）、姜世杭（扬州大学）任副主编，王海彦（江南大学）参编；多媒体教学光盘由刘新佳和姜世杭负责制作；在线学习、考核系统由刘新佳和赵又力（江南大学）负责研制。编写过程中，江苏大学王宏宇老师提出了许多有益的建议。江南大学“太湖学者”特聘教授、博士生导师赵永武教授审阅了全部书稿并提出了宝贵的修改意见，对此，全体编者表示衷心的感谢！

本书可作为高等学校本科机械类、近机类专业学生教材，也可作为高等职业技术学院、高等专科学校相关专业的教材和有关专业人员的参考用书。

编写过程中，编者参阅了部分国内外相关教材、科技著作及论文，在此向资料作者表示深切的谢意！

由于编者学识所限，书中错误和不妥之处在所难免，敬请读者批评指正。

联系方式：jdjg2006@126.com。

编 者

2005 年 10 月

目　　录

绪　论

0.1 材料及材料科学的发展

材料是人们用来制成机器、器件、结构等具有某种特性的物质的实体，人们触感到的任何东西都是由材料组成的。材料和人类社会的关系极为密切，它是人类赖以生活和生存的物质基础。人类所用材料的创新和进步大大推动了社会生产力的发展，它标志着历史发展和人类文明的进程。人类文明的发展史，实际上就是一部学习利用材料、制造材料、创新材料的历史。大约在25000年前，人类学会了使用第一种工具材料——石器；公元前8000年，人类第一次有意识地创造发明了自然界并没有的新材料——陶器；公元前2140～前1711年，人类炼出了第一种金属材料——铜；公元前770～前475年，人类发明了生铁冶铸技术；1800多年前，我国掌握了两步炼钢法技术——先炼铁再炼钢，并一直沿用至今；今天随着高纯度、大直径的硅单晶体的研制成功而发展起来的集成电路出现了先进的计算机和电子设备。正因为如此，历史学家根据制造生产工具的材料，将人类生活的时代划分为石器时代、青铜器时代和铁器时代。当今，人类在发展高性能金属材料的同时，也在迅速发展和应用高性能的非金属材料，并逐渐跨入人工合成材料的新时代。

然而，长期以来，人们对材料本质的认识是表面的、肤浅的。每种材料的发现、制造和使用过程都要靠工艺匠人的经验，如听声音、看火候或者凭借祖传秘方等。后来，随着经验的积累，出现了讲述制造过程和规律的“材料工艺学”。18世纪后，由于工业迅速发展，对材料特别是钢铁的需求急剧增长。为适应这一需要，在化学、物理、材料力学等学科的基础上，产生了一门新的科学——金属学。它明确地提出了金属的外在性能取决于内部结构的概念，并以探讨和研究金属的组织和性能之间的关系为自己的主要任务。1863年光学显微镜问世，并第一次被用于观察和研究金属材料的内部组织结构，出现了“金相学”。1913年用X射线衍射技术研究固体材料的晶体结构、内部原子排列的规律。1932年发明的电子显微镜以及后来出现的各种谱仪等分析手段，把人们对微观世界的认识带入了更深的层次。此外，化学、量子力学、固体物理等一些与材料有关的基础学科的进展也大大推动了材料研究的深化。陶瓷学、高分子科学等相关应用学科的发展，为20世纪后期跨越多学科的材料科学与工程的形成打下了基础。

材料科学是研究材料化学成分、组织结构和性能之间相互关系及其变化规律的一门科学。它的任务是解决材料的制备问题，合理、有效地利用现有材料及不断研制新材料。其任务的实现实际是一个工程问题，故在材料科学这个名词出现后不久提出了材料科学与工程（MSE）的概念。材料科学与工程包括四个基本要素，即成分和结构、合成和加工、性质、使用表现。任何材料都离不开这四个基本要素，这是几千年来人类对材料驾驭过程的总结。材料的合成与加工着重研究获取材料的手段，以工艺技术的进步为标志；材料的成分（材料所含元素的种类和各元素的相对量）与结构（材料的内部构造）反映材料的本质，是认识材料的理论基础；材料的性质（材料在外界因素作用下表现出来的行为）表征了材料固有的性能，如力学性能、物理性能、化学性能等，是选用材料的重要依据；使用表现（材料在使用条件下表现出来的行为）可以用材料的加工性（工艺性能）和服役条件（使用性能）相结合来考察，它常常是材料科学与工程的最终目标。

1957 年 11 月，原苏联人造卫星被送入太空，对当时的美国朝野造成极大震动。美国政府的调查表明，主要问题在于材料科学与工程相对落后于原苏联。此后，以美国为代表的西方先进工业国家就十分重视材料的研究与开发。这就逐步促使了该 MSE 新兴边缘学科的形成。能源、材料、信息是现代科学技术的三大支柱，在我国也形成了相应的三大支柱产业。而能源与信息产业的发展在很大程度上要依赖于材料的发展。所以，全世界工业技术先进的国家都十分重视该领域内的研究与开发。美国的关键技术委员会在 1991 年确定的 22 项关键技术中，材料占了 5 项：①材料的合成与加工；②电子和光电子材料；③陶瓷；④复合材料；⑤高性能金属和合金。日本为开拓 21 世纪选定的基础技术研究项目中共涉及 46 个领域，其中有关新材料的基础研究项目就占 14 项之多。

材料科学与工程的努力目标是按指定性能来进行材料的设计，新材料将建立在“分子设计”基础之上，改变利用化学方法探索和研制新材料的传统做法。将来，新材料的合成，只要通过化学计算，重新组合分子就行了，人类将会完全摆脱对天然材料的依赖，使材料的研究和生产发生根本性变革，人类的物质文明将进入一个令人神往的新时代。

0.2 工程材料及其分类

解决不同工程用途所需要的材料称为工程材料，对本课程而言主要是指固体材料领域中与工程（结构、零件、工具等）有关的材料。

现代工程材料种类繁多。机械工程材料按其化学成分分为金属材料、高分子材料、无机非金属材料（陶瓷）和复合材料四大类。

金属材料是指化学元素周期表 B—At 线左侧的全部元素和由这些元素构成的合金材料。其主要特征是具有金属光泽、良好的塑性、导电性、导热性、较高的刚度和正的电阻温度系数。这是工程领域中用量最大的一类材料。依据其成分又分为由铁和以铁为基的合金构成的钢铁材料及由除铁以外的其他金属及其合金构成的非铁（有色）金属材料两大类，其中钢铁材料因其具有优良的力学性能、工艺性能和低成本等综合优势，占据了主导地位，达金属材料用量的 95%，并且这种趋势仍将延续一段时间。

高分子材料由分子量很大的大分子组成，主要含碳、氢、氧、氮、氯、氟等元素。其主要特征是质地轻，比强度高，橡胶高弹态，耐磨耐蚀，易老化，刚性差，高温性能差。工程上使用的高分子材料包括塑料、合成橡胶、合成纤维等。目前全世界每年生产的高分子材料超过了 2 亿吨，体积是钢铁的 2 倍，其中塑料占了约 75%。高分子材料具备金属材料不具备的某些特性，发展很快，应用日益广泛，已成为工程上不可缺少的甚至不可取代的重要材料。

无机非金属（陶瓷）材料主要由氧和硅或其他金属化合物、碳化物、氮化物等组成，主要特征是耐高温、耐蚀，高硬度，高脆性，无塑性。按照习惯，陶瓷一般分为传统陶瓷和特种陶瓷两大类。传统陶瓷主要用作日用、建筑、卫生以及工业上应用的电器绝缘陶瓷（高压电瓷）、化工耐酸陶瓷和过滤陶瓷等。特种陶瓷具有独特的力学、物理、化学、电学、磁学、光学等性能，能满足工程技术的特殊要求，是发展宇航、原子能和电子等高、精、尖科学技术不可缺少的材料，并已成为高温材料和功能材料的主力军。

复合材料是由两种或两种以上不同化学性质或不同组织结构的物质，通过人工制成的一种多相固体材料。按增强相的性质和形态，可分为颗粒复合材料、纤维复合材料、层叠复合材料、骨架复合材料及涂层复合材料等。最常用的是纤维复合材料，如玻璃纤维复合材料、碳纤维复合材料、硼纤维复合材料、金属纤维复合材料和晶须复合材料等。由于复合材料具有各单纯材料不具备的优点，因此，今后可望得到进一步发展。

当然，上述各种材料之间也存在着交叉关系，如非晶态金属介于金属和非金属之间；复合材料把金属和非金属结合起来。

机械工程材料按其使用功能分为结构材料和功能材料两大类。结构材料主要是利用它们的强度、硬度、韧性、弹性等力学性能，用以制造受力为主的构件，是机械工程、建筑工程、交通运输、能源工程等方面的物质基础。它包括金属材料、高分子材料、陶瓷材料和复合材料。功能材料主要是利用它们所具有的电、光、声、磁、热等功能和物理效应而形成的一类材料。它们在电子、红外、激光、能源、计算机、通信、电子、空间等许多新技术的发展中起着十分重要的作用。

机械工程材料按其开发、使用时间的长短及先进性分为传统材料和新型材料两类。传统材料是指那些已经成熟且长期在工程上大量应用的材料，如钢铁、塑料等，其特征是需求量大、生产规模大，但环境污染严重。新型材料是指那些为适应高新技术产业而正在发展且具有优异性能和应用前景的材料，如新型高性能金属材料、特种陶瓷、陶瓷基和金属基复合材料等，其特征是投资强度大、附加值高、更新换代快、风险性大、知识和技术密集程度高，一旦成功，回报率也较高，且不以规模取胜。但两者并无严格的界限。

0.3 材料科学在机械工程中的地位和作用

机械工业作为基础工业，为各行各业提供了大量的机械装备，而各种机械装备都是由性能各异的工程材料加工成各种零件并装配而成的。作为机械科学的重要组成部分，材料科学与工程对机械工业的发展产生了巨大的推动作用。

机械工程正向着大型、微型、高速、耐高温、耐高压、耐低温和耐受恶劣环境等方向发展。要求材料在机械产品规定的服役期内，在保证功能稳定、可靠的同时满足机械加工的各种工艺条件对材料的质量要求。从材料对飞机性能的影响中可以看到材料对提高机械产品质量所起的作用。航空发动机是飞机的心脏，自 1941 年喷气式飞机问世以来，航空发动机的性能不断提高，主要表现在推力的不断提高。由于发动机的工作温度每提高 100℃，其推力可提高约 15%，通过材料与工艺的创新，其关键部件涡轮叶片耐热温度的提高在其中作出了巨大贡献。目前涡轮叶片的耐热温度已在 1093℃以上，更高耐热温度涡轮叶片已在开发之中。此外，飞机自重的减轻有 70%是靠材料实现的。可见，材料科学的发展为保证机械产品质量提供了重要保障。

对于机械工程技术人员，在进行产品设计和选材及必不可少地考虑后续加工时，面临着许多种可能的选择。事实上一个好的材料的选用，应是设计—材料—工艺—用户（效果）最佳组合的结果。材料设计作为机械设计过程的核心内容，对机械装备技术功能的发挥具有举足轻重的作用。设计是以材料的性能数据为依据的。材料科学的发展，使人类对材料的性能随化学组成、内部微观组织结构和使用条件变化的规律的认识逐步深入，材料微观组织及缺陷和材料宏观性能之间定量和半定量关系的建立，为高水平的机械设计提供了重要依据。

在机械制造中，材料的工艺性能在很大程度上决定着适宜的加工方法，也直接影响到生产效率。如机械制造中有约70%的零件最后需经刀具切削加工，机床的切削速度往往取决于刀具材料的性能。刀具由高碳钢到高速钢、硬质合金、金属陶瓷的变化，使切削速度从不到10m/min提高到200m/min甚至500m/min。新材料的应用还使一些传统工艺发生了革命性的变化。因此，材料科学的发展极大地推进了机械制造工艺的进步。

材料科学的发展，新材料的不断涌现，使机械制造中一些合金资源消耗大、成形困难等材料的消耗比例不断下降，非金属材料特别是高分子材料部分替代了钢铁和非铁金属材料，改善了机械工业的用材结构。

0.4 工程材料课程的基本任务和学习的内容、目的与方法

工程材料的成分不同，它们当然就具有不同的性能。例如，纯铁非常软、强度低，而在纯铁中加入一定量的碳，便成了钢，它的硬度高、强度大。但是成分相同的工程材料，通过不同的改性处理，性能也会随之改变。例如，钳工用锯条硬而脆、易折断，但加热烧红后缓慢冷却下来时会变得软而韧。这表明化学成分并不是工程材料性能上产生差异的唯一原因，工程材料的性能还与它的内部构造即组织结构有关。锯条在使用状态下内部是高硬度的组织，而加热缓冷后形成的则是一种硬度较低的内部组织。可见，成分是决定材料组织结构的内因，而加工工艺是决定组织结构的外因。成分和工艺的改变，将会引起材料组织结构的变化，从而引起性能的变化。对于金属材料，最常用的改性工艺是热处理，即通过在固态下加热、保温、冷却的过程使金属内部组织发生变化，从而得到所要求的性能的工艺。本课程作为材料科学的应用部分，其基本任务就是建立材料的成分、内部组织、加工（改性处理）工艺与性能之间的关系，找出其相互影响规律，以便通过控制材料的成分和加工过程来控制其组织，提高材料的性能，充分发挥材料的性能潜力。此外，在解决工程应用问题时，机械工程技术人员必须了解工程材料的分类、性能以及选材因素、选材原则和选材方法等。所以，本课程的学习内容主要有：材料科学和工程的基础知识，包括材料性能、材料结构、材料相变基础知识和材料改性等；工程材料学的基础知识，包括各类常用材料的成分、组织、性能特征及选用等。

通过上述内容的学习，期望能达到以下目的：熟悉常用工程材料的成分、加工工艺、组织结构与性能之间的关系及其变化规律；初步掌握常用材料的性能与应用范围，具备选用常用材料的初步能力，正确合理地选材、用材；对一般简单机械零件初步具备选定加工处理方法特别是确定金属材料热处理工艺方法的能力，能正确地制定热处理工艺技术要求及妥善安排加工工艺路线；对失效机件，能运用材料科学的基础知识进行初步的分析，判断大致的失效原因，为机械设计提供依据。

工程材料课程是一门理论性和实践性都很强的技术基础课，与已修过的其他一些课程相比，本课程有不同于这些课程的一些特点，如它的公式和计算不多，但概念很多，叙述性内容多，需要理解、记忆的内容多。因此学习中需要改变思维方式，调整和改进学习方法，注重主动学习、自主学习，提高学习效率。应注意运用已学过的知识，注重于分析、理解与应用，特别是注意前后知识的综合运用，把相对分散、孤立的材料科学知识转变为系统而整体的印象，培养独立分析问题与解决问题的能力，从而真正达到上述学习的目的。

第1章 材料力学性能

材料的力学性能是材料在一定环境因素下承受外加载荷时所表现出的行为，通常表现为变形与断裂。材料用于结构零件时，其力学性能是工程设计的重要依据。当材料以其他性能如物理、化学性能为主要使用要求时，其力学性能同样是设计的主要参考依据。在不同使用条件下，材料所承受的外力的性质和环境条件是各种各样的，对材料力学性能的要求也是各不相同的，本章主要讨论几种常用力学性能指标的意义和应用。

1.1 材料的静载力学性能

静载荷是指大小不变或变化过程缓慢的载荷。材料的静载力学性能指标主要有强度、塑性和硬度等。

1.1.1 材料承受静拉伸时的力学性能指标

材料承受静拉伸时的力学性能指标是通过拉伸试验测定的。其过程为：将被测材料按GB/T 228.1—2010要求制成标准拉伸试样（图1-1），在拉伸试验机上夹紧试样两端，缓慢地对试样施加轴向拉伸力，使试样被逐渐拉长，最后被拉断。通过试验可以得到拉伸力F与试样伸长量ΔL之间的关系曲线，称为拉伸曲线。为消除试样几何尺寸对试验结果的影响，将拉伸试验过程中试样所受的拉伸力转化为试样单位截面积上所受的力，称为应力，用R表示，即$R=F/S_0$，单位为MPa；试样伸长量转化为试样单位长度上的伸长量，称为应变，用ε表示，即$\varepsilon=\Delta L/L_0$，从而得到R-ε曲线（图1-1），其形状与F-ΔL曲线完全一致。

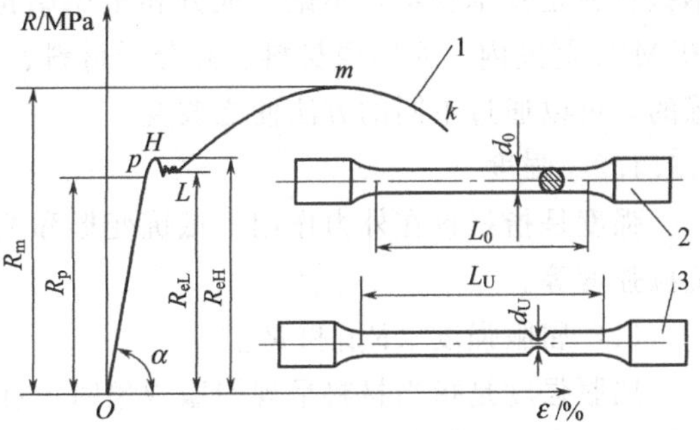

图1-1 拉伸试样与拉伸曲线

1—低碳钢拉伸曲线；2—拉伸试样；3—拉断后的试样

在拉伸曲线中，Op段为直线，即在应力不超过R_p时，应力与应变成正比关系，此时，将外力去除后，试样将恢复到原来的长度。这种能够完全恢复的变形称为弹性变形；当应力超过R_p后，试样的变形不能完全恢复而产生永久变形，这种永久变形称为塑性变形。当应力增大至H点后，曲线呈近似水平直线状，即应力不增大而试样伸长量在增加，这种现象称为屈服。屈服后试样产生均匀的塑性变形，应力增大到m点后，试样产生不均匀的塑性变形，即试样发生局部直径变细的“颈缩”现象。至k点时，试样在颈缩处被拉断。

通过对拉伸曲线的分析，可以直接在曲线上读出一系列强度指标，并可根据试验结果计算出塑性指标值。

1.1.1.1 弹性和刚性

材料的弹性指标主要是指弹性极限，刚性指标则是指材料的弹性模量。

（1）弹性极限（R_p）

弹性极限是指在产生完全弹性变形时材料所能承受的最大应力。

实际上弹性极限只是一个理论上的物理定义，对于实际使用的工程材料，用普通的测量方法很难测出准确而唯一的弹性极限数值，因此，为了便于实际测量和应用，一般规定以塑性延伸率为0.01%时的应力值作为“规定弹性极限”（或称“条件弹性极限”），记为$R_{p0.01}$。工程上，对于服役条件不允许产生微量塑性变形的弹性元件（如汽车板簧、仪表弹簧等）均是按弹性极限来进行设计选材的。

（2）弹性模量（E）

弹性模量是指在应力-应变曲线上的完全弹性变形阶段，应力与应变的比值。

在工程上E（单位为MPa）称为材料的刚度，是材料的重要力学性能指标之一，它表征对弹性变形的抗力。其值越大，材料产生一定量的弹性变形所需要的应力越大，表明材料不容易产生弹性变形，即材料的刚度大。在机械工程上的一些零件或构件，除了满足强度要求外，还应严格控制弹性变形量，如锻模、镗床的镗杆，若没有足够的刚度，所加工的零件尺寸就不精确。

实际工件的刚度首先取决于其材料的弹性模量E，不同的材料，其刚度差异很大。陶瓷材料的刚度最大，金属材料与复合材料次之，而高分子材料最低。常用的金属材料中，钢铁材料最好，铜及铜合金次之（为钢铁材料的2/3左右），铝及铝合金最差（为钢铁材料的1/3左右）。实际工件的刚度除取决于材料的弹性模量外，还与工件的形状和尺寸有关。

需要指出的是，金属材料的弹性模量E主要取决于基体金属的性质，当基体金属确定时，难以通过合金化、热处理、冷热加工等方法使之改变，即E是结构不敏感性参数，如钢铁材料是铁基合金，不论其成分和组织结构如何变化，室温下的E值均在$(20\sim21.4)\times10^4$MPa范围内。而陶瓷材料、高分子材料、复合材料的弹性模量对其成分和组织结构是敏感的，可以通过不同的方法使之改变。

1.1.1.2　强度

强度是指材料在外力作用下抵抗变形和断裂的能力。常用的材料强度指标有屈服强度和抗拉强度等。

（1）屈服强度（R_{eH}和R_{eL}）

屈服强度是指当材料呈现屈服现象时，在试验期间达到塑性变形发生而力不增加的应力点，区分为上屈服强度和下屈服强度。上屈服强度（R_{eH}）是试样发生屈服而力首次下降前的最高应力；下屈服强度（R_{eL}）是指在屈服期间，不计初始瞬时效应时的最低应力。

对于无明显屈服现象的材料，则以规定塑性延伸强度如塑性延伸率为0.2%时的应力$R_{p0.2}$替代，即所谓的“条件屈服强度”。

屈服强度是工程上最重要的力学性能指标之一。其工程意义在于以下两个方面。

① 绝大多数零件，如紧固螺栓、汽车连杆、机床丝杠等，在工作时都不允许有明显的塑性变形，否则将丧失其自身精度或与其他零件的相对配合受影响，因此屈服强度（一般为下屈服强度）是防止材料因过量塑性变形而导致机件失效的设计和选材依据。

② 根据屈服强度与抗拉强度之比（屈强比）的大小，衡量材料进一步产生塑性变形的倾向，作为金属材料冷塑性变形加工和确定机件缓解应力集中防止脆性断裂的参考依据。因为提高材料的屈服强度，虽然可以减轻机件重量，不易使机件产生塑性变形失效，但如果材料屈服强度与抗拉强度的比值增大，则不利于某些应力集中部位通过局部塑性变形使应力重

新分布、缓解应力集中，从而可能导致脆性断裂。因此，对于具体机件，应根据其形状、尺寸及服役条件而定，不宜一味追求高的屈服强度。

(2) 抗拉强度 (R_m)

抗拉强度是指材料在拉伸过程中，相应最大力的应力。

抗拉强度是工程上最重要的力学性能指标之一，对塑性较好的材料，R_m 表示了材料对最大均匀变形的抗力；而对塑性较差的材料，一旦达到最大载荷，材料迅即发生断裂，故 R_m 也是其断裂抗力（断裂强度）指标。不论何种材料，R_m 均是标志其在承受拉伸载荷时的实际承载能力，是高分子材料和陶瓷材料选材的重要依据。对塑性变形要求不严而仅要求不发生断裂的金属零件，如钢丝绳、建筑结构件等，为减轻自重，R_m 也常作为其设计与选材依据。此外，因 R_m 易于测定，适合于作为产品规格说明或质量控制标志，故广泛出现在标准、合同、质量证明等文件资料中。

1.1.1.3 塑性

塑性是指材料在外力作用下能够产生永久变形而不破坏的能力。常用的塑性指标有断后伸长率和断面收缩率。

(1) 断后伸长率 (A)

断后伸长率是指断裂后试样标距伸长量与原始标距之比的百分率。即：

$$A=\frac{L_u-L_0}{L_0}\times 100\%$$

式中 L_u——试样断裂后的标距，mm；

L_0——试样的原始标距，mm。

材料的伸长率大小与试样原始标距 L_0 和原始截面积 S_0 密切相关，在 S_0 相同的情况下，L_0 越长则 A 越小，反之亦然。因此，对于同一材料而具有不同长度或截面积的试样要得到比较一致的 A 值，或者对于不同材料的试样要得到可比较的 A 值，必须使 $L_0/\sqrt{S_0}$ 的比值为一常数。国家标准规定，此值为 11.3（相当于 $L_0=10d_0$ 的试棒）或 5.65（相当于 $L_0=5d_0$ 的试棒），所得的伸长率以 $A_{11.3}$ 或 A（$A_{5.65}$ 省去脚注 5.65）表示。同种材料的 A 为 $A_{11.3}$ 的 1.2～1.5 倍，所以，对不同材料，只有 $A_{11.3}$ 与 $A_{11.3}$ 比较或者 A 与 A 比较才是正确的。

(2) 断面收缩率 (Z)

断面收缩率是指断裂后试样横截面积的最大缩减量与原始横截面积之比的百分率。即：

$$Z=\frac{S_0-S_u}{S_0}\times 100\%$$

式中 S_u——试样断裂处的最小横截面积，mm^2；

S_0——试样的原始横截面积，mm^2。

断后伸长率 A 和断面收缩率 Z 越大，材料的塑性越好，一般认为，$A<5\%$ 时的材料为脆性材料。

材料的塑性指标一般不直接用于机械设计计算，但材料具有一定的塑性，当零件遭受意外过载或冲击时，通过塑性变形和应变硬化的配合可避免发生突然断裂；当零件因存在台阶、沟槽、油孔及表面粗糙不平滑的现象而出现应力集中时，通过塑性变形可削减应力峰、缓和应力集中的作用，从而防止零件出现早期破坏；材料具有一定的塑性可保证某些成形工

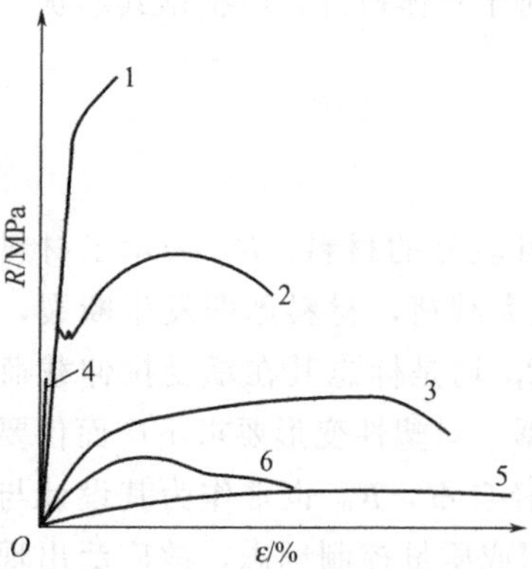

图 1-2 几种典型材料在室温下的应力-应变曲线

1—高碳钢；2—低合金结构钢；3—黄铜；4—陶瓷、玻璃类材料；5—橡胶；6—工程塑料

艺（如冷冲压、轧制、冷弯、校直、冷铆）和修复工艺（如汽车外壳或挡泥板受碰撞而凹陷）的顺利进行；对于金属材料，塑性指标还能反映材料的冶金质量的好坏，是材料生产与加工质量的标志之一。

必须指出的是，图 1-1 所示退火低碳钢的 R-ε 曲线是一种最典型的情形，但并非所有的材料或同一材料在不同条件下都具有相同类型的拉伸曲线。图 1-2 所示为几种典型材料在室温下的 R-ε 曲线。可见淬火、高温回火后的高碳钢只有弹性变形、少量的均匀塑性变形；低合金结构钢 R-ε 曲线的特征与低碳钢的曲线类似；黄铜有弹性变形、均匀塑性变形和不均匀塑性变形；陶瓷、玻璃类材料只有弹性变形而没有明显的塑性变形；橡胶类材料的特点是弹性变形量很大，可高达 1000%，且只有弹性变形而不产生或产生很微小的塑性变形；工程塑料也有弹性变形、均匀塑性变形和不均匀集中塑性变形，但对于高分子材料，由于其在结构上的力学状态差异及对温度的敏感性，R-ε 曲线可有多种形式。

1.1.2 硬度

硬度是指材料在表面上的不大体积内抵抗变形或者破断的能力，是表征材料性能的一个综合参量。硬度测定的方法很多，常用的有布氏硬度、洛氏硬度、维氏硬度和显微硬度等。此时，硬度的物理意义是指材料表面抵抗比它更硬的物体局部压入时所引起的塑性变形能力。

硬度试验所用设备简单，操作方便快捷，一般仅在材料表面局部区域内造成很小的压痕，可视为无损检测，故可对大多数机件成品直接进行检验，无需专门加工试样，是进行工件质量检验和材料研究最常用的试验方法。

1.1.2.1 布氏硬度

试验按 GB/T 231.1—2009《金属布氏硬度试验第 1 部分：试验方法》进行，其试验测定原理如图 1-3 所示。一定大小的载荷 F（单位为 N）将直径为 D 的硬质合金球压入被测试样的表面，保持规定时间后卸除载荷，根据试样表面残留的压痕直径 d，求出压痕的表面积 S，将单位压痕面积承受的平均应力乘以一常数后定义为布氏硬度，用符号 HBW 表示。即：

$$\mathrm{HBW}=0.102\times\frac{F}{S}=0.102\times\frac{2F}{\pi(D-\sqrt{D^2-d^2})}$$

布氏硬度值的表示方法为：硬度值＋HBW＋球直径（单位为 mm）＋试验力数字（单位为 N）＋与规定时间（10～15s）不同的试验力保持时间。例如，350HBW5/750 表示用直径 5mm 的硬质合金球在 7.355kN 试验力下保持 10～15s 测定的布氏硬度值为 350；600HBW1/30/20 表示用直径 1mm 的硬质合金球在 294.3N 试验力下保持 20s 测定的布氏硬度值为 600。实际测定时可根据测得的 d 按已知的 F、D 值查表求得硬度值。布氏硬度值的上限为 650。

布氏硬度试验应根据材料软硬和工件厚度不同，正确选择载荷 F 和压头直径 D，并使

0.102F/D^2为常数，以使同一材料在不同的 F、D 下获得相同的 HBW 值。同时为保证测得的 HBW 值的准确性，要求试验力的选择应保证压痕直径 d 与压头直径 D 的比值在 0.24～0.6 之间。

布氏硬度试验的优点是，因压痕面积大、测量结果误差小，且与强度之间有较好的对应关系，故有代表性和重复性。但同时也因压痕面积大而不适宜于成品零件、薄而小的零件。此外，因需测量 d 值，被测处要求平整，测试过程相对较费事，故也不适合于大批量生产的零件检验。

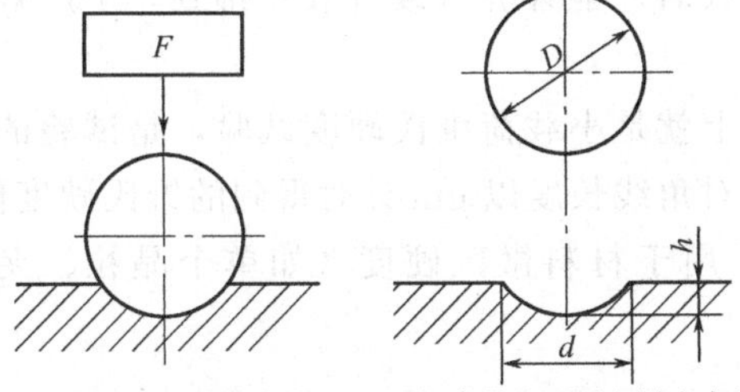

(a) 钢球压入试样表面　(b) 卸去载体后测定压痕直径

图 1-3　布氏硬度试验测定原理

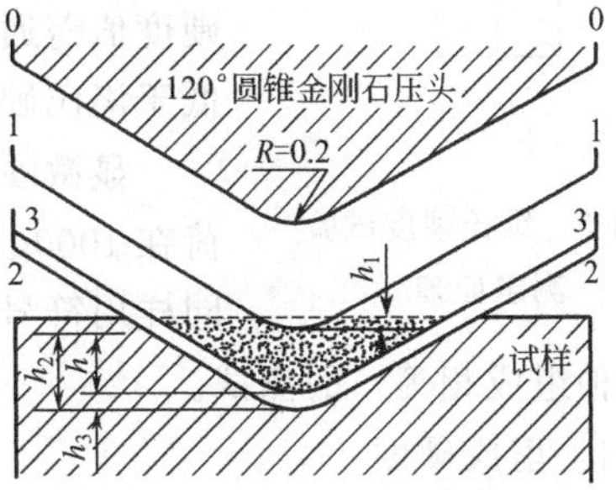

图 1-4　洛氏硬度试验测定原理

1.1.2.2　洛氏硬度

试验按 GB/T 230.1—2009《金属洛氏硬度试验第 1 部分：试验方法》进行，试验测定原理如图 1-4 所示。用一定规格的压头，在一定载荷作用下压入试样表面，然后测定压痕的深度 h 来计算并表示其硬度值，用符号 HR 表示。

为能用同一台硬度计测定硬度高低不同的材料与工件的硬度，常采用材料与形状尺寸不同的压头和载荷组合以获得不同的洛氏硬度标尺，每一种标尺用一个字母在硬度符号 HR 之后注明，其中常用洛氏硬度标尺的符号、试验条件和应用范围见表 1-1。实际检测时，HR 值可从硬度计的分度盘上直接读出，标记时硬度值置于 HR 之前，如 60HRC、75HRA 等。

表 1-1　常用洛氏硬度标尺的符号、试验条件和应用范围

硬度符号	压头类型	总载荷/N	测量范围	应用举例
HRA	120°金刚石圆锥	588.4	70～85HRA	高硬度表面、硬质合金
HRB	ϕ1.588mm 淬火钢球	980.7	20～100HRB	退火钢、铸铁、有色金属
HRC	120°金刚石圆锥	1471	20～67HRC	淬火回火钢

洛氏硬度试验的优点是：操作简便迅速，生产效率高，适用于大量生产中的成品检验；压痕小，几乎不损伤工件表面，可对工件直接进行检验；采用不同标尺，可测定各种软硬不同和薄厚不一试样的硬度。其缺点是：因压痕较小，代表性差；尤其是材料中的偏析及组织不均匀等情况，使所测硬度值的重复性差、分散度大；用不同标尺测得的硬度值既不能直接进行比较，又不能彼此互换。

1.1.2.3　维氏硬度和显微硬度

试验按 GB/T 4340.1—2009《金属材料维氏硬度试验第 1 部分：试验方法》进行，原理与布氏硬度基本相似，同样是根据压痕单位面积所承受的载荷来计算硬度值的，区别是试验所用的压头是两相对面夹角为 136°的金刚石四棱锥体，压痕为一四方锥形，如图 1-5 所示。

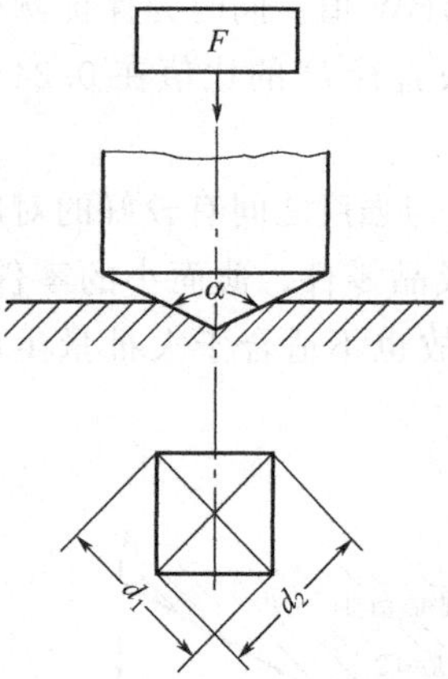

图 1-5 维氏硬度试验测定原理

维氏硬度值的表示方法为：硬度值＋HV＋试验力数字（单位为N)＋与规定时间（10～15s）不同的试验力保持时间。例如，640HV30/20 表示在试验力 294.3N（30kgf）作用下，持续 20s 测得的维氏硬度为 640。维氏硬度的单位为 MPa，但一般不标出。

维氏硬度试验具有前两种硬度试验的优点而摒弃了它们的缺点，负荷大小可任意选择，测定范围宽，适合各种软硬不同的材料，特别适用于薄工件或薄表面硬化层的硬度测试。唯一缺点是硬度值需通过测量对角线后才能计算（或查表）得到，生产效率低于洛氏硬度。

显微硬度试验实质上就是小载荷维氏硬度试验，是试验的负荷在 1000g 以下，压痕对角线长度以 μm 计时得到的维氏硬度值，同样用符号 HV 表示，用于材料微区硬度（如单个晶粒、夹杂物、某种组成相等）的测试。

1.1.2.4 里氏硬度

试验按 GB/T 17394—1998《金属里氏硬度试验方法》进行。测量时将笔形里氏硬度计的冲击装置用弹簧力加载后定位于被测位置自动冲击后，即可由硬度计显示系统读出硬度值。

里氏硬度用符号 HL 表示，其硬度值定义为冲击体回弹速度（v_R）与冲击速度（v_A）之比乘以 1000。即：

$$HL=\frac{v_R}{v_A}\times 1000$$

硬度越高，其回弹速度也越大。里氏硬度值的表示方法为：硬度值＋HL＋冲击装置型号，如 700HLD 表示用 D 型冲击装置测定的里氏硬度值为 700。常用的冲击装置有 D、DC、G、C 四种。

里氏硬度测量范围大，并可与压入法试验（布氏、洛氏、维氏）硬度值通过对比曲线进行相互换算。对于用里氏硬度换算的其他硬度值应在里氏硬度符号前附上相应硬度符号，如 400HVHLD 表示用 D 型冲击装置测定的里氏硬度值换算的维氏硬度值为 400。里氏硬度计是一种小型便携式硬度计，操作方便，主观因素造成的误差小，对被测件的损伤极小，适合于各类工件的测试，特别是现场测试，但其物理意义不够明确。

需要指出的是，各种硬度由于试验条件的不同，相互间无理论换算关系，但可通过由试验得到的硬度换算表进行换算以方便应用。

由于硬度试验的方便、快捷，长期以来，材料科学工作者试图得到硬度与其他力学性能指标之间的定量对应关系，但至今没有得到理论上的突破，只是根据大量试验得到了硬度与某些力学性能指标之间的对应关系，下面是布氏硬度与抗拉强度之间换算的一些经验公式。

低碳钢：$R_m\approx 3.53$HBW　　高碳钢：$R_m\approx 3.33$HBW

碳素铸钢：$R_m\approx 0.98$HBW　　合金调质钢：$R_m\approx 3.19$HBW

退火铝合金：$R_m\approx 4.70$HBW

此外，对于钢，还可查阅 GB/T 1172—1999《黑色金属硬度与强度换算值》进行换算。

1.2 材料的动载力学性能

动载荷是指由于运动而产生的作用在构件上的作用力，根据作用性质的不同分为冲击载荷和交变载荷等，材料的主要动载力学性能指标有冲击韧性和疲劳强度。

1.2.1 冲击韧性

冲击载荷是以很大的速度作用于工件上的载荷。工程上有很多机件和工、模具受冲击载荷的作用，如火箭的发射、飞机的起飞和降落、行驶的汽车通过道路上的凹坑以及材料的压力加工等。评定材料承受冲击载荷的能力，需要用材料的韧性指标。材料的韧性是指材料在塑性变形和断裂的全过程中吸收能量的能力，它是材料强度和塑性的综合表现。评定材料韧性的指标主要有冲击韧度和多冲抗力。

1.2.1.1 冲击韧度

冲击韧度通常按 GB/T 229—2007《金属材料夏比摆锤冲击试验方法》进行。其原理如图 1-6 所示，将带有 U 型或 V 型缺口的标准试样放在冲击试验机支座上，冲击时将具有一定重量 G 的摆锤举至一定高度 H_1，使其获得一定的位能 GH_1，释放摆锤冲断试样后摆锤的剩余能量为 GH_2，摆锤在冲断试样时失去的位能为 GH_1-GH_2，此即为试样冲击吸收能量，可从试验机上直接读取，用 K（单位为 J。完整的吸收能量符号还有字母 U 或 V 表示缺口几何形状，用下标 2 或 8 表示摆锤刀刃半径，例如 KV_2、KV_8、KU_2、KU_8）表示。

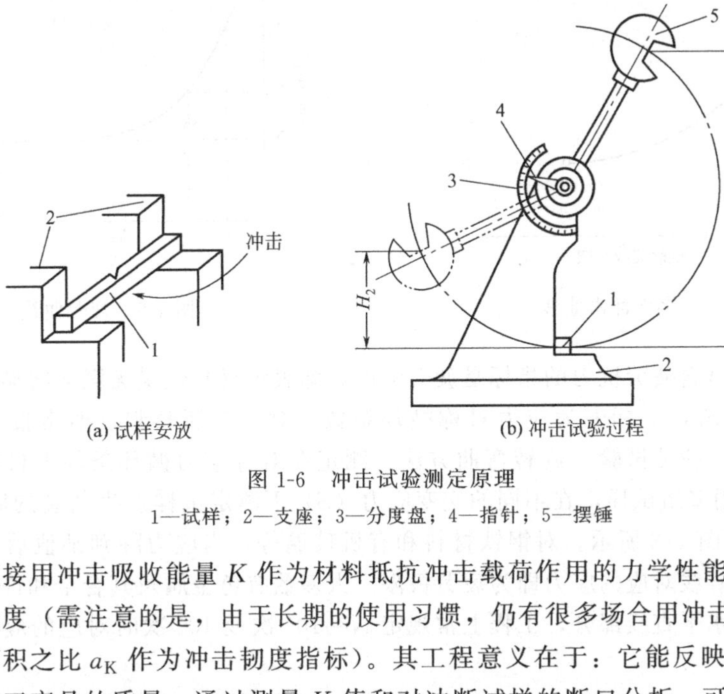

图 1-6　冲击试验测定原理

1—试样；2—支座；3—分度盘；4—指针；5—摆锤

目前多直接用冲击吸收能量 K 作为材料抵抗冲击载荷作用的力学性能指标，用来评定材料的韧脆程度（需注意的是，由于长期的使用习惯，仍有很多场合用冲击吸收能量与试样缺口处的截面积之比 a_K 作为冲击韧度指标）。其工程意义在于：它能反映出原始材料的冶金质量和热加工产品的质量，通过测量 K 值和对冲断试样的断口分析，可揭示原材料中的气孔、夹杂、偏析和严重分层等冶金缺陷，还可检查过热、过烧、回火脆性等锻造或热处理缺陷；根据系列冲击试验（低温冲击试验）可获得 K 与温度的关系曲线，据此可确定材料的韧脆转变温度，以供选材参考或抗脆断设计；对屈服强度大致相同的材料，根据 K 值可以评定材料对大能量冲击破坏的缺口敏感性。

1.2.1.2　多冲抗力

大量实践表明，即使那些通常被认为承受剧烈冲击载荷的机件，也很少有只经受一次或几次冲击就断裂的，而是在经历很多次冲击后才破坏的，且在多次冲击下破坏过程根本不同于一次冲击，所以用多冲抗力作为材料抵抗冲击载荷作用的力学性能指标更为切合实际。

多次冲击试验在落锤式多次冲击试验机上进行，冲击频率为450次/min和600次/min，冲击能量通过冲程调节（0.1～1.5J），可做多冲弯曲、拉伸和压缩试验。记录试验过程中冲击能量（K）与冲断次数（N）的关系曲线，如图1-7所示。在一定的冲击能量下，将试样断裂前的冲击次数作为多冲抗力指标。

需要指出的是，材料抵抗大能量一次冲击的能力主要取决于其塑性，而抵抗小能量多次冲击的能力主要取决于其强度。

1.2.2　疲劳强度

许多零件如弹簧、齿轮、曲轴、连杆等都是在交变载荷作用下工作的。所谓交变载荷是指其大小、方向随时间发生周期性循环变化的载荷，又称循环载荷。零件在交变载荷作用下发生断裂的现象称为疲劳断裂。疲劳断裂属于低应力脆断，其特点为：断裂时的应力远低于材料静载下的抗拉强度，甚至屈服强度；断裂前无论是韧性材料还是脆性材料均无明显的塑性变形，是一种无预兆的、突然发生的脆性断裂，危险性极大。据统计，在机械零件的断裂失效中，80%以上属于疲劳断裂。

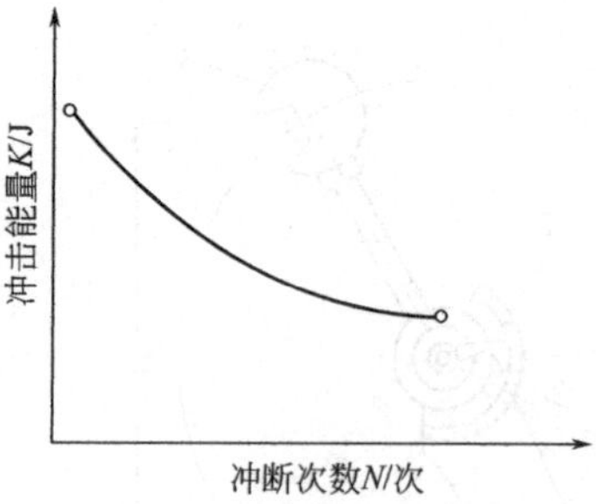

图1-7　多次冲击曲线

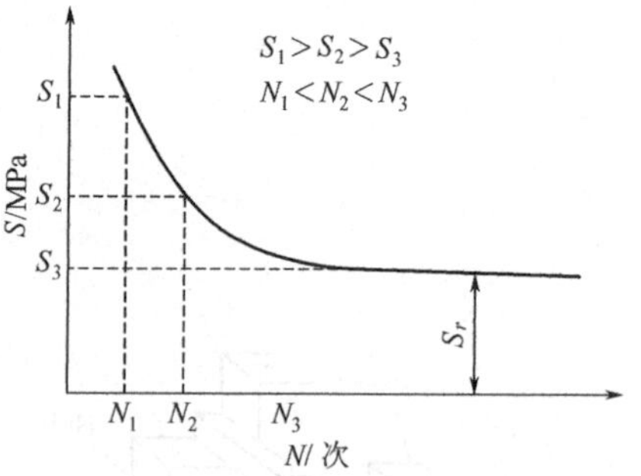

图1-8　疲劳曲线

常用的评定材料疲劳抗力的指标是疲劳强度，即表示材料经受无限多次循环而不断裂的最大应力，记为S_r，下标r为应力对称循环系数。对于金属材料，通常按GB/T 4337—2008《金属材料　疲劳试验　旋转弯曲方法》测定在对称应力循环条件下材料的疲劳极限（S_{-1}）。试验时用多组试样，在不同的交变应力（S）下测定试样发生断裂的周次（N），绘制S-N曲线，如图1-8所示。对钢铁材料和有机玻璃等，当应力降到某值后，S-N曲线趋于水平直线，此直线对应的应力即为疲劳极限。大多数有色金属及其合金和许多聚合物，其疲劳曲线上没有水平直线部分，工程上常规定$N=10^7$次或10^8次时对应的应力作为条件疲劳极限。

常用工程材料中，陶瓷和聚合物的疲劳抗力很低，不能用于制造承受疲劳载荷的零件。金属材料疲劳强度较高，所以抗疲劳的机件几乎都选用金属材料。纤维增强复合材料也有较好的抗疲劳性能，因此复合材料已越来越多地被用于制造抗疲劳的机件。

影响疲劳强度的因素很多，主要有循环应力特性、温度、材料的成分和组织、表面状态、残余应力等。钢的疲劳强度约为其抗拉强度的40%～50%，有色金属约为25%～50%。

因此，改善零件疲劳强度可通过合理选材、改善材料的结构形状、减少材料和零件的缺陷、降低零件表面粗糙度、对零件表面进行强化等方法解决。

1.3 断裂韧度

传统的工程设计理论认为零件的最大工作应力 R 小于材料的许用应力 $[R]$（通常 $[R] \leqslant R_{p0.2}/n$，n 为安全系数）时是安全可靠的，然而，某些高强度材料零件和中、低强度材料制造的大型件往往在工作应力远低于材料的屈服强度时就发生低应力脆性断裂，甚至引起灾难性的破坏事故。

研究表明，造成低应力脆断的根本原因是材料中宏观裂纹的扩展。事实上，由于材料冶炼和零件的加工、使用等原因，材料中不可避免地存在着既存或后生的微小的宏观裂纹，在外力作用下，裂纹尖端必定会产生应力集中，按照断裂力学理论，裂纹尖端附近的实际应力值取决于零件上所施加的名义工作应力 R、其内的裂纹半长 a（单位为 mm）及与距裂纹尖端的距离等因素，为了表征裂纹尖端所形成的应力场的强弱程度，引入了应力场强度因子 K_{I} 的概念：

$$K_{\mathrm{I}}=YRa^{1/2}$$

式中，Y 为零件中裂纹的几何形状因子。K_{I}（单位为 $\mathrm{MPa \cdot m^{1/2}}$ 或 $\mathrm{MN \cdot m^{-3/2}}$）值越大，表明裂纹尖端的应力场越强，当 K_{I} 达到某一临界值 K_{IC} 时，零件内裂纹将发生快速失稳扩展而出现低应力脆性断裂，而 $K_{\mathrm{I}}<K_{\mathrm{IC}}$ 时，零件在设计寿命内安全可靠。K_{IC} 即为断裂韧度，是表征材料抵抗裂纹失稳扩展能力的力学性能指标，可按 GB/T 4161—2007《金属材料平面应变断裂韧度 K_{IC} 试验方法》测定。断裂韧度在工程设计、结构的安全性校核和材料开发中具有应用价值。常用工程材料中，金属材料的 K_{IC} 值最高，复合材料次之，高分子材料和陶瓷材料最低。

1.4 高、低温力学性能

1.4.1 高温力学性能

材料在高温下力学行为的一个重要特点就是产生蠕变。所谓蠕变是指材料在较高的恒定温度下，外加应力低于屈服强度时，就会随着时间的延长逐渐发生缓慢的塑性变形的现象，由于蠕变而导致的材料断裂称为蠕变断裂。金属材料、陶瓷材料在较高温度［(0.3～0.5)T_{m}，T_{m} 为材料的熔点，以热力学温度表示］时会发生蠕变，高分子材料在室温下就可能发生蠕变。

常用的材料蠕变性能指标为蠕变极限和持久强度。对于金属材料，可按 GB/T 2039—1997《金属拉伸蠕变及持久试验方法》测定。

蠕变极限是指在给定温度 T（单位为℃）下和规定的试验时间 t（单位为 h）内，使试样产生一定蠕变伸长量所能承受的最大应力，用符号 $R_{\varepsilon/t}^{T}$ 表示。例如 $R_{0.3/500}^{900}=600\mathrm{MPa}$，表示材料在 900℃，500h 内，产生 0.3％变形量所能承受的应力为 600MPa。

持久强度表征材料在高温载荷长期作用下抵抗断裂的能力，以试样在给定温度 T（单位为℃）经规定时间 t（单位为 h）不发生断裂所能承受的最大应力作为持久强度，用符号 R_{t}^{T} 表示。例如 $R_{600}^{800}=700\mathrm{MPa}$，表示材料在 800℃，经 600h 所能承受的最大断裂应力为

700MPa。某些在高温下工作的机件，蠕变变形很小或对变形要求不严格，只要求在规定的使用期内不发生断裂时要用持久强度作为评价设计、选材的依据。

1.4.2 低温力学性能

材料在低温下同样具有与常温明显不同的性能和行为，除陶瓷材料外，许多金属材料和高分子材料的力学性能随温度的变化而变化，温度降低，硬度和强度增加，塑性、韧性下降。某些线型非晶态高聚物会由于大分子链段运动的完全冻结，成为刚硬的玻璃态而明显脆化。由此产生的最为严重的工程现象就是低温下使用的压力容器、管道、设备及其构件的脆性断裂（简称为冷脆），其特点是：断裂时机件（构件）的工作应力通常低于材料的屈服强度，往往只有屈服强度的1/4～1/2，低于其设计应力，因此有时也称为低应力脆断；脆断之前没有明显的宏观塑性变形，或只有局部的少量塑性变形，在低温下脆性破坏的材料其韧性均很差；低温脆断一旦开始，便以极高的速度发展，事先无明显征兆。

材料的低温脆断倾向常通过系列冲击试验确定，根据试验结果作出冲击吸收能量和温度的关系曲线、试样断裂后塑性变形量和温度的关系曲线、断口形貌中各区所占面积和温度的关系曲线等定义的韧脆转变温度 T_k 来表征。如图1-9所示，常用定义 T_k 的方法如下。

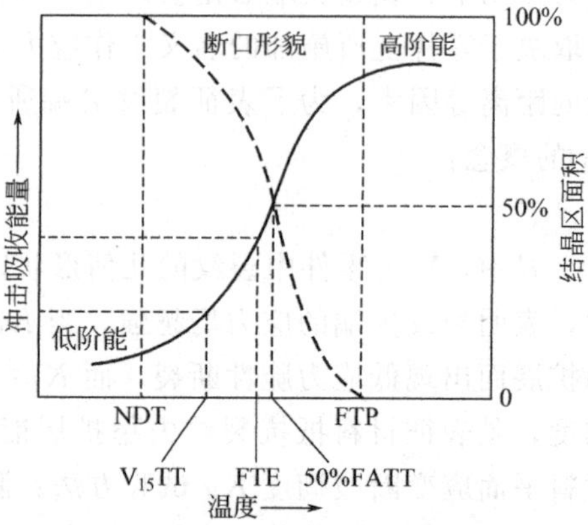

图1-9 各种韧脆转变温度判据

① 当低于某一温度材料吸收的冲击能量基本不随温度而变化，形成一个平台，该能量称为“低阶能”。以低阶能开始上升的温度定义 T_k，并记为NDT，称为无塑性或零塑性转变温度，这是无预先塑性变形断裂对应的温度，是最易确定 T_k 的判据。

② 高于某一温度材料吸收的能量也基本不变，形成一个上平台，称为“高阶能”。以高阶能对应的温度为 T_k，记为FTP。

③ 以低阶能和高阶能平均值对应的温度定义，并记为FTE。

④ 以 $KV_2=20.3\text{N}\cdot\text{m}$ 对应的温度定义，并记为 $V_{15}TT$。

⑤ 冲击试样冲断后，断口由纤维区、放射区（结晶区）和剪切区几部分组成，但在不同试验温度下，三个区之间的相对面积是不同的。温度下降，纤维区面积突然减少，结晶区面积突然增大，材料由韧变脆。通常取结晶区面积占整个断口面积50%时的温度为 T_k，并记为50%FATT或 $FATT_{50}$，这是工程上应用较多的方法。

韧脆转变温度 T_k 反映了温度对韧脆性的影响，也是安全性指标。T_k 是从韧性角度选材的重要依据之一，可用于抗脆断设计，但不能直接用于设计计算机件的承载能力或截面尺寸。对于在低温服役的机件，依据材料的 T_k 值可以直接或间接地估计它们的最低使用温度。显然，机件的最低使用温度必须高于 T_k，两者之差越大越安全。

1.5 磨损性能

运转中的机器，机件如轴与轴承、活塞与汽缸套、齿轮与齿轮等之间发生相对运动，在接触面之间会产生摩擦。在摩擦作用下，物体相对运动时，表面不断分离出磨屑从而不断损伤的现象称为磨损。磨损是机械零件失效的主要形式之一。

磨损是多种因素相互影响的复杂过程，根据摩擦面损伤和破坏的形式，磨损主要分为氧化磨损、黏着磨损、磨粒磨损和接触疲劳磨损四类。其中，氧化磨损是指在滑动或滚动摩擦过程中，摩擦件表面伴随塑性变形的同时，氧化膜不断形成和破坏，不断有氧化物自表面剥落的现象；黏着（咬合）磨损是两接触表面作相对运动时，由于固相之间的黏结作用，而使材料从一个表面转移到另一个表面所造成的磨损；磨粒磨损是由于硬颗粒或硬突出物造成的磨损；接触疲劳磨损是指在疲劳载荷作用下，经过一定次数重复加载后，工件表面产生麻点状剥落的现象。

材料抵抗磨损的能力称为材料的耐磨性，通常用磨损率和相对耐磨性来评价，可通过实物磨损试验或试样磨损试验来测定。

磨损率是指材料在单位时间或单位运动距离内所产生的磨损重量。材料的磨损率越小，说明材料的耐磨性越好。材料的耐磨性 ε，通常用磨损率 ω 的倒数表示，即：

$$\varepsilon=\frac{1}{\omega}$$

相对耐磨性即指试验材料与标准材料在同一工况条件下的耐磨性的比值，即：

$$\varepsilon_{相}=\frac{\varepsilon_{试}}{\varepsilon_{标}}=\frac{\omega_{标}}{\omega_{试}}$$

式中，$\omega_{标}$ 和 $\omega_{试}$ 分别为标准试样及试验试样的磨损率；$\varepsilon_{相}$ 为相对耐磨性，这是一个无量纲参数。

相对耐磨性在一定程度上可避免在磨损过程中参量变化及测量所造成的系统误差，可较方便而精确地评定材料的耐磨性。

一般来说，降低材料的摩擦因数、提高摩擦副表面的硬度均有助于增加材料的耐磨性。

习　　题

1-1 说明下列力学性能指标的含义和单位：

(1) R_m；(2) R_{eH} 和 R_{eL}；(3) $R_{p0.2}$；(4) A；(5) Z；(6) HRC；(7) HBW；(8) S_{-1}；(9) K_{IC}。

1-2 拉伸试样的原标距长度为 50mm，直径为 10mm，经拉伸试验后，将已断裂的试样对接起来测量，若最后的标距长度为 79mm，颈缩区的最小直径为 4.9mm，试求该材料的断后伸长率和断面收缩率。

1-3 某室温下使用的一紧固螺栓在工作时发现紧固力下降，试分析材料的何种力学性能指标没有达到要求？请提出主要的可能解决措施。

1-4 金属材料的刚度与金属机件的刚度两者含义有何不同？

1-5 一碳钢支架刚性不足，采用以下哪种方法可有效解决此问题？

(1) 改用合金钢；(2) 进行热处理强化；(3) 改变支架的截面形状与结构尺寸。

1-6 试比较布氏硬度与维氏硬度试验的原理异同，并比较布氏、洛氏、维氏硬度试验的优缺点和应用范围。

1-7 工程实际中，为什么零件设计图或工艺卡上一般是提出硬度技术要求而不是强度、塑性值或其他力学性能指标？

1-8 在有关零件的图纸上，出现了以下几种硬度技术条件的标注方法，这几种标注是否正确？

(1) HBW250～300；(2) 600～630HBW；(3) HRC5～10；(4) HRC70～75；(5) 58～62HRC；(6) 800～850HV。

第2章 材料的结构

材料的结构是指组成材料的原子（或离子、分子）的聚集状态，可分为三个层次，一是组成材料的单个原子结构和彼此结合的方式，二是原子的空间排列，三是宏观与微观组织。材料的结构决定了材料的性能，研究材料的结构，将有助于对材料性能的了解。

2.1 材料中的原子键合方式

原子是由带正电的原子核和带负电的核外电子组成的。当两个或多个原子形成分子或固体时，原子间的作用力是由原子的外层电子排布结构造成的，其外层轨道必须通过接受或释放额外电子，形成具有净负电荷或正电荷的离子或是通过共有电子方式来达到电子排布的相对稳定结构，这使得原子间产生如下的键合方式或称结合键。

2.1.1 金属键

典型金属原子的结构特点是价电子（最外层电子）数少，一般不超过3个，与原子核的结合力较弱，当大量这样的原子相互接近并聚集为固体时，其中大部分或全部原子会失去价电子而成为正离子。脱离了原子核束缚的价电子成为自由电子在正离子之间自由运动，形成电子云，正离子和自由电子之间产生静电作用而结合起来，如图2-1所示，金属这种依靠正离子和自由电子之间的相互吸引力而结合起来的结合方式称为金属键，它没有饱和性、选择性和方向性。

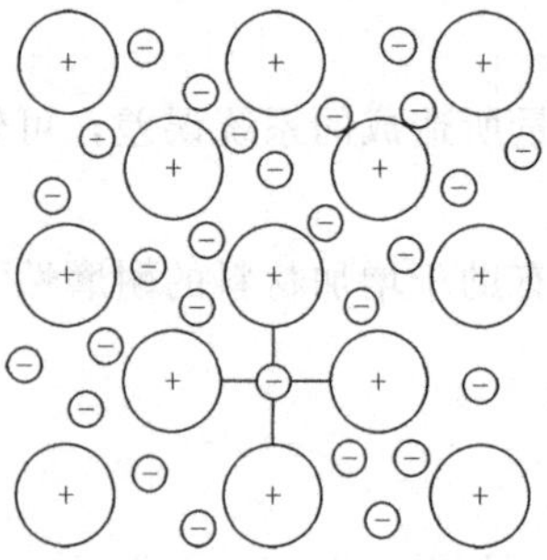

图2-1 金属键示意图

根据金属键的本质，可以解释固态金属的一些基本特性。例如，在外加电场作用下，金属中的自由电子能够沿着电场方向定向流动，形成电流，即金属显示出良好的导电性能；由于自由电子的运动和正离子的振动，所以金属具有良好的导热性；随着温度的升高，正离子或原子本身振动的振幅加大，从而可能阻碍电子的定向运动，使电阻增大，使金属具有正的电阻温度系数；由于自由电子很容易吸收可见光的能量而被激发到较高的能级，当它跳回到原来的低能级时，就把吸收的可见光能量以电磁波的形式重新辐射出来，金属变得不透明，在宏观上表现为金属光泽；由于金属键没有饱和性和方向性，当金属的两部分发生相对位移时，金属的正离子始终被包围在电子云中，保持着金属键结合，所以金属能经受变形而不断裂，从而具有良好的塑性。

金属中除铋、锑、锗、镓等亚金属为共价键结合外，绝大多数均以金属键方式结合，但各种金属键的结合力相差颇大，它们的强度、熔点等相差也较大。

2.1.2 离子键

当正电性的金属元素原子和负电性的非金属元素原子接触时，前者失去最外层价电子成为正离子，后者获得电子成为负离子。正、负离子间由于静电作用而形成离子键。大部分盐、碱类和金属氧化物多以离子键结合；部分陶瓷材料（Al_2O_3、ZrO_2 等）及钢中的一些非金属夹杂物也以此方式结合。

离子键的结合力很大，以离子键结合的材料的性能表现为硬度高、强度大、热膨胀系数小，但脆性大。在常温下，由于离子键中很难产生可以自由运动的电子，所以离子晶体都是良好的绝缘体；在熔融状态下，因所有离子均可运动，在高温下又易于导电。在外力作用下，离子之间将失去电的平衡，而使离子键破坏，宏观上表现为材料断裂。所以通常表现为脆性较大。由于离子的外层电子被牢固地束缚着，可见光的能量一般不足以使其受激发，所以不能吸收可见光，因此典型的离子晶体便是无色透明的。许多陶瓷材料是完全地或部分地通过离子键结合的。

2.1.3 共价键

共价键是由两个或多个电负性相差不大的原子间通过共用电子对而形成的化学键。共价键具有明显的饱和性，各键之间有确定的方位。共价键的结合力也很大，且变化范围宽。通常以共价键结合的材料，其性能表现为硬度高、强度大、熔点高、沸点高而挥发性低，塑性和导电性都很差。这一点在金刚石中表现得尤其突出。金刚石是自然界中最硬的材料，其熔点也极高。许多陶瓷和聚合物材料是完全地或部分地通过共价键结合的。

2.1.4 分子键

原子状态已形成稳定电子壳层的惰性气体元素及ⅦB族元素的双原子分子在低温下相互接近结合为固体时，没有电子的得失、共有或公有化，而是借助于各自内部出现的正、负电荷中心不重合而产生的极化作用（微弱的静电引力）在原子或分子间形成的作用力，这种结合方式称为分子键，也称为范德华力。

分子键的结合力甚低，通常以分子键结合的材料熔点、硬度等很低。塑料、橡胶等高分子材料中的链间结合键即为分子键。

工程材料中只有一种键合机制的材料很少，大多数工程材料往往存在着以一种键为主的几种键组成的混合键，其中金属材料以金属键为主，陶瓷材料以离子键为主，高分子材料以共价键为主。

2.2 金属晶体结构

2.2.1 有关晶体结构的基本概念

固体根据其内部原子的排列是否有规律性分为晶体和非晶体两类。原子在三维空间中作规则的周期性重复排列的物质称为晶体，否则称为非晶体。

晶体是固体中数量最大的一类。只有少数固态物质是非晶体，例如普通玻璃、松香、石蜡等；固态金属一般均为晶体，大多数固态的无机物也都是晶体，例如食盐、单晶硅等。晶体与非晶体相比具有一系列晶体特性，例如，往往都具有规则的外形，像食盐结晶后呈立方体形；具有固定熔点（如铁为1538℃），而非晶体没有固定的熔点，是在一个温度范围内熔化；性能上表现为各向异性，而非晶体因其在各个方向上的原子聚集密度大致相同，故而表现出各向同性。但在一定条件下，晶体和非晶体可以互相转化。例如，玻璃经高温长时间加热能变成晶态玻璃；而通常是晶态的金属，如从液态急冷（冷速$>10^{10}$ K/s）也可获得非晶态金属。非晶态金属与晶态金属相比，具有高的强度与韧性等一系列突出性能，近年来已引起材料科学工作者的重视并获得了一些应用。

构成晶体的原子（离子或分子）在空间规则排列的方式称为晶体结构。为研究晶体中原子排列的规律性，可以把原子看成是一个个固定的刚性小球，得到如图 2-2（a）所示的原子排列模型，这种模型虽直观但不便于分析晶体中各原子的空间位置。为了便于研究，进一步将原子抽象成其平衡中心位置的纯粹几何点，称为结点，用一些假想的空间直线把这些点连接起来，构成空间格架，称为晶格或点阵，如图 2-2（b）所示。在晶体中，由一系列原子所组成的平面称为晶面，原子在空间排列的方向称为晶向。

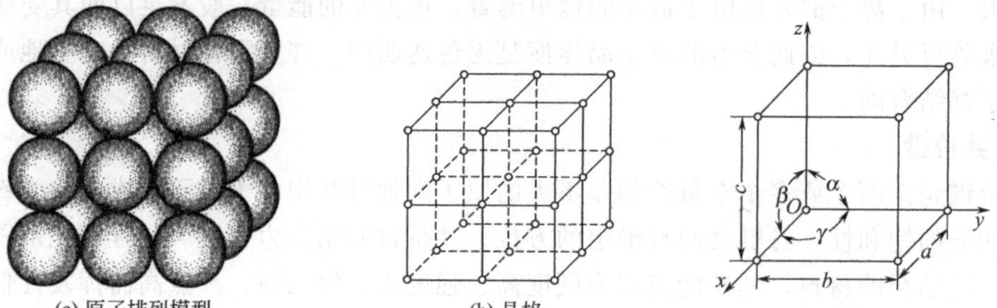

(a) 原子排列模型　(b) 晶格　(c) 晶胞

图 2-2　晶体结构示意图

由于晶体中原子作周期性的规则排列，因此，可从晶格中选取一个能够完全反映晶格特征的最小的几何单元来分析晶体中原子排列的规律，这个最小的几何单元称为晶胞，如图 2-2（c）所示。晶格的大小和形状等几何特征以晶胞的棱边长度 a、b、c 及棱间夹角 α、β、γ 等参数来描述，其中晶胞的棱边长度 a、b、c 一般称为晶格常数，金属的晶格常数大多为 0.1～0.7nm。按照以上六个参数组合的可能方式或根据晶胞自身的对称性，可将晶体结构分为七个晶系，其中立方晶系较为重要（$a=b=c$，$\alpha=\beta=\gamma=90°$）。各种晶体由于其晶格类型不同而呈现不同的物理、化学及力学性能。

2.2.2　典型的金属晶体结构

金属元素中，绝大多数的晶体结构比较简单，其中最典型、最常见的有体心立方结构、面心立方结构和密排六方结构三种类型。

2.2.2.1　体心立方晶格（bcc）

体心立方晶胞如图 2-3 所示，金属原子分布在立方晶胞的八个角上和立方体的体心。体心立方晶格的晶体学特点可用以下几个参数描述。

① 晶格常数　因 $a=b=c$，可用 a 来表示。

② 晶胞中的原子数　晶胞原子数是指一个晶胞内所包含的原子数目。由于晶格是由大量晶胞堆垛而成的，所以晶胞每个角上的原子在空间同时属于 8 个相邻的晶胞，这样只有 1/8 个原子属于这个晶胞，而晶胞中心的原子完全属于这个晶胞。故体心立方晶格中的原子数为 2 个，即 $n=8\times\frac{1}{8}+1=2$。

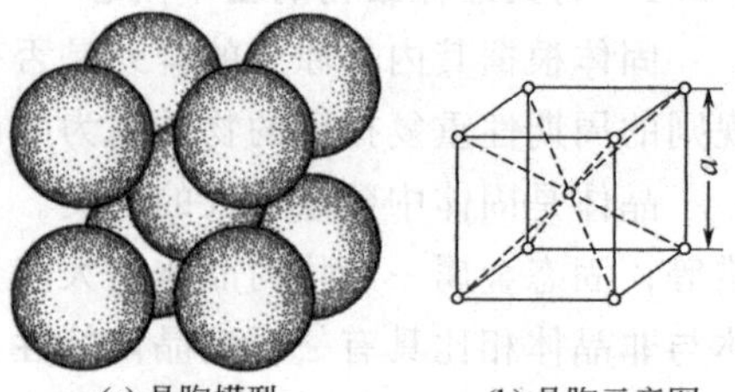

(a) 晶胞模型　(b) 晶胞示意图

图 2-3　体心立方晶胞

③ 原子半径　通常是指晶胞中原子密度最大的方向上相邻两原子中心之间平衡距离的一半，它与晶格常数有一定的关系。体心立方晶胞中原子相距最近的方向是立方体对角线，其长度为$\sqrt{3}a$，因此其原子半径 $r=\frac{\sqrt{3}}{4}a$。

④ 致密度　这是表示金属晶体中原子排列的紧密程度的参数，用晶胞中原子本身所占

有的体积分数来表示。即晶格的致密度为：

$$K=\frac{nv}{V}$$

式中，n 为一个晶胞实际包含的原子数；v 为一个原子的体积；V 为一个晶胞的体积。对于体心立方晶格其致密度为 0.68，也就是说，晶胞中原子占据了 68%的体积，其余的 32%的体积为间隙。

属于体心立方晶格的金属有 α-Fe、Cr、Mo、W、V 等 30 多种。

2.2.2.2　面心立方晶格（fcc）

面心立方晶胞如图 2-4 所示，金属原子分布在立方晶胞的八个角上和六个面的中心。

面心立方晶格的晶格常数同样可用 a 来表示，晶胞原子个数为 4，原子半径为$\frac{\sqrt{2}}{4}a$，致密度为 0.74。

属于面心立方晶格的金属有 γ-Fe、Cu、Ni、Al、Ag 等约 20 种。

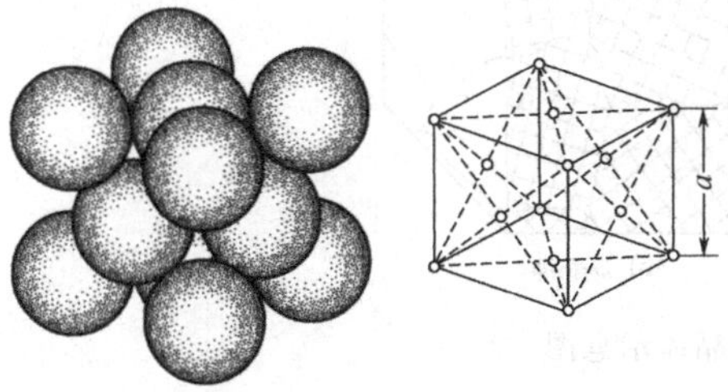

(a) 晶胞模型　(b) 晶胞示意图

图 2-4　面心立方晶胞

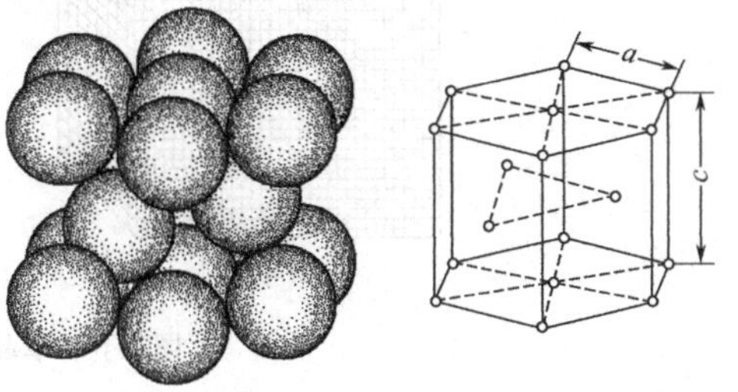

(a) 晶胞模型　(b) 晶胞示意图

图 2-5　密排六方晶胞

2.2.2.3　密排六方晶格（hcp）

密排六方晶胞如图 2-5 所示，金属原子分布在六方晶胞的十二个角上以及上下两底面的中心和两底面之间的三个均匀分布的间隙里。

典型的密排六方晶格的晶格常数 c 和 a 之比约为 1.633，晶胞原子个数为 6，原子半径为$\frac{1}{2}a$，致密度为 0.74。

属于密排六方晶格的金属有 Zn、Mg、Be、Cd 等。

由于以上这三种晶格的原子排列不同，因此它们的性能也不同。一般来讲，体心立方结构的材料，其强度高而塑性相对低一些；面心立方结构的材料，其强度低而塑性好；密排六方结构的材料，其强度与塑性均低。

2.2.3　实际金属的结构

2.2.3.1　单晶体和多晶体结构

单晶体是指晶格位向（或方位）一致的晶体，如图 2-6（a）所示。而所谓的位向（方位）一致，是指晶体中原子（离子或分子）按一定几何形状作周期性排列的规律没有破坏，因此晶体中实际的晶面与晶向的位置和方向保持与晶体作假想的周期性延伸时的晶面与晶向一致。如天然钻石就是典型的单晶体。晶体中，由于各晶面和各晶向上的原子排列的密度不同，因而同一晶体的不同晶面和晶向上的各种性能不同，这种现象称为各向异性。例如体心

立方晶格的 α-Fe，由于它在不同晶向上的原子密度不同，所以在不同晶向上原子之间的结合力便不同，因而它们的弹性模量 E 不同。在 α-Fe 晶胞的对角线方向上弹性模量 E 为 2.9×10^5MPa，而在其晶胞的棱边方向上 E 为 1.35×10^5MPa，两者相差一倍多。

工程上实际应用的金属材料一般为多晶体材料。所谓多晶体是指一块金属材料中包含着许多小晶体，每个小晶体内的晶格位向是一致的，而各小晶体之间彼此方位不同。这种由许多小晶体组成的晶体结构称为多晶体结构，如图 2-6（b）所示。多晶体中每个外形不规则的小晶体称为晶粒，晶粒与晶粒之间的界面就是晶界，一般晶粒尺寸都很小，如钢铁材料晶粒尺寸一般为 $10^{-3}\sim10^{-1}$mm，必须通过显微镜放大几十倍乃至几百倍以上才能观察到。在显微镜下所观察到的金属材料各类晶粒的显微形态，即晶粒的形状、大小、数量和分布等情况，称为显微组织或金相组织，简称为组织。

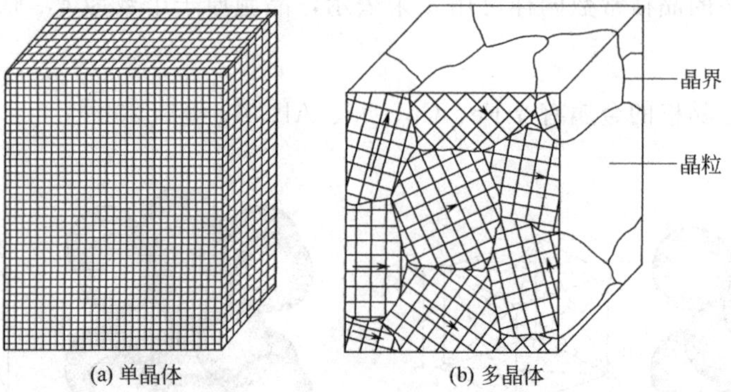

图 2-6　单晶体与多晶体示意图

多晶体在性能上表现为各向同性，这是因为大量微小的晶粒之间位向不同，因此在某一方向上的性能，只能表现出这些晶粒在各个方向上的平均性能，实际是“伪各向同性”。如多晶体体心立方晶格的 α-Fe 在任何方向上的弹性模量 E 均为 2.1×10^5MPa。

2.2.3.2　晶格缺陷

在实际应用的金属材料中，原子的排列不可能像理想晶体那样规则和完整，总是不可避免或多或少地存在一些原子偏离规则排列的区域，这些原子偏离规则排列的区域称为晶格缺陷。尽管偏离其规定位置的原子数目很少，晶格缺陷对金属的许多性能仍有着重要的影响，因此，研究晶格缺陷有着重要的实际意义。根据晶格缺陷的几何特征，可分为点缺陷、线缺陷和面缺陷三类。

（1）点缺陷

点缺陷是指晶体在三维方向上尺寸很小（原子尺寸范围内）的缺陷。常见的点缺陷有晶格空位、间隙原子和置换原子。

空位是指在正常的晶格结点上出现了空位，如图 2-7（a）所示；间隙原子是指个别晶格空隙之间存在的多余原子，以原子半径很小的杂质间隙原子为主，如钢中的氢、氮、碳等，如图 2-7（b）所示；置换原子是指晶格结点上的原子被异类原子所取代，如图 2-7（c）所示。

点缺陷的出现，使原子间作用力的平衡被破坏，促使缺陷周围的原子发生靠拢或撑开，即产生了晶格的畸变，从而引起金属强度、硬度、电阻等的增大、体积膨胀等。

空位和间隙原子是晶体中原子热运动的产物，它们在晶体中不断地运动着和变化着，并

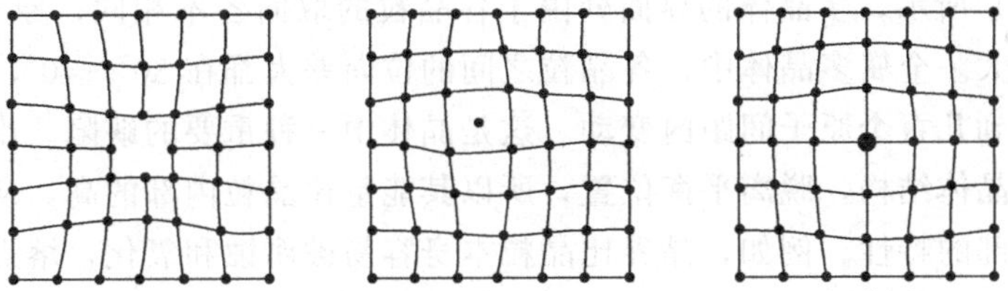

(a) 空位　(b) 间隙原子　(c) 置换原子

图 2-7　点缺陷

且随着温度的升高，它们的数目急剧增加。空位和间隙原子的运动和变化是金属扩散的主要方式之一，这对于热处理特别是化学热处理过程极为重要。

(2) 线缺陷

线缺陷是指晶体在三维方向上两个方向的尺寸很小，另外一个方向的尺寸相对很大，呈线状分布的晶格缺陷。主要是指各种类型的位错，即在晶体中有一列或若干列原子，发生了有规律的错排现象，刃型位错是其中较常见的一种。

如图 2-8 所示，刃型位错的特征是晶体中有一原子面在晶体内部中断，犹如用一把锋利的钢刀将晶体上半部分切开，沿切口硬插入一额外半原子面一样，刃口处的原子列即为刃型位错。可见，刃型位错周围存在着弹性畸变。在多余的半原子面上侧，原子受压；而在另一侧，原子受拉。离位错线越远，畸变越小。刃型位错有正负之分，若额外半原子面位于晶体的上半部，则此处的位错线称为正刃型位错；反之，若额外半原子面位于晶体的下半部，则称为负刃型位错。

通常把单位体积中包含的位错线总长度称为位错密度 ρ（单位为 cm/cm^3）。在经充分退火的多晶体金属中位错密度为 $10^6 \sim 10^7 cm^{-2}$。经专门制备出来的超纯单晶体金属，其位错密度很低（$<10^3 cm^{-2}$）。而经剧烈冷变形的金属，位错密度可增至 $10^{12} \sim 10^{13} cm^{-2}$。

位错的存在，对金属材料的力学性能、扩散及相变等过程有着重要的影响。如果金属中不含位错，那么这种理想金属晶体将具有极高的强度；正是因为实际金属晶体中存在位错等晶格缺陷，金属的强度值降低了 2～3 个数量级。

(3) 面缺陷

面缺陷是指晶体中存在一个方向上的尺寸很小，另外两个方向上的尺寸相对很大，呈面状分布的晶格缺陷。金属晶体中的面缺陷主要是指晶体材料中的各种界面，如晶界、亚晶界和相界等。

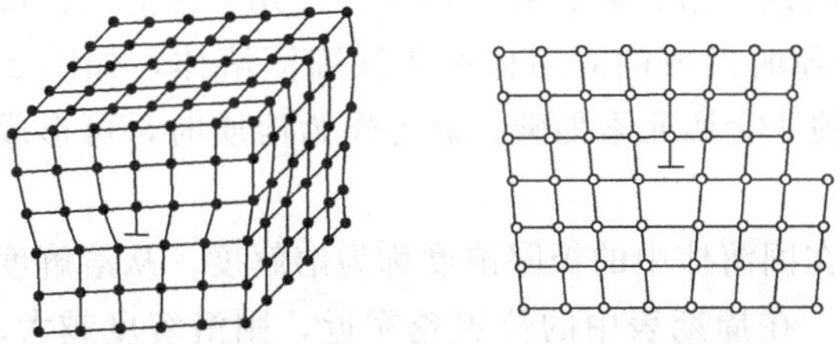

(a) 立体示意图　(b) 平面示意图

图 2-8　刃型位错

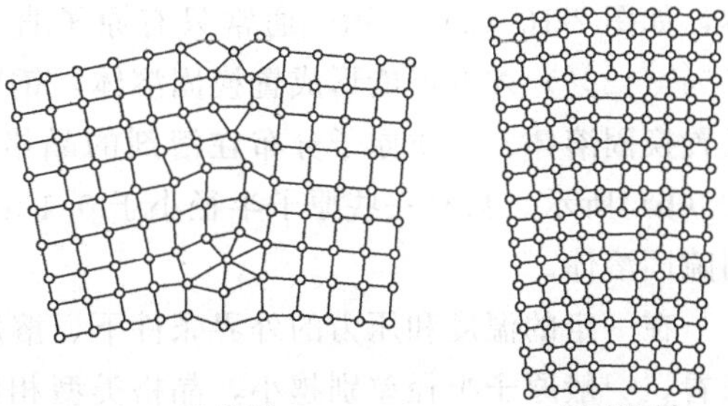

(a) 晶界　(b) 亚晶界

图 2-9　面缺陷示意图

如图 2-9（a）所示，多晶体的界面处由于各晶粒的取向各不相同，原子排列很不规整，晶格畸变程度较大。金属多晶体中，各晶粒之间的位向差大都在 30°～40°，晶界层厚度一般在几个原子间距到几百个原子间距内变动。这是晶体中一种重要的缺陷。由于晶界上的原子排列偏离理想的晶体结构，脱离平衡位置，所以其能量比晶粒内部的高，从而也就具有一系列不同于晶粒内部的特性。例如，晶界比晶粒本身容易被腐蚀和氧化，熔点较低，原子沿晶界扩散快，在常温下晶界对金属的塑性变形起阻碍作用。由此可以看出，金属材料的晶粒越细，则晶界越多，其常温强度越高。因此对于在较低温度下使用的金属材料，一般总是希望获得较细小的晶粒。

晶粒也不是完全理想的晶体，而是由许多位向相差很小的所谓亚晶粒组成的。晶粒内的亚晶粒又称为晶块，其尺寸比晶粒小 2～3 个数量级。亚晶粒之间位向差很小，一般小于 1°～2°。亚晶粒之间的界面称为亚晶界，亚晶界实际上是由一系列刃型位错所构成的，如图 2-9（b）所示。亚晶界上原子排列也不规则，亦产生晶格畸变。与晶粒相似，细化亚晶粒也能显著提高金属的强度。

2.3 合金相结构

纯金属的强度一般比较低，工程上很少使用纯金属，更多的是应用合金。合金是两种或两种以上金属元素，或金属元素与非金属元素，经熔炼、烧结或其他方法组合而成并具有金属特性的物质。例如，广泛应用的钢铁材料就是由铁和碳所组成的合金，黄铜则为铜和锌组成的合金。组成合金最基本的、独立的物质称为组元。组元通常就是组成合金的元素，也可以是稳定的化合物。合金中的相是指合金中具有同一化学成分、同一聚集状态、同一结构，且以界面互相分开的各个均匀的组成部分。物质可以是单相的，也可以是由多相组成的。由数量、形态、大小和分布方式不同的各种相构成合金的组织。根据合金元素之间相互作用的不同，合金中的相结构可分成两大类：固溶体和金属化合物。

2.3.1 固溶体

合金在固态时，组元之间相互溶解，形成的在某一组元晶格中包含有其他组元原子的新相，这种新相称为固溶体。保持原有晶格的组元称为溶剂，而其他组元称为溶质。工业上所使用的金属材料，绝大部分是以固溶体为基体的，有的甚至完全由固溶体所组成。例如碳钢和合金钢，其基体相均为固溶体，且含量占组织中的绝大部分。

根据溶质原子在溶剂晶格中的配置不同，固溶体可以分为置换固溶体和间隙固溶体两类。若溶质原子代替了部分溶剂原子而占据着溶剂晶格中的某些结点位置，称为置换固溶体，如图 2-10（a）所示。通常只有原子直径相差不大的元素（一般原子半径相差不超过 10%～12%）才有可能形成置换固溶体，钢中的锰、铬、镍、硅、钼等各种元素都能与铁形成置换固溶体。溶质原子分布在溶剂的晶格间隙时形成的固溶体称为间隙固溶体，如图 2-10（b）所示。只有一些原子半径小于 0.1nm 的非金属元素如碳、氮等作为溶质时，可形成间隙固溶体。

在一定的温度和压力的外界条件下，溶质在固溶体中的极限浓度称为溶解度。从溶解度来看，一般原子半径差别越小，晶格类型相同，在周期表中的位置越靠近，则溶解度越大。根据溶质原子在固溶体中的溶解度不同，固溶体可分为有限固溶体和无限固溶体。溶解度有一定限制的固溶体称为有限固溶体。溶剂与溶质能在任何比例下互溶的固溶体称为无限固溶

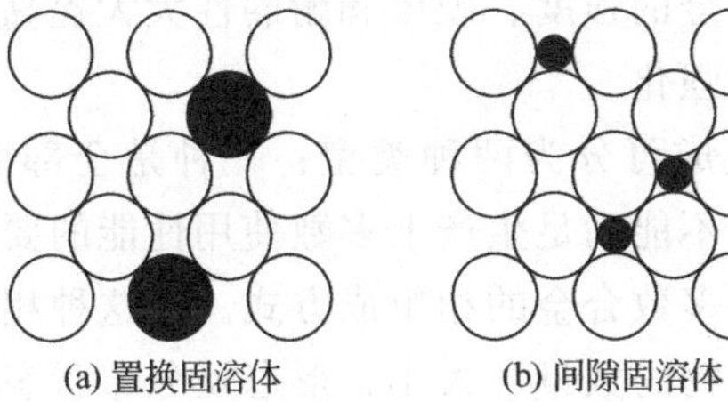

图 2-10　固溶体的两种类型

体。溶剂与溶质之间只有形成置换固溶体时才有可能形成无限固溶体。例如，铜和镍的原子半径相差很小，都是面心立方晶格，且处于同一周期相邻的元素，所以可形成无限固溶体。溶剂与溶质之间形成的间隙固溶体只能是有限固溶体。

如图 2-11 所示，溶质原子溶入溶剂晶格以后，由于溶质和溶剂的原子大小不同，固体中溶质原子附近的局部范围内必然造成晶格畸变，且晶格畸变随溶质原子浓度的增高而增大，溶质原子与溶剂原子的尺寸相差越大，所引起的晶格畸变也越严重。反映在性能上，使金属的强度和硬度提高。这种由于外来原子（溶质原子）溶入基体中形成固溶体而使其强度、硬度升高的现象称为固溶强化。这是金属强化的重要形式。南京长江大桥大量使用含锰的低合金结构钢，原因之一就是由于锰的固溶强化作用提高了该材料的强度，从而大大节约了钢材，减轻了大桥结构的自重。固溶强化的特点是，固溶体中溶质含量适当时，可以显著提高材料的强度和硬度，而塑性、韧性没有明显降低，即具有较好的综合力学性能。如镍固溶于铜中所形成的铜镍合金，通过增加镍的溶解度使其硬度从 38HBW 提高到 60～80HBW 时，伸长率 A 仍可保持在 50%左右。

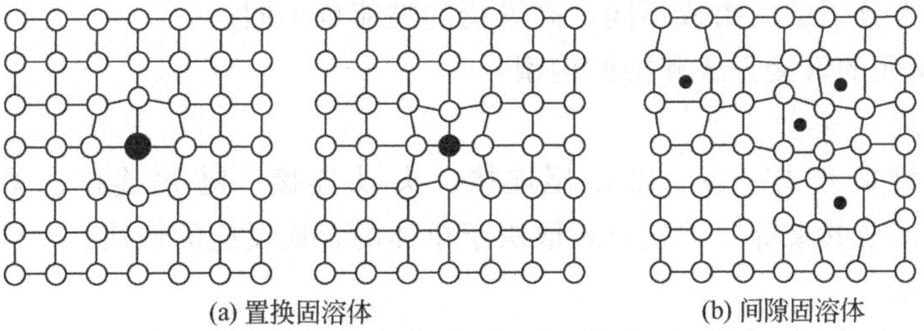

图 2-11　溶质原子引起的晶格畸变

2.3.2　金属化合物

金属化合物是合金组元之间发生相互作用而形成的一种新相，又称为中间相，其晶格类型和特性不同于其中任一组元。如碳钢中的 Fe_3C（渗碳体）、黄铜中的 CuZn（β 相）、铝合金中的 $CuAl_2$，都属于金属化合物。这种化合物可以用分子式来表示，除了离子键和共价键外，金属键也在不同程度上参与作用，致使其具有一定程度的金属性质（例如导电性），因此称为金属化合物。

金属化合物的主要特点是熔点高，硬而脆，当合金中出现金属化合物相时，合金的强度、硬度、耐磨性及耐热性提高（但塑性有所降低），因此目前在工业上广泛应用的结构材料和工具材料，金属化合物是其不可缺少的重要组成相。

金属化合物由于太脆，所以不能单独构成合金，而只能作为合金中的强化相，即在固溶体的基础上，形成或加入少量金属化合物，以强化合金。当金属化合物以细小的颗粒均匀分布在固溶体基体上时，将使合金的强度、硬度和耐磨性大大提高，同时又具有一定的塑性和韧性。这种强化方法称为弥散强化。

由上述可知，合金的相组成可分为两种类型：一种是全部由固溶体（单相或多相固溶体）组成的，其强度不够高，不能满足生产上多数使用性能的要求；另一种是由固溶体和少量金属化合物组成的，这是大多数合金的相组成方式。在这种相的组成下，可以通过调整固溶体中溶质的含量和金属化合物的数量、大小、形态及分布状态，使合金的力学性能在相当大的范围内变化，以满足生产上不同使用性能的要求。

2.4 高分子化合物的结构

高分子化合物是指相对分子质量大于 10^4 的有机化合物。高分子化合物是由大量的大分子构成的，而大分子是由一种或多种低分子化合物通过聚合连接起来的链状或网状的分子。因此高分子化合物又称为高聚物或聚合物。由于分子的化学组成及聚集状态不同，而形成性能各异的高聚物。

组成高分子化合物的低分子化合物称为单体。大分子链中的重复单元称为链节，链节的重复数目称为聚合度。例如，聚氯乙烯大分子是由氯乙烯重复连接而成的，其单体为 $CH_2{=\!=}CHCl$，链节为—CH_2—CHCl— 。

高分子化合物的结构可分为大分子链结构和聚集态结构。

2.4.1 大分子链结构

2.4.1.1 大分子链的化学组成

不是所有元素都能结合成链状大分子，只有 B、C、N、O、Si、P、S、As 等元素才能组成大分子链，大分子链的组成不同，高聚物的性能也不同。

2.4.1.2 结构单元的键接方式和链的构型

(1) 键接方式

结构单元的键接方式很多，如头-尾连接、头-头连接、尾-尾连接、无规共聚、交替共聚、嵌段共聚及接枝共聚等。键接方式取决于单体的合成反应的性质。

(2) 空间构型

空间构型是指大分子链中原子或原子团在空间的排列形式。以乙烯类聚合物 $\left[CH_2-\underset{\displaystyle R}{\underset{|}{CH}}\right]_n$ 为例，其大分子链有三种构型：全同立构、间同立构、无规立构。取代基 R（其他原子或原子团）全部分布在主链的一侧，称为全同立构；取代基 R 相间地分布在主链的两侧，称为间同立构；取代基 R 无规则地分布在主链的两侧，称为无规立构。分子的空间构型决定了聚合物的性能。

2.4.1.3 大分子链的形状

大分子链的几何形状有线型、支化型和体型（网型或交联型），如图 2-12 所示。

(1) 线型分子链

线型分子链是指各链节以共价键连接成线型长链，像一根长线，通常呈卷曲或团状。

(2) 支化型分子链

支化型分子链是指在线型大分子主链的两侧有许多长短不一的小支链。

(3) 体型分子链

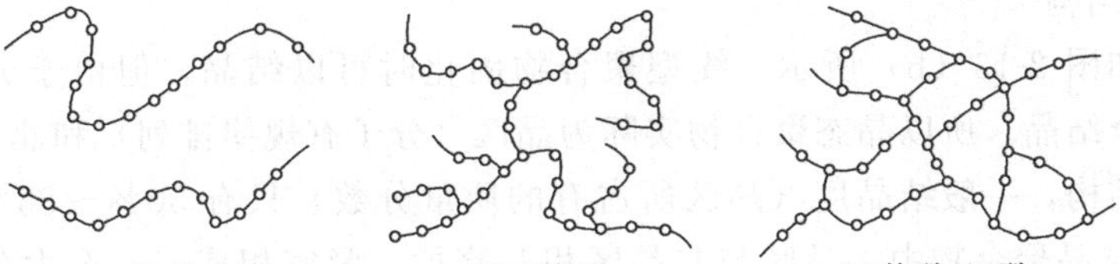

图 2-12　大分子链的形状

体型分子链是指大分子链之间通过支链或化学键连接成一个三维空间网状大分子。

具有线型和支化型分子链结构的聚合物称为线型聚合物，具有较高的弹性和热塑性，可反复使用。具有体型分子链结构的聚合物称为体型聚合物，具有较好的耐热性、难溶性、强度和热固性，但弹性、塑性低，易老化，不可反复使用。

(4) 大分子链的柔顺性

和其他分子一样，大分子也在不停地热运动。大分子链是由大量原子经共价键连接而成的，其中有许多单键，每个单键都可绕邻近单键作旋转（内旋转），从而使大分子链出现不同的空间形象，称为大分子链的构象。大分子链的这种能通过单键内旋改变其构象而获得不同卷曲程度的特性称为柔顺性，这是聚合物材料许多性能不同于其他固体材料的根本原因。影响大分子链柔顺性的因素有大分子链的结构、温度、外力、介质等。当大分子链主链全部由单键组成时，分子链的柔顺性最好；当主链中含有芳杂环时，柔顺性差；主链所带侧基的极性不同，柔顺性也不同，侧基极性越强，分子链间作用力越大，单键内旋转越困难，柔顺性越差；当温度升高时，分子链热运动加剧，内旋转容易，柔顺性增加。

2.4.2　高分子化合物的聚集态结构

聚合物的聚集态结构是指在分子间力作用下大分子链相互聚集所形成的几何排列和堆砌方式，一般可分为晶态、非晶态、液晶态、取向态等。

2.4.2.1　非晶态结构

非晶态结构如图 2-13 (a) 所示。聚合物凝固时，分子不能规则排列，呈长程无序、近程有序状态。非晶态聚合物分子链的活动能力大，弹性和塑性较好。由于其聚集态结构是均相的，因而材料各个方向的性能是相同的。

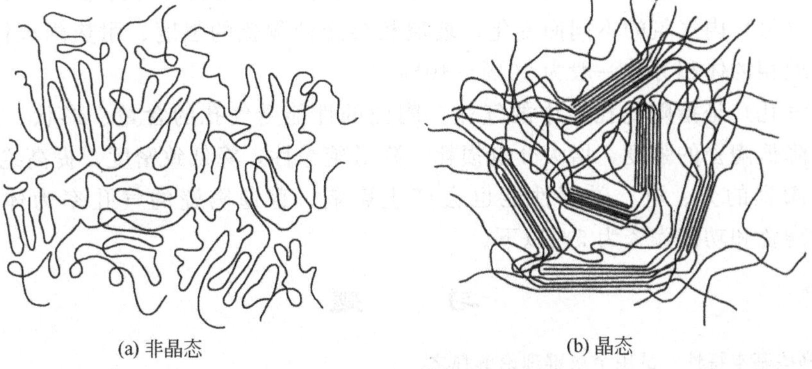

图 2-13　大分子的聚集态结构

2.4.2.2　晶态结构

晶态结构如图 2-13（b）所示。线型聚合物固化时可以结晶，但由于分子链运动较困难，不可能完全结晶。所以晶态聚合物实际为晶区（分子有规律排列）和非晶区（分子无规律排列）两相结构，一般结晶度（晶区所占有的质量分数）只有 50%～85%，特殊情况可达到 98%。在结晶聚合物中，晶区与非晶区相互穿插，紧密相连，一个大分子链可以同时穿过许多晶区和非晶区。

2.5　陶瓷材料的组织结构

陶瓷是由金属和非金属的无机化合物所构成的多晶多相固态物质，现代陶瓷材料是无机非金属材料的统称。

陶瓷材料是多相多晶材料，如图 2-14 所示，一般由晶相、玻璃相和气相组成。其显微结构是由原料、组成和制造工艺所决定的。

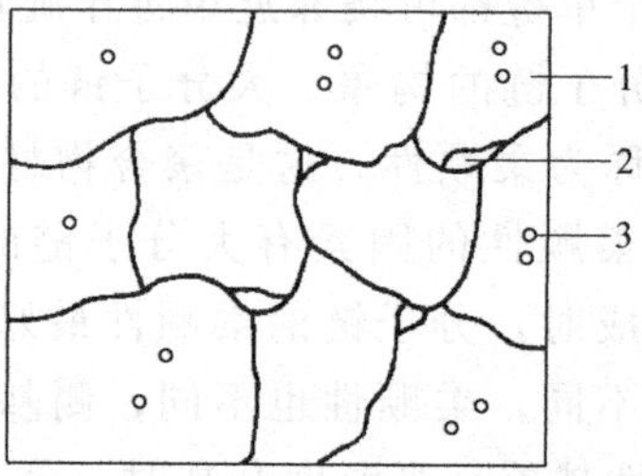

图 2-14　陶瓷材料的组织结构

1—晶相；2—玻璃相；3—气相

晶相是陶瓷材料的主要组成相，是化合物或固溶体。晶相分为主晶相、次晶相和第三晶相等。主晶相对陶瓷材料的性能起决定性作用。陶瓷中的晶相主要有硅酸盐、氧化物、非氧化物三种。硅酸盐的基本结构是硅氧四面体（SiO_4），四个氧离子构成四面体，硅离子位于四面体间隙中，四面体之间的连接方式不同，构成不同结构的硅酸盐，如岛状、链状、层状、立体网状等。大多数氧化物的结构是氧离子密堆的立方和六方结构，金属离子位于其八面体或四面体间隙中。

玻璃相是一种低熔点的非晶态固相。它的作用是黏结非晶态晶相，填充晶相间的空隙，提高致密度，降低烧结温度，抑制晶粒长大等。玻璃相的组成随着坯料组成、分散度、烧结时间以及炉（窑）内气氛的不同而变化。玻璃相会降低陶瓷的强度、耐热耐火性和绝缘性。故陶瓷中玻璃相的体积分数一般为 20%～40%。

气相（气孔）是指陶瓷孔隙中的气体。陶瓷的性能受气孔的含量、形状、分布等的影响，气孔会降低陶瓷的强度，增大介电损耗，降低绝缘性，降低致密度，提高绝热性和抗振性。对功能陶瓷的光、电、磁等性能也会产生影响。普通陶瓷的气孔率为体积的 5%～10%，特种陶瓷和功能陶瓷为 5%以下。

习　　题

2-1　金属有哪些基本特性？试用金属键理论解释之。

2-2　常见的金属晶体结构有哪几种？它们的原子排列和晶格常数有什么特点？α-Fe、γ-Fe、δ-Fe、Cu、Al、Ni、Pb、Cr、V、Mg、Zn 各属何种晶体结构？

2-3 已知 α-Fe 的晶格常数 $a=2.87\times10^{-10}$m，γ-Fe 的晶格常数 $a=3.63\times10^{-10}$m，试求出 α-Fe 和 γ-Fe 的原子半径和致密度。

2-4 已知 Fe 和 Cu 在室温下的晶格常数分别为 2.87×10^{-10}m 和 3.607×10^{-10}m，求 1cm^3 中 Fe 和 Cu 的原子数。

2-5 已知 γ-Fe 的晶格常数（$a=0.363$nm）要大于 α-Fe 的晶格常数（$a=0.287$nm），但为什么 γ-Fe 冷却到 912℃转变为 α-Fe 时，体积反而增大？

2-6 单晶体与多晶体有何区别？为什么单晶体具有各向异性，而多晶体则无各向异性现象？

2-7 在实际金属晶体中存在哪些晶格缺陷？它们对金属的性能有什么影响？

2-8 工程上使用的金属材料为什么大多为合金？与纯金属相比，合金有哪些优越性？

2-9 置换原子和间隙原子的固溶强化效果哪个大些？为什么？

2-10 在固溶体中，当溶质元素含量增加时，其晶体结构和性能会发生什么变化？

第 3 章　材料相变基础知识

材料中相与相之间的转变称为相变，相变常常赋予材料以技术上有用的形态、微观结构和性能，常用工程材料中金属与合金的高强度正是依赖于其通过一次或多次相变形成的多相结构。

金属与合金中的相变形式有从液态转化为固态时的凝固相变和加热或冷却时的固态相变。由于通常冷却条件下得到的固态金属均为晶态，故金属的凝固过程常称为结晶。

3.1　纯金属的结晶

3.1.1　结晶的概念及条件

分析金属由液态转化为固态的结晶过程，可知其实质是物质内部原子重新排列的过程，即从液态下的不规则排列转变为固态下的规则排列，当然，一定条件下物质内部的原子也可以从一种规则排列转变为另一种规则排列。因此，广义上讲，物质从一种原子排列状态（晶态或非晶态）过渡为另一种原子规则排列状态（晶态）的转变过程称为结晶。为区别起见，我们将物质从液态转变为固体晶态的过程称为一次结晶，而物质从一种固体晶态过渡为另一种固体晶态的转变称为二次结晶。

热力学定律指出，自然界的一切自发转变过程，总是由一种较高能量状态趋向于能量较低的状态，而能量最低的状态是最稳定的状态。结晶过程也不例外。同一种物质在液态和固态下的能量与温度的关系曲线如图 3-1 所示，自由能 G 是物质中能够自动向外界释放出的多余的能量或能够对外做功的那部分能量，由于液态物质和固态物质的自由能随温度的变化速率不同，这两条曲线就必然相交，其交点处液、固两相自由能相等，液态和固态处于动态平衡状态，可长期共存，此时对应的温度 T_m 即为理论结晶温度。显然，高于 T_m 温度时，液态比固态的自由能低，物质处于液态更稳定；低于 T_m 温度时，物质处于固态更稳定，此时，物质从液态转变为固态的结晶过程可自发地发生。因此，要使结晶过程自发地发生，液态温度 T_n 必须低于 T_m，T_n 称为实际结晶温度，这种实际结晶温度低于理论结晶温度的现象称为过冷，理论结晶温度 T_m 与实际结晶温度 T_n 之差称为过冷度，用 ΔT 表示，即 $\Delta T = T_m - T_n$。对应着过冷度 ΔT，在液态与固态之间存在的自由能差 ΔG 成为促使液态金属结晶的驱动力。一旦过冷度足够大，结晶过程就能开始进行。过冷度越大，液、固两相的自由能差越大，即结晶驱动力越大，结晶速度便越快。因此，结晶的必要而且充分条件就是必须具有一定的过冷度。在实际结晶过程中，过冷度的大小主要与冷却速度有关，冷却速度越快，过冷度越大。

用热分析法可以测定金属的实际结晶温度 T_n，其过程为：把纯金属置于坩埚内加热成均匀液体，而后使其缓慢冷却。在冷却过程中，每隔一定时间测定一次温度，直至结晶完毕后冷却到室温。将温度随时间变化的关系绘制成曲线，称为冷却曲线，如图 3-2 所示。在结晶过程中，由于结晶潜热的释放，补偿了系统向环境散失的热量，此时温度却不随时间的延长而下降，在冷却曲线上出现一个平台（即水平线段）。这个平台所对应的温度 T_n，就是纯金属的实际结晶温度。

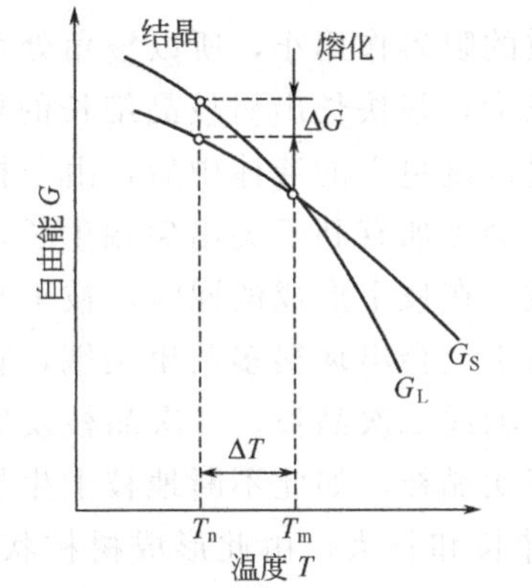

图 3-1　金属在聚集状态时自由能与温度的关系曲线

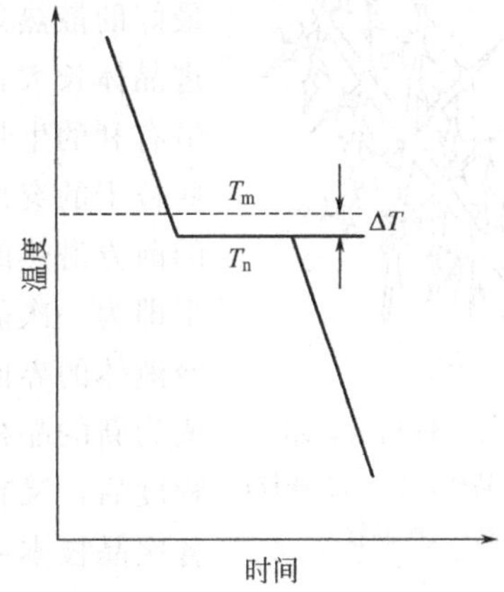

图 3-2　纯金属的冷却曲线

3.1.2　结晶过程

研究表明，金属的结晶是通过形核与长大两个交错重叠的过程进行的。在液态金属中存在着大量尺寸不同、忽聚忽散的短程有序的原子小基团，如图 3-3 所示。在理论结晶温度以上，这种原子小基团极不稳定，不能成为结晶核心。随着温度的降低，一些尺寸较大的原子基团开始变得稳定，从而成为结晶核心，称为晶核，如图 3-4 所示。这些形成的晶核按各自方向吸附液态中的金属原子并使这些原子在其表面按一定规律规则排列起来而逐渐长大，与此同时，在液态中不断地产生新的结晶核心，也逐渐长大。当相邻晶体相互接触时，只能向尚未凝固的液体部分伸展，直至全部结晶完毕。因此在一般情况下，金属是由许多外形不规则的、位向不同的晶粒和晶界组成的多晶体。

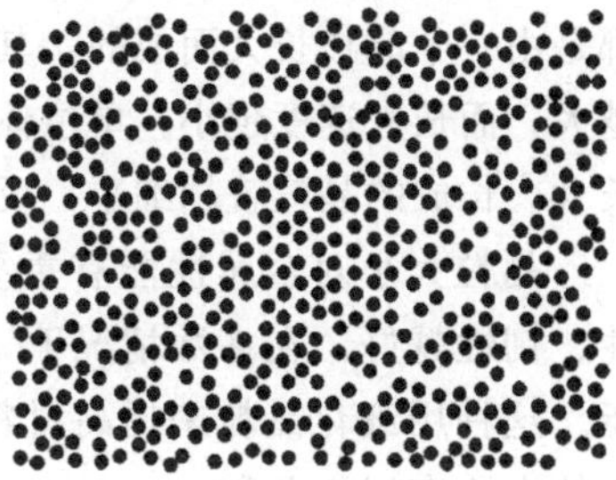

图 3-3　液态金属结构示意图

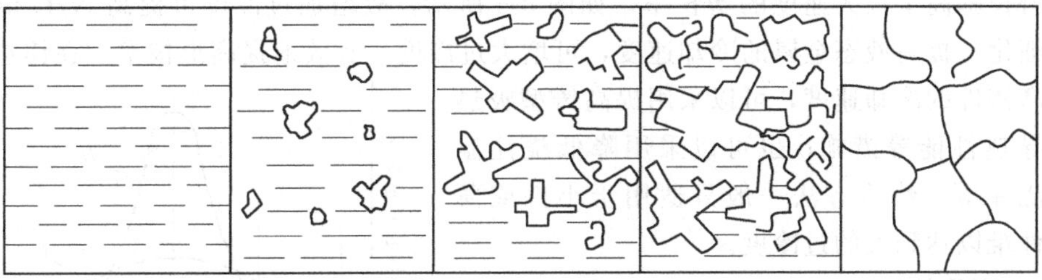

图 3-4　结晶过程示意图

在上述的结晶过程中，晶核形成的方式有两种：一种是从液体内部自发产生的，称为自发形核或均匀形核；另一种是依附于外来杂质而生成的，称为非自发形核或非均匀形核。在实际金属和合金中，这两种形核方式通常是同时存在的。但是非均匀形核比均匀形核一般更容易发生，往往起着优先和主导作用。

晶核的长大过程通常是按树枝状方式进行的，如图 3-5 所示。在晶核成长初期，由于晶

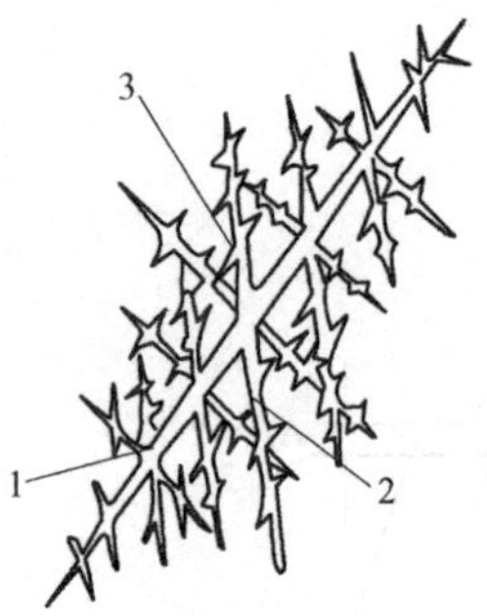

图 3-5　枝晶示意图
1—一次晶枝；2—二次晶枝；
3—三次晶枝

核很小，其各个方向的散热条件相差不大，且其内部原子排列规则，所以晶体外形也常较规则，此规则外形的棱角或尖端处具有最好的散热条件，使结晶潜热能迅速逸去；且棱角处缺陷多，促进晶体长大，杂质少，杂质的阻碍作用小，所以棱角处可以得到最有利的生长条件而优先长大，很快长出树枝晶细长的枝干。这些枝干的突出尖端伸入到过冷度更大的液体中后，由于枝干尖端的前方潜热的散失最容易，会更加有利于突出尖端生长，这些主干即为一次晶轴或一次晶枝。在枝干形成的同时，枝干与周围过冷液体的界面也不稳定，枝干上会出现很多凸出尖端，它们长大成为新的晶枝，即为二次晶轴或二次晶枝。二次晶枝发展到一定程度后，又在它上面长出三次晶枝，如此不断地枝上生枝，同时各次晶枝本身也在不断地伸长和长大，由此形成树枝状的骨架，故称为树枝晶，简称为枝晶，每一个枝晶长成一个晶粒。一般而言，枝晶在三维空间得以均衡发展，各方向上的一次轴近似相等，这时的晶粒称为等轴晶粒，其截面呈多边形。当所有的枝晶都严丝合缝地对接起来，液态金属完全消失后，就看不出来树枝的模样了，只能是一个个多边形的晶粒了。

3.1.3　结晶晶粒大小及控制

晶粒的大小称为晶粒度，通常用晶粒的平均面积或平均直径来表示。金属结晶时每个晶粒都是由一个晶核长大而成的，其晶粒度取决于形核率 N 和长大速度 G 的相对大小。若形核率越大，而长大速度越小，单位体积中晶核数目越多，每个晶核的长大空间越小，也来不及充分长大，长成的晶粒就越细小；反之，若形核率越小，而长大速度越大，则晶粒越粗化。

晶粒大小对金属性能有重要的影响。在常温下晶粒越小，金属的强度、硬度越高，塑性、韧性越好。在多数情况下，工程上希望通过使金属材料的晶粒细化而提高金属的力学性能。这种用细化晶粒来提高材料强度的方法，称为细晶强化。工程上常用的控制结晶晶粒大小的方法有以下几种。

3.1.3.1　控制过冷度

形核率 N 与长大速度 G 一般都随过冷度 ΔT 的增大而增大，但两者的增长率不同，形核率的增长率高于长大速度的增长率，如图 3-6 所示，故增加过冷度可提高 N/G 值，有利于晶粒细化。提高液态金属的冷却速度，可增大过冷度，有效地提高形核率。在铸造生产中为了提高铸件的冷却速度，可以采用提高铸型吸热能力和导热性能等措施；也可以采用降低浇注温度、慢浇注等。快冷方法一般只适用于小件或薄件，大件难以达到大的过冷度。

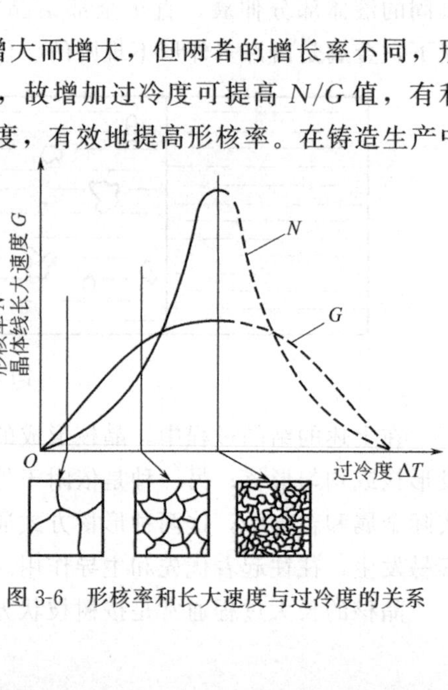

图 3-6　形核率和长大速度与过冷度的关系

3.1.3.2　变质处理

金属的体积较大，获得大的过冷度困难时或形状复杂的铸件，不允许过多地提高冷却速度时，为了得到细晶粒铸件，多采用变质处理。

变质处理就是在浇注前向液态金属中加入某种被称为变质剂的元素或化合物，以细化晶粒和改善组织。变质剂的作用在于增加晶核的数量或者阻碍晶核的长大。有一类物质，它们或它们生成的化合物，符合非自发晶核的条件，当其作为变质剂加入液体金属中时，可以大大增加晶核的数目，这类变质剂有时又称为孕育剂。例如，在铝合金液体中加入钛、锆，钢水中加入钛、钒、铝等，都可使晶粒细化。在铁水中加入硅铁、硅钙合金时，能使组织中的石墨变细。另有一类物质，虽不能提供结晶核心，但能阻止晶粒的长大。有的则能附着在晶体的结晶前缘，强烈地阻碍晶粒长大。例如，在铝硅合金中加入钠盐，钠能富集在硅的表面，降低硅的长大速度，阻碍粗大的硅晶体的形成，使合金的组织细化。

3.1.3.3　振动处理

对结晶过程中的液态金属输入一定频率的振动波，形成的对流会使成长中的树枝晶臂折断，增加了晶核数目，从而显著提高形核率，细化晶粒。常用的振动方法有机械振动、超声波振动、电磁搅拌等。其中，电磁搅拌已成为钢连铸时控制凝固组织的重要技术手段。

3.1.4　晶体的同素异构

某些金属在不同温度和压力下呈现不同类型的晶体结构的现象称为同素异构转变。常见的元素如铁、钛、锰、锡、碳等都具有同素异构转变。

在金属晶体中，铁的同素异构转变最为典型。铁在结晶后继续冷却至室温的过程中，先后发生两次晶格转变，其转变过程如下：

$$\underset{\text{体心立方}}{\delta\text{-Fe}} \xrightleftharpoons{1394℃} \underset{\text{面心立方}}{\gamma\text{-Fe}} \xrightleftharpoons{912℃} \underset{\text{体心立方}}{\alpha\text{-Fe}}$$

其同素异构转变的过程，就是原子重新排列的过程，也同样遵循形核与长大的基本规律，如图 3-7 所示，当 γ-Fe 向 α-Fe 转变时，α-Fe 晶核通常在 γ-Fe 的晶界处产生并长大，直至全部 γ-Fe 晶粒被 α-Fe 晶粒取代而转变结束。由此可见，同素异构转变也是经过结晶来实现的，其特点是在固态下完成晶格的转变，属于二次结晶。铁的同素异构转变是钢铁能够进行热处理的内因和根据，也是钢铁材料性能多种多样、用途广泛的主要原因之一。

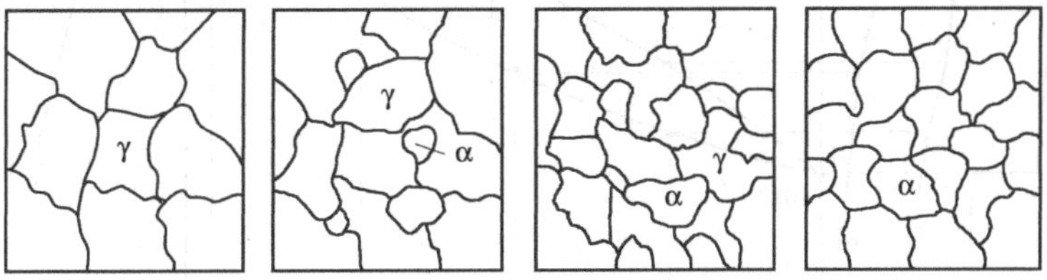

图 3-7　铁的同素异构转变示意图

3.2　二元合金相图

相图是表示合金在缓慢冷却条件下平衡相与成分、温度之间的关系的图形，亦称状态图或平衡图，它是研制新材料，制定合金的熔炼、铸造、压力加工和热处理工艺以及进行金相分析的重要依据。

在讨论相图之前，先介绍几个有关相图的基本概念。

① 合金系　由给定的两个或两个以上的组元按不同的比例配制一系列不同成分的合金，这些合金称为一个合金系。由两个组元形成的合金系称为二元合金系，由三个组元形成的合金系称为三元合金系，以此类推。

② 平衡相、平衡组织　如果合金在某一温度停留任意长的时间，合金中各相的成分都是均匀的和不变的，各相的相对质量也不变，那么该合金就处于相平衡状态，此时合金中的各相称为平衡相，而由这些平衡相所构成的组织称为平衡组织。相平衡是合金的自由能处于最低的状态，也就是合金最稳定的状态。合金总是力图通过原子扩散趋于这种状态。

③ 平衡结晶　如果合金在其结晶过程中或相变过程中的冷却速度非常缓慢，那么由于其原子有充分的时间进行扩散，所以合金中的各相将近似处于平衡状态，这种冷却方式称为平衡冷却，而这种处于相平衡状态的结晶或相变方式称为平衡结晶。

3.2.1　合金相图的建立

相图几乎都是通过实验过程建立的，最常用的方法是热分析法。下面以 Cu-Ni 合金为例，说明用热分析法建立相图的具体步骤。

① 配制不同成分（质量分数）的 Cu-Ni 合金。例如：合金Ⅰ，100%Cu；合金Ⅱ，75%Cu＋25%Ni；合金Ⅲ，50%Cu＋50%Ni；合金Ⅳ，25%Cu＋75%Ni；合金Ⅴ，100%Ni。

配制的合金数目越多，合金成分的间隔越小，得到的相图越精确。

② 测出以上各合金的冷却曲线，并找出各冷却曲线上的临界点（即转折点和平台）的温度。

③ 画出温度-成分坐标系，在相应成分垂线上标出临界点温度。

④ 将物理意义相同的点（如转变开始点、转变结束点）连成曲线，标明各区域内所存在的相，即得到 Cu-Ni 相图，如图 3-8 所示。

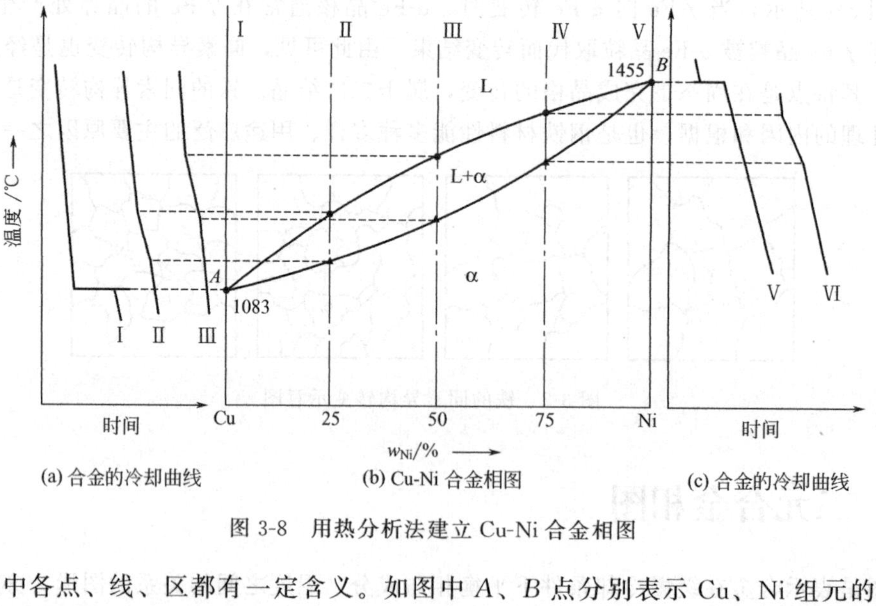

图 3-8　用热分析法建立 Cu-Ni 合金相图

相图中各点、线、区都有一定含义。如图中 A、B 点分别表示 Cu、Ni 组元的凝固点。由始凝温度连接起来的相界线称为液相线，如图中 AB 上弧线；由终凝温度连接起来的相界线称为固相线，如图中 AB 下弧线。若出现水平线，则为三相平衡线。由相界线划分的区域称为相区，液相线以上全为液相区，固相线以下全为固相区，液、固相线之间是液、固两相共存区。

3.2.2　二元合金相图的基本类型

基本的二元合金相图有匀晶相图、共晶相图和共析相图等。

3.2.2.1 匀晶相图

两组元在液态和固态均能无限互溶时构成的相图称为匀晶相图。Cu-Au、Au-Ag、Cu-Ni 等合金都形成这类相图。在这类合金中，结晶时都是由液相结晶出单相的固溶体，这种结晶过程称为匀晶转变。

（1）相图分析

以 Cu-Ni 合金相图为例进行分析。Cu-Ni 合金相图如图 3-9 所示，该相图十分简单，只有两条曲线，上面一条是液相线，下面一条是固相线。由液相线和固相线将相图分成三个相区：液相区 L、固相区 α 以及液、固两相并存区 L+α。其中 L 相是铜和镍形成的合金溶液，α 是铜和镍组成的无限固溶体。

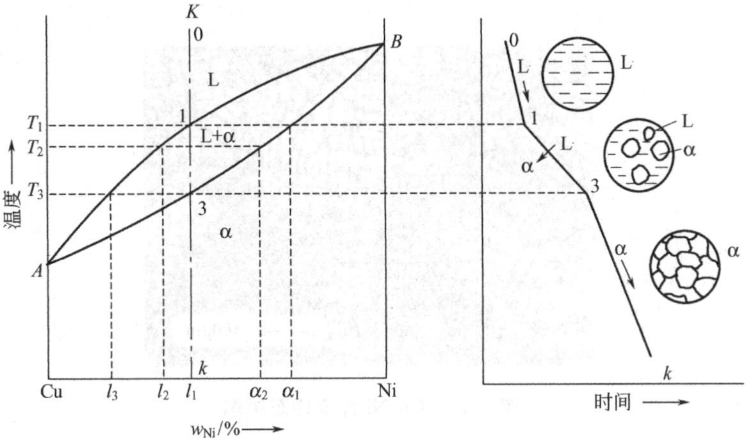

图 3-9 Cu-Ni 合金相图

（2）合金平衡结晶过程分析

以图 3-9 中 k 成分合金为例进行分析。

当 k 合金在 1 点温度以上时，合金为液相 L，自然冷却；当缓慢冷却至 T_1 温度时，合金发生匀晶转变 L→α，开始从液相中结晶出固溶体 α，1～3 点温度之间时，随着温度的下降，结晶出来的 α 固溶体量逐渐增多，剩余的液相 L 量逐渐减少，同时，剩余的液相 L 和已结晶出来的 α 固溶体的成分通过原子的扩散也不断改变。当缓慢冷却至 3 点温度时，匀晶转变完成，合金全部结晶为与合金本身成分一致的单相 α 固溶体。其他成分合金的平衡结晶过程也完全类似。

在液、固两相区内，当温度确定时，液、固两相的成分是确定的，可用以下方法确定：过指定温度 T_1 作水平线，其与液相线和固相线的交点在横坐标轴（成分轴）上的投影 l_1 点和 α_1 点，即相应为 T_1 温度时 L 相和 α 相的成分。随着冷却的进行，温度逐渐降低，匀晶转变不断进行，L 相不断减少，α 固溶体不断增多；其中 L 相成分沿液相线变化，α 固溶体成分沿固相线变化。当冷却至 T_2 温度时，L 相和 α 固溶体成分对应成分轴上的 l_2 点和 α_2 点。这样就赋予了液、固相线另一个重要意义，即液、固相线还表示合金在缓慢冷却条件下，当液、固两相平衡共存时，液、固相的化学成分随温度变化的规律。

（3）枝晶偏析

在结晶过程中（即图 3-9 中 1～3 点），固溶体 α 的成分是变化的。由于合金只有在极其缓慢冷却时原子才能充分进行扩散，固相的成分沿着固相线均匀地变化，最终得到的固溶体成分才会均匀。

但在实际生产条件下，由于合金在结晶过程中冷却速度一般都较快，而且在固态下原子扩散又很困难，致使固溶体内部的原子扩散来不及充分进行，先结晶出来的 α 固溶体中高熔点组元镍含量较多，后结晶出来的 α 固溶体中高熔点组元镍含量较少，最终得到的 α 固溶体成分就会不均匀。因为固溶体的结晶一般是按树枝状方式长大的，这就使得先结晶的树枝晶树干镍含量较高，后结晶的树枝晶枝叶镍含量较低，结果造成固溶体 α 即使在一个晶粒之内化学成分分布也不均匀，且呈树枝状分布。这种现象称为枝晶偏析或成分偏析。如图 3-10 所示，在金相显微镜下观察 Cu-Ni 合金铸态组织时，树枝晶枝干因镍含量高不易浸蚀，呈亮白色；而其枝叶因铜含量高易受浸蚀，呈暗黑色。若用电子探针进行成分分析，更是一目了然。

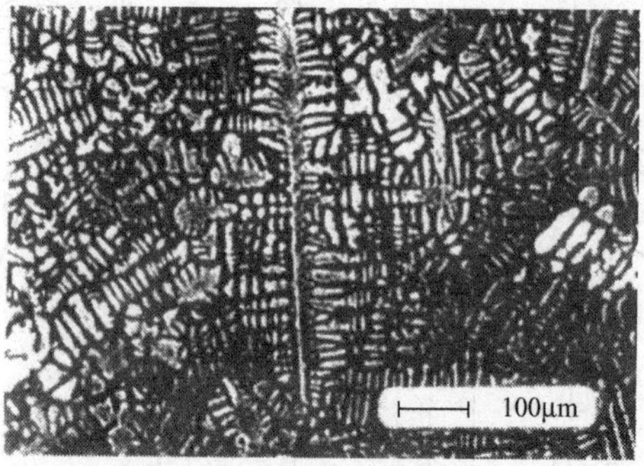

图 3-10　Cu-Ni 合金铸态组织

枝晶偏析对合金的性能有很大影响，严重的成分偏析会使金属的力学性能下降，特别是使塑性和韧性显著降低，甚至不易进行压力加工，耐蚀性降低。为了消除或减轻枝晶偏析，工程上广泛采用均匀化退火的方法，即将铸件加热至低于固相线 100～200℃ 的高温，进行较长时间保温，使偏析原子充分扩散，以达到成分均匀化的目的。

3.2.2.2　共晶相图

两组元在液态时无限互溶、在固态时有限互溶并发生共晶转变形成共晶组织的二元系相图称为二元共晶相图。具有这类相图的合金系有 Pb-Sn、Pb-Sb、Al-Si 等，在 Fe-C、Al-Mg、Mg-Si 等相图中也包含有共晶部分。

(1) 相图分析

以如图 3-11 所示的 Pb-Sn 合金相图为例。

A、*B* 点分别代表组元纯 Pb、纯 Sn 的熔点，温度为 327.5℃、231.9℃。

AEB 为液相线，处于此线以上的所有合金均为液态；*AMENB* 为固相线，在此线以下的所有合金均为固态。处于液、固相线之间者，则为液、固相共存的两相区。

液相 L 和两种有限固溶体 α 和 β 为 Pb-Sn 合金系中的基本相。其中，α 是以 Pb 为溶剂、Sn 为溶质得到的有限固溶体，Sn 在 Pb 中的最大溶解度为 183℃时的 $w_{Sn}=19.2\%$，*MF* 线为其固溶线（或称溶解度线），其溶解度随温度的下降沿 *MF* 线变化。β 是以 Sn 为溶剂、Pb 为溶质得到的有限固溶体，Pb 在 Sn 中的最大溶解度为 183℃时的 $w_{Pb}=2.5\%$，*NG* 线为其固溶线，其溶解度随温度的下降沿 *NG* 线变化。这三个基本相构成了相图上的三个单相区：即上方的液相 L 区、左下方的固溶体 α 相区及右下方的 β 相区。各个单相区之间有三个两相区，即 L+α、L+β 和 α+β。在以上三个两相区之间的水平线 *MEN* 代表 L+α+β 这一特殊

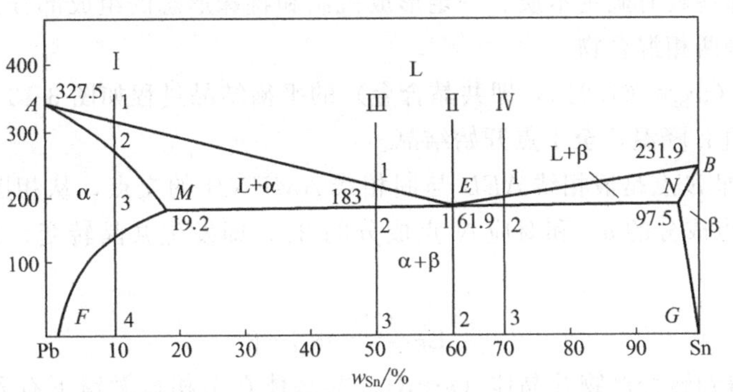

图 3-11 Pb-Sn 合金相图

的三相区。在三相共存水平线所对应的温度（183℃），成分相当于 E 点的液相，结晶时同时结晶出对应 M 点成分的 α 相和对应 N 点成分的 β 相，其反应式为：

$$L_E \xrightleftharpoons{183℃} \alpha_M + \beta_N$$

这种在恒温下，由一定成分的液相同时结晶出成分不同的两个固相的转变过程称为共晶反应或共晶转变，发生共晶反应时的温度称为共晶温度，即 183℃。共晶温度在相图上以水平线 MEN 表示，MEN 线称为共晶线。发生共晶反应的液相成分点 E 点，称为共晶点或共晶成分，其 $w_{Sn}=61.9\%$。共晶反应的产物为两个固相 α、β 的混合物，称为共晶体或共晶组织，用（α+β）表示。

（2）典型合金结晶过程

Pb-Sn 相图中的所有合金可按成分进行分类，对应于共晶点成分的合金，称为共晶合金（如合金Ⅱ）；成分位于共晶点以左、M 点以右的合金，称为亚共晶合金（如合金Ⅲ）；成分位于共晶点以右、N 点以左的合金，称为过共晶合金（如合金Ⅳ）。另外，成分位于 M 点以左或 N 点以右的合金，称为端部固溶体合金（如合金Ⅰ）。下面对以上几种典型合金的平衡结晶过程进行分析。

① 合金Ⅰ（$w_{Sn}=10\%$）的平衡结晶过程如图 3-12 所示。

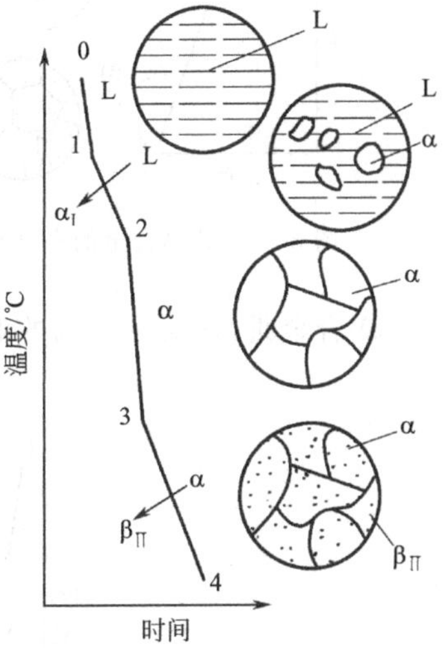

图 3-12 合金Ⅰ的平衡结晶过程

0～1：液相 L 降温，至略低于 1 点时开始匀晶结晶过程。

1～2：液相 L 经匀晶转变结晶为固溶体 α，从 1 点开始结晶，至 2 点结晶完毕，1 点到 2 点之间 L、α 两相共存。

2～3：固溶体 α 降温、组织不变，这一结晶过程与匀晶合金的平衡结晶过程相同。

3～4：从固溶体 α 中析出固溶体 β。从 3 点冷却至 4 点，固溶体 α 中的 Sn 含量过饱和，会由 α 相中析出 β 相，以使 α 相中的 Sn 含量降低。我们把从固溶体 α 中析出的 β 相称为二次 β，记为 β_{II}。

最终合金Ⅰ的室温平衡组织为 $\alpha+\beta_{II}$，即 α、β_{II} 是其组织组成物。所谓组织组成物，是指合金组织中那些具有确定本质、一定形成机制和特殊形态的组成部分。组织组成物可以是单相，也可以是两相混合物。

② 合金Ⅱ（w_{Sn}＝61.9％，即共晶合金）的平衡结晶过程如图 3-13 所示。

0～1：液相 L 降温，至 1 点开始结晶。

1 点：1 点即 E 点是液相线 AEB 与固相线 $AMENB$ 的交点，从相图的左侧看，合金应结晶出对应 M 点成分的 α_M 和对应 N 点成分的 β_N，即发生共晶转变，共晶反应在 183℃恒温下进行：

$$L_E \xrightleftharpoons{183℃} \alpha_M + \beta_N$$

共晶转变得到转变产物共晶体（α＋β）。共晶体在金相显微镜下有多种形态，最常见的是层片状，Pb-Sn 合金的共晶组织就是层片状。

1～2：由于共晶组织中 α 相和 β 相的溶解度都要发生变化，α 相成分沿着 MF 线变化，从 α 中不断析出次生相 $\beta_{\text{Ⅱ}}$，β 相的成分沿着 NG 线变化，从 β 中也不断析出次生相 $\alpha_{\text{Ⅱ}}$，这两种次生相常与共晶组织中的同类相混在一起，在金相显微镜下难以分辨。最终合金Ⅱ的室温平衡组织为（α＋β），如图 3-14 所示，图中，黑色的为 α 相，白色的为 β 相，α 和 β 呈层片状交替分布。

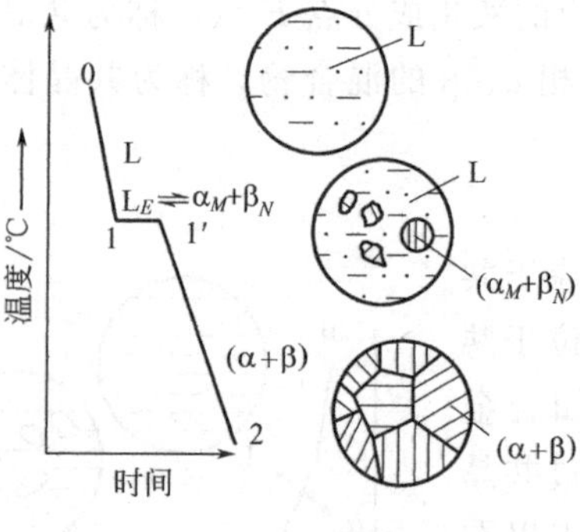

图 3-13　共晶合金的平衡结晶过程

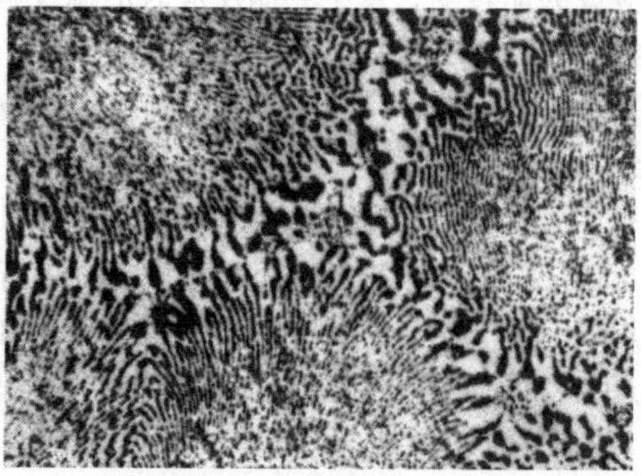

图 3-14　Pb-Sn 共晶合金组织

③ 合金Ⅲ（w_{Sn}＝50％的亚共晶合金）的平衡结晶过程如图 3-15 所示。

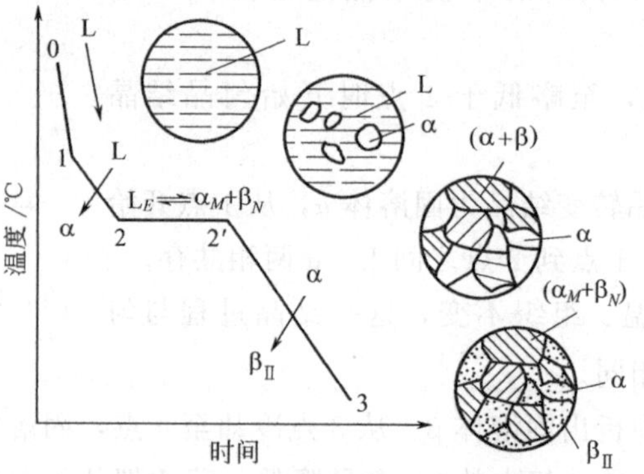

图 3-15　亚共晶合金的平衡结晶过程

0～1：液相 L 降温，至 1 点开始结晶。

1～2：液相L经匀晶转变结晶出固相α，随着温度的降低，液相L不断减少，固相α不断增多。此时固相α的成分沿固相线AM变化，液相L的成分沿液相线AE变化。当温度降至183℃的2点时，液、固两相共存，其中固相α的成分对应M点；液相L的成分对应E点，正好是共晶成分（$w_{Sn}=61.9\%$）。

这一部分共晶成分的液体像合金Ⅱ一样，在183℃时发生共晶反应，全部转变为共晶组织。此时组织为α+(α+β)，其中共晶转变前形成的α称为初晶α。

2～3：初晶α相的转变过程与合金Ⅰ相同，共晶体（α+β）的转变过程与合金Ⅱ相同，最终合金Ⅲ的室温组织为$\alpha+(\alpha+\beta)+\beta_{Ⅱ}$。

④ 合金Ⅳ（$w_{Sn}=70\%$的过共晶合金）的结晶过程与合金Ⅲ相似，只不过合金Ⅳ的初生晶是β，相应地次生晶是$\alpha_{Ⅱ}$，故其室温平衡组织为$\beta+(\alpha+\beta)+\alpha_{Ⅱ}$。

综上所述，虽然成分位于F～G点之间合金组织均由固相α及β组成，但是由于合金成分和结晶过程的差异，其组成相的大小、数量和分布状况即合金的组织发生很大的变化。若成分在F～M点范围内，合金的组织为$\alpha+\beta_{Ⅱ}$（如合金Ⅰ）；若成分在M～E点范围内（即亚共晶合金），其组织为$\alpha+(\alpha+\beta)+\beta_{Ⅱ}$（如合金Ⅲ）；若成分为$E$点（即共晶合金），其组织为共晶体（α+β）（如合金Ⅱ）；若成分在E～N点范围内（即过共晶合金），其组织为$\beta+(\alpha+\beta)+\alpha_{Ⅱ}$（如合金Ⅳ）；若成分在$N$～$G$点范围内，其组织为$\beta+\alpha_{Ⅱ}$。其中的α、β、$\alpha_{Ⅱ}$、$\beta_{Ⅱ}$及（α+β）在显微镜下均能清楚地区分开，是显微组织的独立组成部分，是其组织组成物。而从相的本质看，它们又都是由α、β两相组成的，因此α、β两相为其相组成物。由于各种成分的合金冷却时所经历的结晶过程不同，组织中所得到的组织组成物及其相对量大小是不相同的，而这恰恰是决定合金性能最本质的方面。为了使相图更清楚地反映其实际意义，采用组织来标注相图，如图3-16所示。这样相图上所标出的组织与金相显微镜下所观察到的显微组织能互相对应，便于了解合金系中任一合金在任一温度下的组织状态，以及该合金在结晶过程中的组织变化。

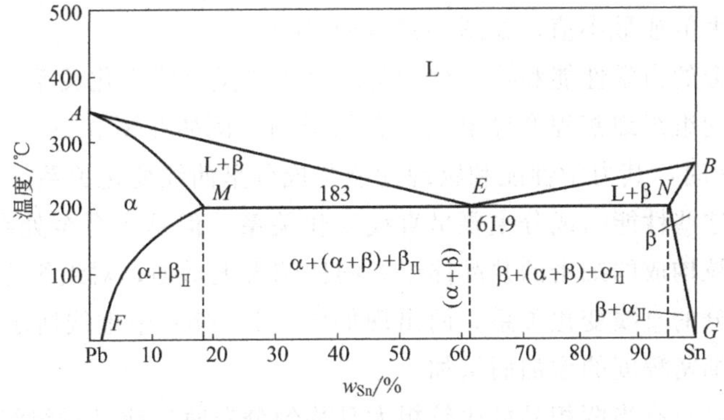

图3-16 标注组织组成物的Pb-Sn合金相图

3.2.2.3 共析相图

在有些二元系合金中，当液体凝固完毕后继续降低温度时，在固态下还会发生相转变。在一定温度下，一定成分的固相分解为另外两个一定成分的固相的转变过程称为共析转变。共析相图的形状与共晶相图相似，如图3-17下半部分所示。对应e点成分的固相γ在恒温下发生共析反应，同时析出对应c点成分的α相和对应d点成分的β相，即：

$$\gamma_e \xrightleftharpoons{\text{恒温}} (\alpha_c+\beta_d)$$

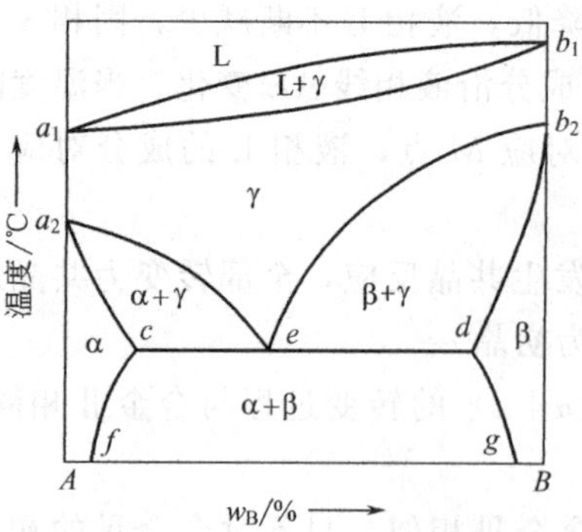

图 3-17　二元共析相图

反应的产物是α与β两相的机械混合物，称为共析体，水平线 *cde* 线是共析线，*e* 点是共析点。共析转变与共晶转变的相似之处在于，都是由一个相分解为两个相的三相恒温转变，三相成分点在相图上的分布也一样；区别是，在恒温下不是由液相而是由一个固相转变为另外两个固相。由于共析反应是固相分解，其原子扩散比较困难，容易产生较大的过冷，形核率较高，所以共析组织远比共晶组织细小而弥散，主要有片状和粒状两种形态。

具有共析转变相图的合金系有 Fe-C、Fe-N、Fe-Cu、Fe-Sn、Cu-Sb 等二元系，最典型的例子是 Fe-C 相图（或称 $Fe-Fe_3C$ 相图）。共析转变对合金的热处理强化有重大意义，钢铁材料及钛合金的某些热处理工艺就是建立在共析转变的基础上的。

3.2.3　相图与合金性能的关系

合金的性能取决于它的组织，而合金的某些工艺性能（如铸造性能）又与其结晶特点有关。相图不仅表明了合金的成分与平衡组织之间的关系，而且可以反映合金结晶的特点。因此通过相图一定程度上能找出合金的成分与性能的关系，并能大致判断合金的性能，这可以作为配制合金、选用材料和制定工艺时的重要参考。

3.2.3.1　合金的使用性能与相图的关系

二元合金在室温下的平衡组织可分为两大类：一类是由单相固溶体构成的组织，这种合金称为单相固溶体合金；另一类是由两固相构成的组织，这种合金称为两相混合物合金。共晶转变、共析转变都会形成两相混合物合金。

实验证明，单相固溶体合金的力学性能和物理性能与其成分呈曲线变化关系，并在某一成分这些性能达最大值或最小值，如图 3-18 (a) 所示。

两相混合物合金的力学性能和物理性能与成分主要呈直线变化关系，但某些对组织形态敏感的性能还要受到组织细密程度等组织形态的影响。例如在图 3-18 (b) 中，当合金处在α或β固溶体单相区时，其力学性能和物理性能与成分呈曲线变化关系。而当合金处在α+β两相区时，合金的这些性能与成分主要呈直线变化关系。但是当合金处在共晶成分附近时，由于合金中两相晶粒构成的细密的共晶体组织的比例大大增加，对组织形态敏感的一些性能如强度等偏离与成分的直线变化关系，而出现如图 3-18 (b) 中虚线所示的高峰，而且其峰值的大小随着组织细密程度的增加而增加。

需要指出的是，只有当两相晶粒比较粗大且均匀分布时，或是对组织形态不敏感的一些性能如密度、电阻等，才符合直线变化关系。

3.2.3.2　合金的工艺性能与相图的关系

图 3-19 为合金的铸造性能与相图的关系。可见，合金的铸造性能取决于结晶区间的大小。这是因为结晶区间越大，就意味着相图中液相线与固相线之间的距离越大，合金结晶时的温度范围也越大，这使得形成枝晶偏析的倾向增大。同时先结晶的枝晶容易阻碍未结晶的液体的流动，从而增加了分散缩孔或疏松的形成，因此铸造性能差；反之结晶区间小，则铸造性能好。

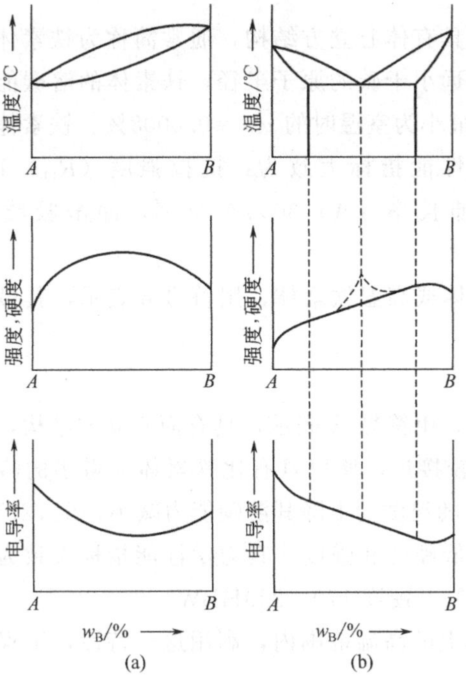

图 3-18　合金的使用性能与相图的关系

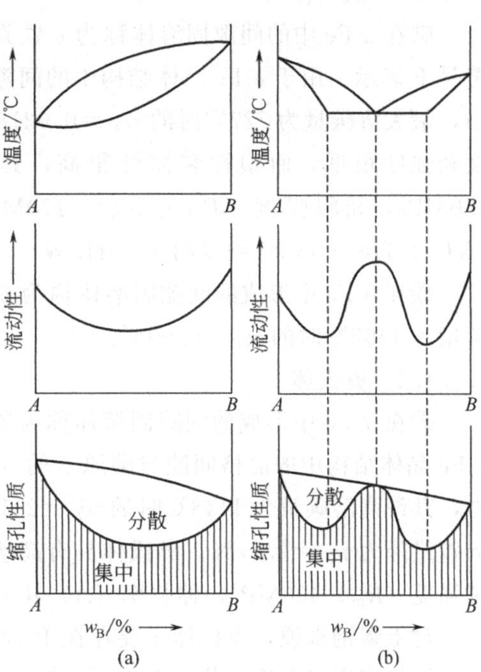

图 3-19　合金的铸造性能与相图的关系

共晶成分合金的铸造性能最好，这是因为它在恒温下结晶（即结晶温度区间为零），没有偏析，流动性好，结晶时容易形成集中缩孔，铸件的致密性好，同时熔点又最低。因此铸造合金常选共晶或接近共晶成分的合金。

单相固溶体合金的变形抗力小，不易开裂，有较好的塑性，故压力加工性能好。两相混合物合金的塑性变形能力相对较差，变形抗力相对较大。特别是当组织中存在较多的脆性化合物时，其压力加工性能更差。这是由于它的各相的变形能力不一样，造成了一相阻碍另一相的变形，使塑性变形的抗力增加。

单相固溶体合金的硬度低，切削加工性能差，表现为容易粘刀、不易断屑、加工表面粗糙度大等，而当合金为两相混合物时，切削加工性能得到改善。

固态下不存在同素异构转变、共析转变、固溶度变化的合金不能进行热处理。

3.3　铁碳合金相图

铁碳合金是指主要由铁和碳两种元素组成的合金，机械工业上使用最为广泛的碳钢和铸铁即属于这一范畴。铁碳合金相图是研究铁碳合金的重要工具，掌握铁碳合金相图，了解铁碳合金的成分、组织和性能之间的关系，对于钢铁材料的合理使用、各种热加工工艺的制定及工艺废品的分析等都具有重要的指导意义。

3.3.1　铁碳合金中的基本相

铁碳合金的基本组成元素铁和碳之间的相互作用而形成的固溶体（铁素体、奥氏体）和化合物（渗碳体）构成了合金的基本组成相，从而对合金的组织与性能产生影响。

3.3.1.1 铁素体

碳在α-Fe中的间隙固溶体称为α铁素体，具有体心立方结构，通常简称为铁素体，用符号F表示。由于α-Fe晶体结构中的间隙半径远小于碳的原子半径，铁素体的溶碳能力很小，最大溶碳量为727℃时的$w_C=0.0218\%$，最小为室温时的$w_C=0.0008\%$。铁素体的硬度和强度很低，而塑性和韧性很高，其力学性能指标大致为：抗拉强度（R_m）180～280MPa，屈服强度（R_{eL}）100～170MPa，伸长率（A）30%～50%，冲击吸收能量（KU_2）128～160J，硬度约为80HBW。

碳在δ-Fe中形成的间隙固溶体称为δ铁素体或高温铁素体，用符号δ表示，其最大溶碳量为1495℃时的$w_C=0.09\%$。

3.3.1.2 奥氏体

碳在γ-Fe中形成的间隙固溶体称为奥氏体，用符号A表示，具有面心立方结构，由于γ-Fe晶体结构中的晶格间隙与碳原子的直径比较接近，所以具有比铁素体大得多的溶碳能力，其最高溶碳量为1148℃时的$w_C=2.11\%$。随温度的下降其溶碳能力减小，至727℃时，溶碳量降为$w_C=0.77\%$。奥氏体具有高塑性、低硬度和强度，其力学性能指标大致为：抗拉强度（R_m）400MPa，伸长率（A）40%～50%，硬度170～220HBW。

对于碳钢来说，奥氏体主要存在于727℃以上的高温范围内，利用这一特性，工程上常将钢加热到高温奥氏体状态下进行塑性成形。

3.3.1.3 渗碳体

渗碳体是指晶体点阵为正交点阵，化学式近似于Fe_3C的一种间隙式化合物，用符号Fe_3C表示，其碳含量为$w_C=6.69\%$。渗碳体在性能上具有很高的硬度和耐磨性，脆性很大，其力学性能指标大致为：硬度800HV，抗拉强度（R_m）30MPa，伸长率（A）和冲击吸收能量近似为0。

由于渗碳体的上述力学特性，在铁碳合金中不能单独被应用，而是与铁素体混合在一起。铁碳合金在缓慢冷却条件下，其中的碳除少量固溶于铁素体中外，大部分以渗碳体的形式存在。渗碳体根据生成条件不同有条状、网状、片状、粒状等多种形态，从而对铁碳合金的力学性能产生重大影响。

渗碳体中的铁、碳原子可被其他元素的原子置换，形成合金渗碳体，如$(Fe,Mn)_3C$。

3.3.2 铁碳合金相图分析

铁碳合金中，当碳含量超过6.69%时合金的脆性很大，没有实用价值，所以通常只对铁碳相图上$w_C<6.69\%$的Fe-Fe_3C部分进行研究。Fe-Fe_3C相图如图3-20所示，由于Fe-Fe_3C相图左上角的包晶转变过程对合金的室温组织与性能影响不大，将其略去不会影响其实用意义，因此，为便于讨论，将A点和E点、C点直接相连得到简化的Fe-Fe_3C相图，如图3-21所示。

3.3.2.1 相图上重要的点、线、区的意义

简化的Fe-Fe_3C相图中各特性点的温度、碳含量及含义示于表3-1中，特性点的符号为国际通用，不能随意更换。

相图的液相线是ACD线；相图的固相线是$AECF$线。

相图中有四个单相区，分别为：ACD线以上——液相区（L）；$AESGA$——奥氏体相区（A）；$GPQG$——铁素体相区（F）；$DFKL$——渗碳体相区（Fe_3C）。

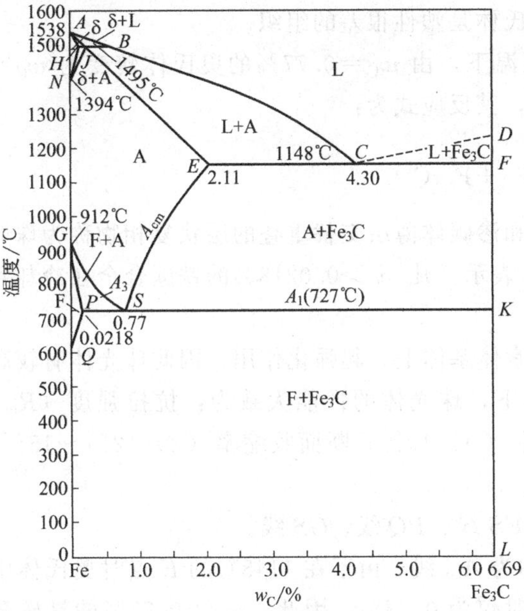

图 3-20 Fe-Fe_3C 相图

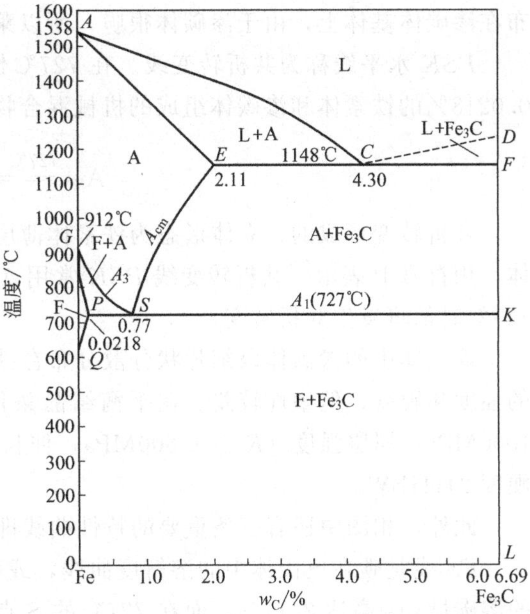

图 3-21 简化的 Fe-Fe_3C 相图

相图中有五个两相区，它们分别存在于相邻两个单相区之间，这些两相区分别为：L＋A、L＋Fe_3C、A＋F、A＋Fe_3C 及 F＋Fe_3C。

表 3-1 简化的 Fe-Fe_3C 相图中各特性点的温度、碳含量及含义

点的符号	温度/℃	碳含量/%	说明
A	1538	0	纯铁熔点
C	1148	4.30	共晶点，$L_C \rightarrow A_E + Fe_3C$
D	1227	6.69	渗碳体熔点
E	1148	2.11	碳在 γ-Fe 中的最大溶解度
F	1148	6.69	渗碳体
G	912	0	α-Fe→γ-Fe 同素异构转变点（A_3）
K	727	6.69	渗碳体成分点
P	727	0.0218	碳在 α-Fe 中的最大溶解度
S	727	0.77	共析点，$A_S \rightarrow F_P + Fe_3C$
Q	600	0.0057	600℃时碳在 α-Fe 中的溶解度

注：因试验条件和方法的不同及杂质的影响，可能使相图中各主要点的温度和碳含量数据略有出入。

简化的相图上有两条重要的水平线即 *ECF* 线、*PSK* 线，其意义如下。

ECF 水平线称为共晶转变线。在 1148℃恒温下，由 $w_C=4.3\%$ 的液相转变为 $w_C=2.11\%$ 的奥氏体和渗碳体组成的机械混合物，其反应式为：

$$L_C \xrightleftharpoons{1148℃} A_E + Fe_3C$$

共晶转变的产物称为莱氏体，用符号 Le 表示。凡 $w_C>2.11\%$ 的铁碳合金在冷却至 1148℃时都将发生共晶反应。莱氏体内的奥氏体继续冷却时将进一步发生分解，分解后的莱氏体称为变态莱氏体或简称莱氏体，用符号 Le′表示。

在莱氏体中，渗碳体是连续分布的相，奥氏体（在室温时为珠光体）呈颗粒状或块状分布在渗碳体基体上，由于渗碳体很脆，所以莱氏体是塑性很差的组织。

PSK 水平线称为共析转变线。在727℃恒温下，由 $w_C=0.77\%$ 的奥氏体转变为 $w_C=0.0218\%$ 的铁素体和渗碳体组成的机械混合物，其反应式为：

$$A_S \xrightarrow{727^\circ C} F_P + Fe_3C$$

共析转变形成的、立体形态为铁素体薄层和渗碳体薄层交替重叠的层状复相物称为珠光体，用符号P表示。共析转变线 *PSK* 常用 A_1 表示。凡 $w_C>0.0218\%$ 的铁碳合金在冷却到727℃时都将发生共析转变。

珠光体中的渗碳体以细片状分散分布在铁素体基体上，起强化作用，因此珠光体有较高的强度和硬度，但塑性较差。在平衡结晶条件下，珠光体的性能大致为：抗拉强度（R_m）1000MPa，屈服强度（$R_{p0.2}$）600MPa，伸长率（A）10%，断面收缩率（Z）12%～15%，硬度241HBW。

此外，相图中还有三条重要的特性曲线即 *ES* 线、*PQ* 线、*GS* 线。

ES 线是碳在奥氏体中的溶解度曲线，或称为 A_{cm} 线。由于在1148℃的 *E* 点时奥氏体中的溶碳量 w_C 高达2.11%，而在727℃的 *S* 点时仅为0.77%，因此，$w_C>0.77\%$ 的铁碳合金在冷却到此线时，将从奥氏体中析出渗碳体，这种由奥氏体在共析转变之前析出的渗碳体称为二次渗碳体，用符号 Fe_3C_{II} 表示，所以该线又称为二次渗碳体开始析出线。

PQ 线是碳在铁素体中的溶解度曲线，在727℃的 *P* 点时，铁素体中的溶碳量 w_C 达0.0218%，而在室温的 *Q* 点时仅为0.0008%，因此，$w_C>0.0218\%$ 的铁碳合金在冷却到此线时，将从铁素体中析出渗碳体，这种由铁素体中析出的渗碳体称为三次渗碳体，用符号 Fe_3C_{III} 表示，所以该线又称为三次渗碳体开始析出线。因为三次渗碳体的量极少，通常忽略不计。

这里需要指出的是，不管是直接从液相中析出的一次渗碳体，还是从奥氏体或铁素体中析出的二次或三次渗碳体以及由共晶反应或共析反应形成的共晶或共析渗碳体，它们的成分、晶格结构及力学性能都是相同的，只是由于它们的生成条件不同而具有不同的形态。

GS 线又称为 A_3 线，它是在冷却过程中，由奥氏体中析出铁素体的开始线，或者说加热时铁素体溶入奥氏体的终止线。

3.3.2.2　典型合金的平衡结晶过程

铁碳合金的组织是液态结晶和固态重结晶的综合结果，研究铁碳合金的结晶过程，目的在于通过分析合金的组织形成过程，以探讨其对性能的影响。为便于讨论，须先将铁碳合金进行分类。

根据碳含量及组织特征的不同，可将铁碳合金分为以下三大类七小类。

① 工业纯铁（$w_C \leqslant 0.0218\%$）。

② 钢（$0.0218\%<w_C\leqslant 2.11\%$），分为亚共析钢（$0.0218\%<w_C<0.77\%$）、共析钢（$w_C=0.77\%$）、过共析钢（$0.77\%<w_C<2.11\%$）。

③ 白口铸铁（$2.11\%<w_C<6.69\%$），分为亚共晶白口铸铁（$2.11\%<w_C<4.3\%$）、共晶白口铸铁（$w_C=4.3\%$）、过共晶白口铸铁（$4.3\%<w_C<6.69\%$）。

（1）共析钢

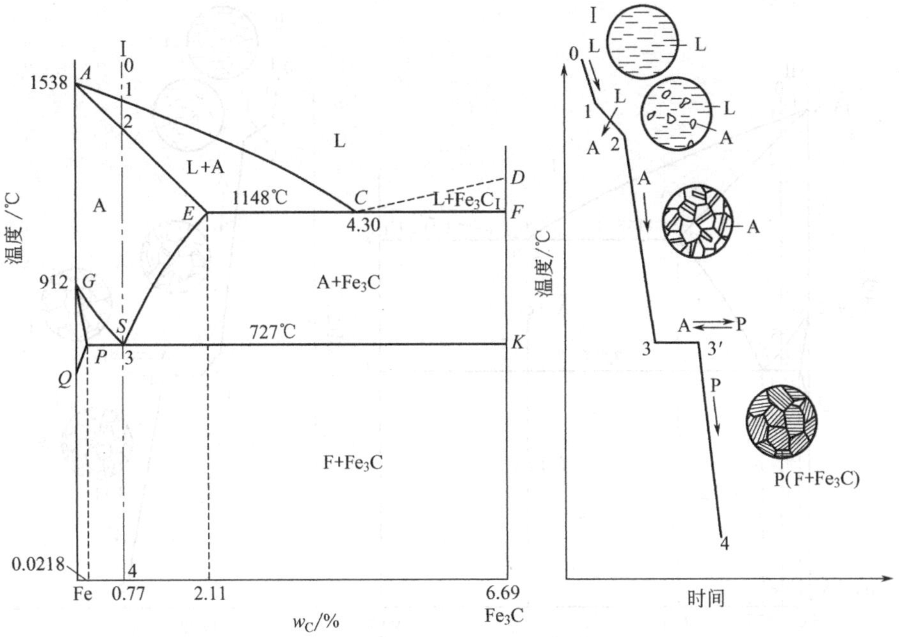

图 3-22　共析钢结晶过程示意图

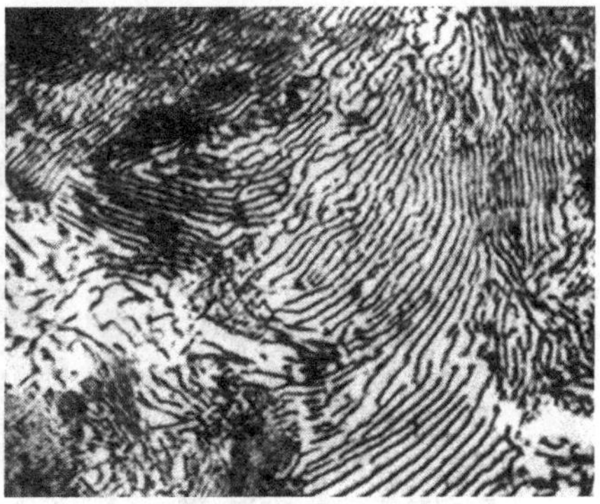

图 3-23　共析钢的室温组织(×1000)

结晶过程如图 3-22 所示。在 1～2 点温度区间内，合金按匀晶转变结晶成奥氏体，奥氏体冷却到 727℃的 3 点时，在恒温下发生共析转变：$A_S \rightarrow F_P + Fe_3C$，转变产物为珠光体，珠光体中的渗碳体称为共析渗碳体。在随后的冷却过程中，铁素体中的碳含量沿 PQ 线变化，析出三次渗碳体，在缓慢冷却条件下，三次渗碳体在铁素体与渗碳体的相界面上形成，与共析渗碳体连在一起，在显微镜下难以分辨，而且其数量也很少，对珠光体的组织和性能没有明显的影响，故一般忽略不计。共析钢的室温组织为珠光体，如图 3-23 所示。

(2) 亚共析钢

以 w_C＝0.40％的合金为例，其结晶过程如图 3-24 所示。在 3 点以上温度区间内，合金冷却转变过程与共析钢类似，冷却到 3 点，合金全部由 w_C 为 0.40％的奥氏体组成。继续冷却到 4 点时，奥氏体晶界上开始析出铁素体，随着温度的降低，铁素体的量不断增多，此时铁素体的成分沿 GP 线变化，而奥氏体的成分则沿 GS 线变化，当温度降至 727℃的 5 点时，奥氏体的成分到达了 S 点，即 w_C 达到了 0.77％，于是发生共析转变：$A_S \rightarrow F_P + Fe_3C$，形成珠光体，在 5 点以下，共析转变前形成的先共析铁素体和珠光体中的铁素体都将析出三次渗碳体，但其数量很少，一般忽略不计。因此该钢的室温组织为 F＋P，如图 3-25 所示。

应当注意的是，所有亚共析钢的室温组织都是由 F＋P 组成的，其差别在于其中的 P 和 F 的相对量不同，钢的碳含量越高，组织中的珠光体量越多，铁素体量越少，如图 3-25 所示。

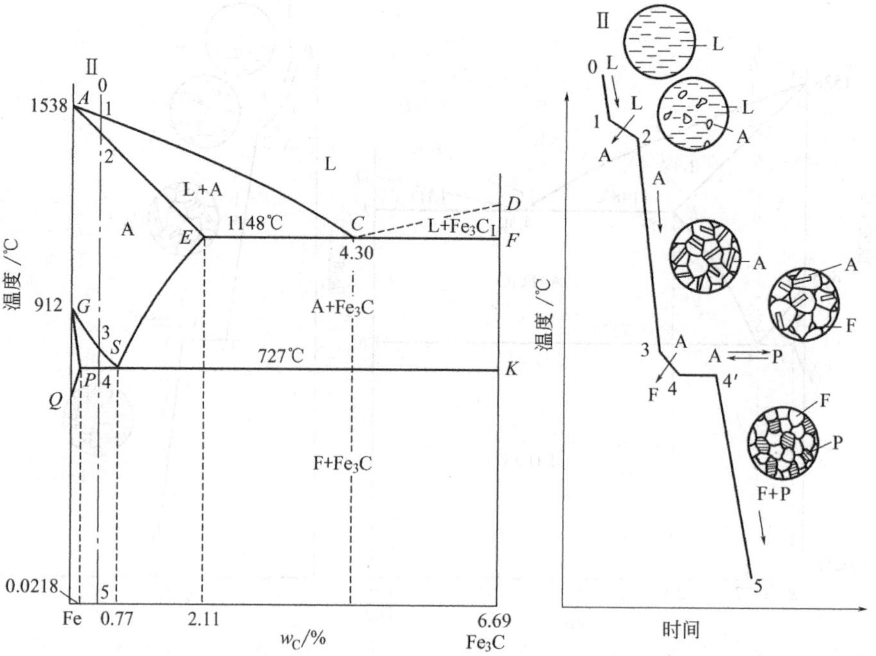

图 3-24　w_C 为 0.40% 的亚共析钢结晶过程示意图

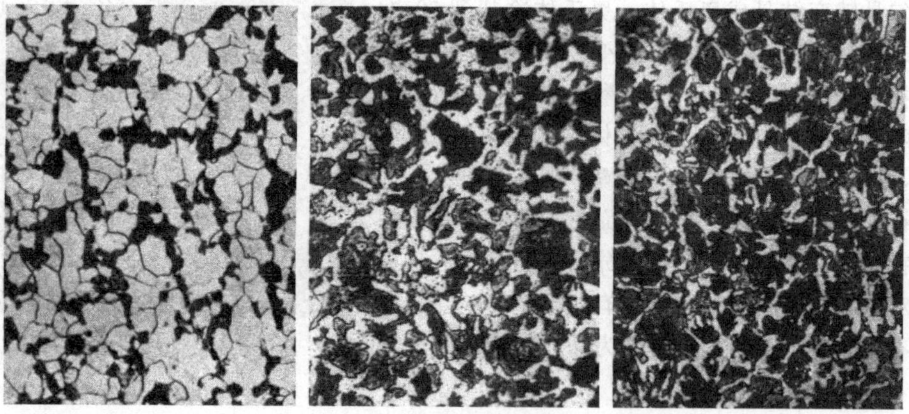

(a) w_C=0.2%　(b) w_C=0.4%　(c) w_C=0.6%

图 3-25　亚共析钢的室温组织(×200)

(3) 过共析钢

以 w_C=1.2%的合金为例，其结晶过程如图 3-26 所示。在 3 点以上温度区间内，合金冷却转变过程与共析钢类似，当冷却至 3 点与 ES 线相遇时，开始从奥氏体中析出二次渗碳体，直至 4 点，二次渗碳体沿着奥氏体晶界呈网状分布，由于渗碳体的析出，奥氏体中的碳含量沿 ES 线变化，温度降到 727℃的 4 点时，奥氏体的 w_C 正好达到 0.77%，在恒温下发生共析转变形成珠光体。因此，过共析钢的室温组织为 P+Fe_3C_{II}，如图 3-27 所示。

(4) 工业纯铁

以 w_C=0.01%的合金为例，其结晶过程为：液态合金首先按匀晶转变结晶出 δ 固溶体，

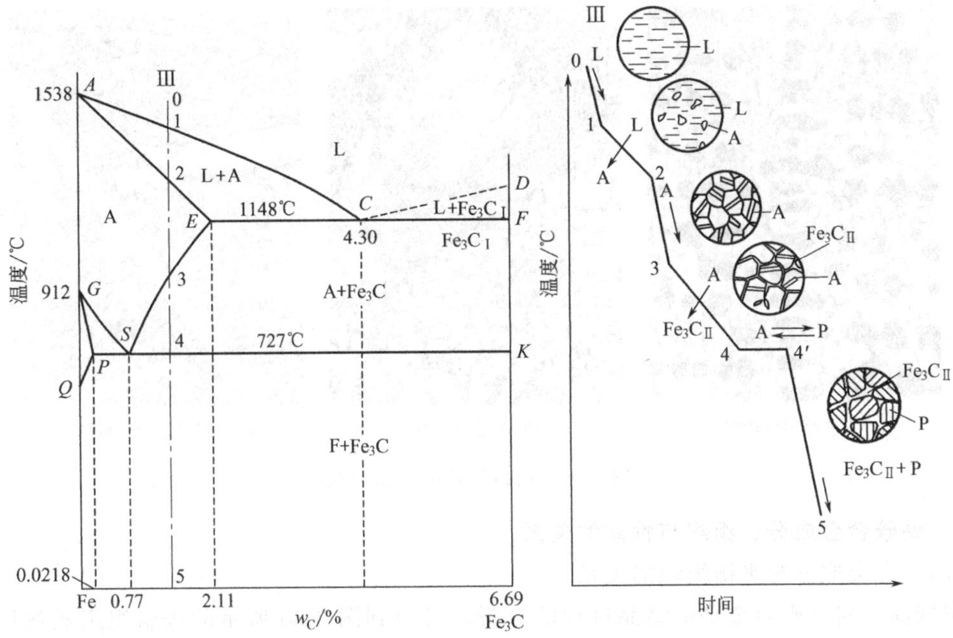

图 3-26　w_C 为 1.2%的过共析钢的结晶过程示意图

δ 固溶体继续冷却过程中发生固溶体的同素异构转变 δ→A。奥氏体晶核通常优先在 δ 固溶体的晶界上形成并长大，转变结束后，合金呈单相奥氏体。继续冷却过程中奥氏体又发生同素异构转变 A→F，得到铁素体，同样，铁素体也是在奥氏体的晶界优先形核并长大。铁素体冷却到 *PQ* 线，碳在铁素体中的溶解量达到饱和，继续冷却，渗碳体将从铁素体中析出，即形成 $Fe_3C_{Ⅲ}$。在平衡冷却条件下，$Fe_3C_{Ⅲ}$ 常沿铁素体晶界呈片状析出。

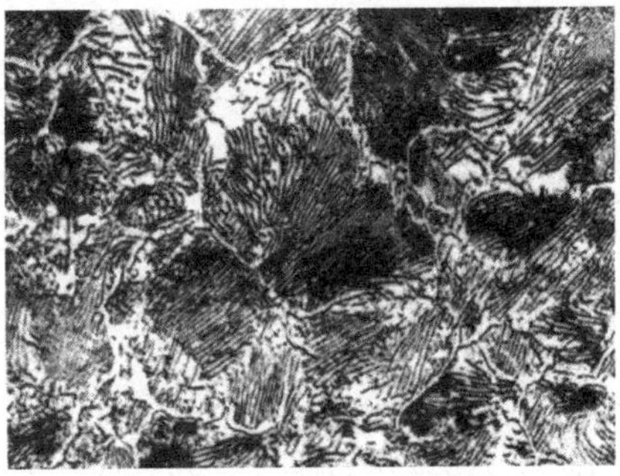

图 3-27　w_C 为 1.2%的过共析钢的室温组织

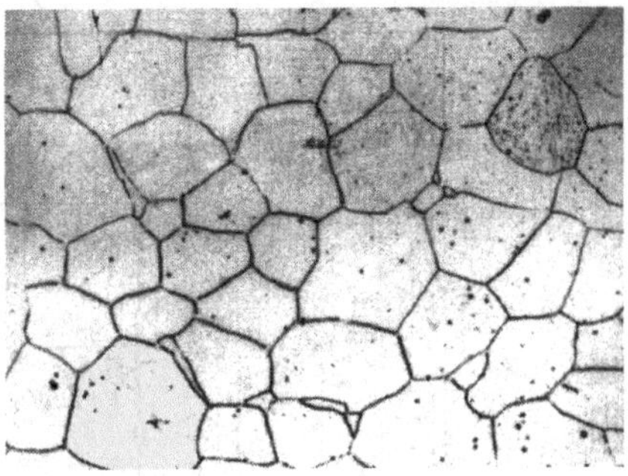

图 3-28　工业纯铁的室温组织

工业纯铁的室温组织为 F+$Fe_3C_{Ⅲ}$，如图 3-28 所示。

由于白口铸铁的工程实用意义不大，其结晶过程此处不再详述，可用上述同样的方法进行分析。亚共晶白口铸铁的室温组织为如图 3-29（a）所示的珠光体＋二次渗碳体＋莱氏体，图中大块状黑色部分为初晶奥氏体转变成的珠光体，由初晶奥氏体析出的二次渗碳体与共晶渗碳体连成一片，难以分辨；共晶白口铸铁的室温组织为如图 3-29（b）所示的莱氏体；过共晶白口铸铁的室温组织为如图 3-29（c）所示的一次渗碳体＋莱氏体，图中白色粗大条状部分为一次渗碳体。

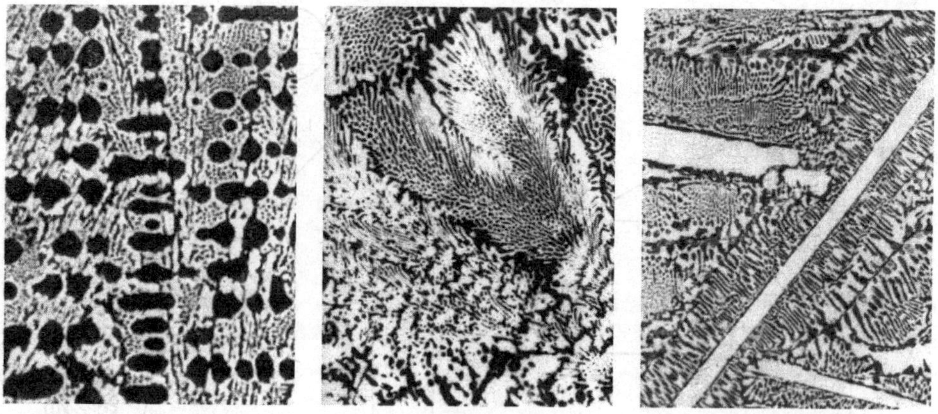

(a) 亚共晶白口铸铁　　(b) 共晶白口铸铁　　(c) 过共晶白口铸铁

图 3-29　白口铸铁的室温组织

3.3.3　铁碳合金成分、组织与性能的关系

3.3.3.1　合金成分与平衡组织的关系

根据前面对铁碳合金平衡结晶过程的分析，可得到图 3-30 所示的按组织组成物区分的 $Fe-Fe_3C$ 相图。

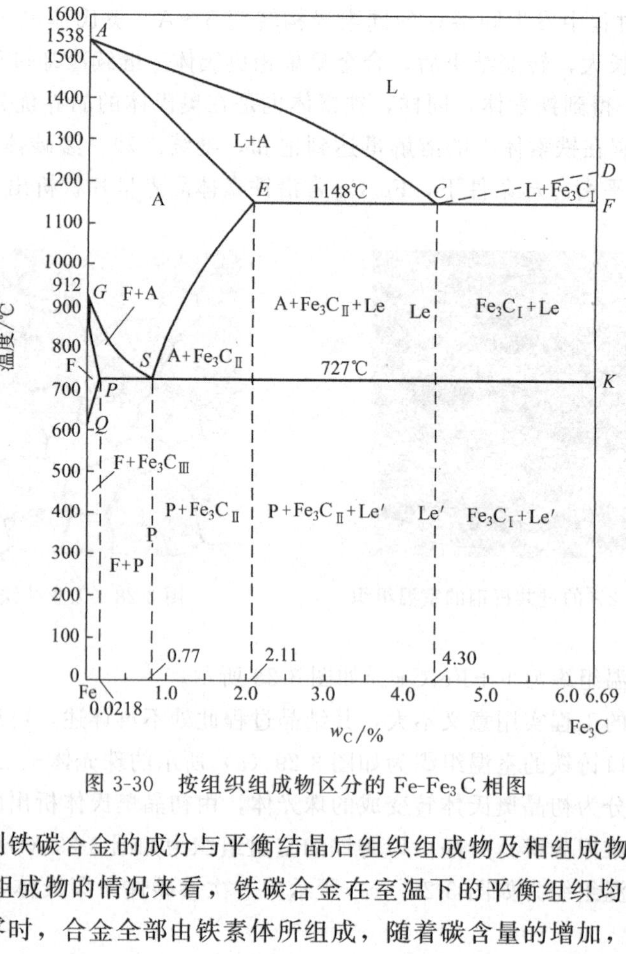

图 3-30　按组织组成物区分的 $Fe-Fe_3C$ 相图

通过计算可得到铁碳合金的成分与平衡结晶后组织组成物及相组成物间的定量关系，如图 3-31 所示。从相组成物的情况来看，铁碳合金在室温下的平衡组织均由铁素体和渗碳体组成，当碳含量为零时，合金全部由铁素体所组成，随着碳含量的增加，铁素体的量呈直线

下降，到 w_C 为 6.69%时降为零，相反渗碳体则由零增至 100%。

碳含量的变化不仅引起铁素体和渗碳体相对量的变化，而且两相相互组合的形态即合金的组织也将发生变化，这是由于成分的变化引起不同性质的结晶过程，从而使相发生变化的结果，由图 3-30 可见，随碳含量的增加，铁碳合金的组织变化顺序为：

$$F \rightarrow F + Fe_3C_{III} \rightarrow F + P \rightarrow P \rightarrow P + Fe_3C_{II} \rightarrow P + Fe_3C_{II} + Le' \rightarrow Le' \rightarrow Le' + Fe_3C_{I}$$

w_C<0.0218%时的合金组织全部为铁素体，w_C=0.77%时全部为珠光体，w_C=4.3%时全部为莱氏体，w_C=6.69%时全部为渗碳体，在上述碳含量之间则为组织组成物的混合物；而且，同一种组成相，由于生成条件不同，虽然相的本质未变，但其形态会有很大的差异。如渗碳体，当 w_C<0.0218% 时，三次渗碳体从铁素体中析出，沿晶界呈小片状分布；经共析反应生成的共析渗碳体与铁素体呈交替层片状分布；从奥氏体中析出的二次渗碳体则以网状分布于奥氏体的晶界；共晶渗碳体与奥氏体相关形成，在莱氏体中为连续的基体，比较粗大，有时呈鱼骨状；从液相中直接析出的一次渗碳体呈规则的长条状。可见，成分的变化，不仅引起相的相对量的变化，而且引起组织的变化，从而对铁碳合金的性能产生很大的影响。

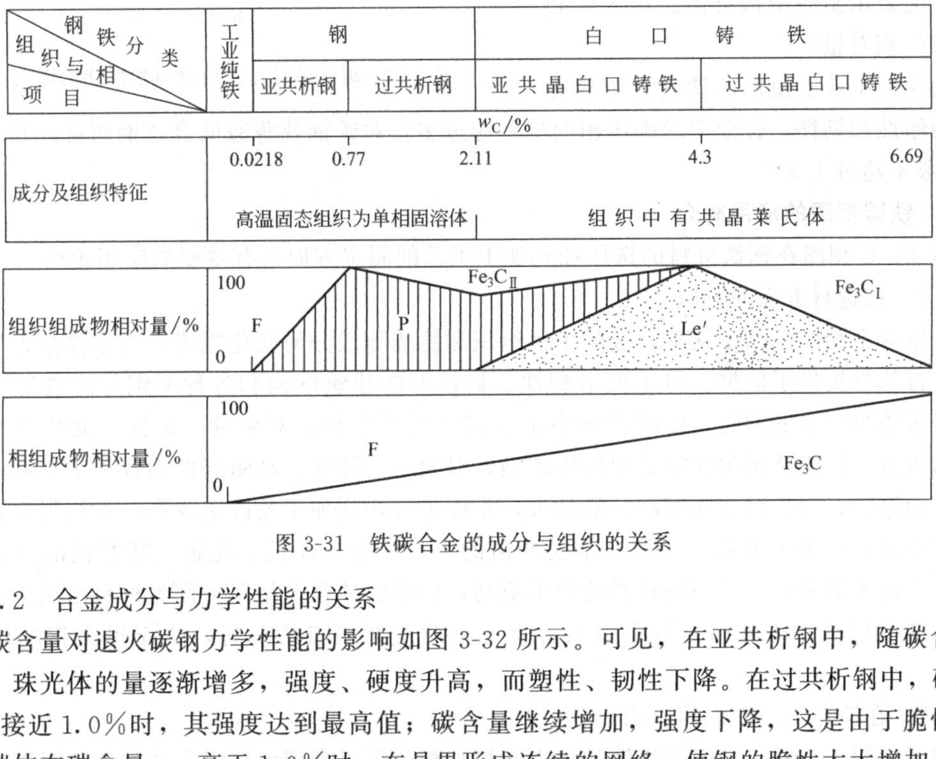

图 3-31 铁碳合金的成分与组织的关系

3.3.3.2 合金成分与力学性能的关系

碳含量对退火碳钢力学性能的影响如图 3-32 所示。可见，在亚共析钢中，随碳含量的增加，珠光体的量逐渐增多，强度、硬度升高，而塑性、韧性下降。在过共析钢中，碳含量 w_C 在接近 1.0%时，其强度达到最高值；碳含量继续增加，强度下降，这是由于脆性的二次渗碳体在碳含量 w_C 高于 1.0%时，在晶界形成连续的网络，使钢的脆性大大增加，拉伸试验时，在脆性的二次渗碳体处出现早期裂纹，使抗拉强度下降。

在白口铸铁中，由于有大量的渗碳体，所以脆性很大，强度很低。

合金的塑性主要由铁素体来提供，因此，当合金中碳含量增加而使铁素体减少时，铁碳合金的塑性不断降低，当组织中出现以渗碳体为基体的莱氏体时，塑性接近于零。

冲击韧度对组织十分敏感，碳含量增加时，脆性的渗碳体增多，当出现网状二次渗碳体时，韧性急剧下降。总体来看，随碳含量增加，韧性的下降趋势要大于塑性。

硬度是对组织或组成相不十分敏感的性能，其大小主要取决于组成相的数量和硬度。因此，随碳含量增加，高硬度渗碳体量的增多，低硬度铁素体量的减少，铁碳合金的硬度呈直线上升。

对于应用最广的结构材料亚共析钢，其硬度、强度和塑性可根据成分或组织进行估算。

硬度：HBW≈80×F%+180×P%或 HBW≈80×F%+800×Fe_3C%

强度：R_m=230×F%+770×P%(MPa)

伸长率：A = 50 × F% + 20 × P%(%)

式中的数字相应为铁素体、珠光体和渗碳体的大致硬度、强度和伸长率，符号相应表示组织中铁素体、珠光体和渗碳体的相对量。

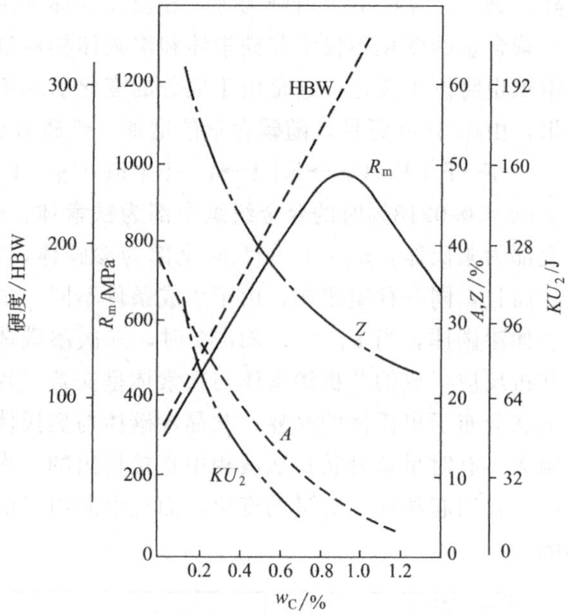

图 3-32　碳含量对退火碳钢力学性能的影响

为保证工业上使用的铁碳合金具有适当的塑性和韧性，合金中渗碳体相的量不应过多。对碳钢及普通低合金钢而言，其碳含量 w_C 一般不超过 1.3%。

3.3.4 铁碳相图的应用简介

$Fe-Fe_3C$ 相图在钢铁材料的选用和热加工工艺的制定方面具有重要的应用价值。

3.3.4.1 在选材方面的应用

铁碳合金相图总结了铁碳合金的平衡组织和性能随成分的变化规律，为零件按力学性能要求进行选材提供了依据。对于要求塑性、韧性好的建筑结构和各种型钢等应选碳含量较低、铁素体组织多的钢材，即碳含量小于 0.25%的低碳钢；对强度、塑性、韧性都有较高要求的机械零件应选用碳含量适中的中碳钢；对要求高硬度、高耐磨性的各种工具则应选碳含量高的钢种；白口铸铁硬度高、脆性大，不能进行切削加工及锻造成形，应用很少，但其耐磨性很高，可用于少数需耐磨而不受冲击的零件（如拔丝模、轧辊、球磨机的磨球等）。随着生产技术的发展，对钢铁材料的要求更高，因此铁碳合金相图可作为材料研制中预测其组织的基本依据。还可在碳钢中加入合金元素改变共析点的位置，从而提高钢的硬度和强度。

3.3.4.2 在铸造工艺方面的应用

相图标明了不同成分钢或铸铁的熔点，根据相图可以合理地确定合金的浇注温度，浇注温度一般在液相线以上 50～100℃。而且从相图上还可以看出，纯铁和共晶合金的铸造性能最好，能获得优质铸件，所以铸造合金成分常选在共晶成分附近，在铸钢生产中 w_C = 0.15%～0.60%时结晶温度区间较小，铸造性能相对较好，所以常被选用。

3.3.4.3 在锻轧工艺方面的应用

由于奥氏体具有良好的塑性变形能力，因此钢的锻造或轧制选在单相奥氏体区适当的温度范围内进行。一般始锻温度控制在固相线以下 100～200℃，不能过高，否则，易引起钢材氧化严重、过热或过烧。终锻温度也不能过高或过低，以免奥氏体晶粒粗大或钢材塑性变差而导致裂纹。一般来说，对亚共析钢的终锻（轧）温度控制在稍高于 GS 线即 A_3 线；过共析钢控制在稍高于 PSK 线即 A_1 线，实际生产中，各种碳钢的始锻（轧）温度为 1150～1250℃，终锻（轧）温度为 750～850℃。

3.3.4.4　在焊接工艺方面的应用

由于焊接工艺的特点是对被焊材料进行局部加热、熔化并冷却结晶，使焊件上不同的部位处于不同的温度条件下，而整个焊缝区相当于经受一次冶金过程或不同加热规范的热处理过程而出现不同的组织，引起性能不均匀。根据 $Fe\text{-}Fe_3C$ 相图可分析碳钢焊缝组织并用适当的热处理来减轻或消除组织不均匀而引起的性能不均匀，或选用适当成分的钢材来减轻焊接过程对焊缝区组织和性能产生的不利影响。

3.3.4.5　在热处理工艺方面的应用

$Fe\text{-}Fe_3C$ 相图对于钢的热处理工艺的制定有极为重要的意义，各种热处理工艺的加热温度都是以相图上的临界点 A_1、A_3、A_{cm} 为依据的，具体详见下述。

应用 $Fe\text{-}Fe_3C$ 相图时应注意以下两方面的问题。

① 铁碳合金相图中仅有铁、碳两种元素，而工程上使用的铁碳合金，除含铁、碳两种元素外，尚有其他多种杂质或合金元素，这些元素对相图会有所影响。

② $Fe\text{-}Fe_3C$ 相图虽然表示了铁碳合金在不同温度下的组织状态，但这种组织是以极慢冷却速度冷却得到的平衡组织，而生产实践中，冷却速度不可能如此缓慢，在冷却速度较快时，合金的相变临界点及其冷却后的组织与相图中所表示的不同。

3.4　钢的固态相变

由 $Fe\text{-}Fe_3C$ 相图可知，共析钢在加热或冷却过程中经过 PSK 线（A_1）时，发生珠光体与奥氏体之间的相互转变；亚共析钢经过 GS 线（A_3）时，发生先共析铁素体完全溶入奥氏体或先共析铁素体开始从奥氏体中析出的转变；过共析钢经过 ES 线（A_{cm}）时，发生先共析渗碳体完全溶入奥氏体或先共析渗碳体开始从奥氏体中析出的转变。

A_1、A_3、A_{cm} 称为碳钢加热或冷却过程中的相变点。但是，$Fe\text{-}Fe_3C$ 相图上反映出的相变点 A_1、A_3、A_{cm} 是平衡条件下的固态相变点，即在非常缓慢加热或冷却条件下钢发生组织转变的温度。实际加热和冷却条件下的组织转变并不是在平衡相变点发生的，大多有不同的滞后现象，实际相变点与平衡相变点的温度差称为过热度（加热时）或过冷度（冷却时）。过热度或过冷度随加热速度或冷却速度的增大而增大，为了与平衡相变点相区别，通常用 Ac_1、Ac_3、Ac_{cm} 表示钢在实际加热条件下的相变点，而用 Ar_1、Ar_3、Ar_{cm} 表示在实际冷却条件下的相变点，如图 3-33 所示。

3.4.1　钢在加热时的转变

任何成分的碳钢加热到 Ac_1 线以上时，都将发生珠光体向奥氏体的转变。将共析钢、亚共析钢、过共析钢分别加热至 Ac_1、Ac_3、Ac_{cm} 以上时，都完全转变为单相奥氏体。这种将钢加热至 Ac_3 或 Ac_1 点以上，获得完全或部分奥氏体组织的操作称为“奥氏体化”。加热的目的就是能使钢获得奥氏体组织，并利用加热规范控制奥氏体晶粒大小。只有钢处在奥氏体状态下才能通过不同的冷却方式，使其转变为不同的组织，从而获得所需的性能。

3.4.1.1　奥氏体化过程及影响因素

（1）共析钢奥氏体化的基本过程

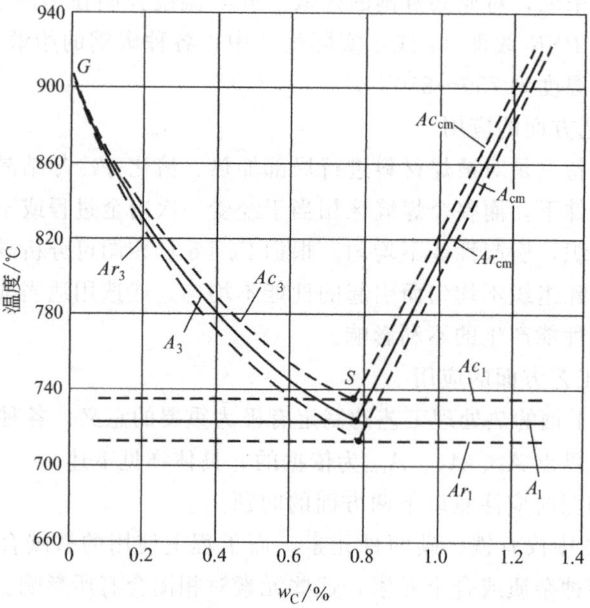

图 3-33 加热和冷却时碳钢的相变点在 $Fe\text{-}Fe_3C$ 相图上的位置

室温组织为珠光体的共析钢加热至 A_1（Ac_1）以上时，将形成奥氏体，这一转变过程可表示为：

P（F	+ Fe_3C）	⟶ A
$w_C=0.0218\%$	$w_C=6.69\%$	$w_C=0.77\%$
体心立方晶格	复杂晶格	面心立方晶格

可见这是由成分相差悬殊、晶格结构完全不同的两相向另一种成分和晶格的单相固溶体的转变过程，是一个晶格改组和铁、碳原子的扩散过程，也是通过形核和长大的结晶过程来实现的，其基本过程分为下面四个阶段，如图 3-34 所示。

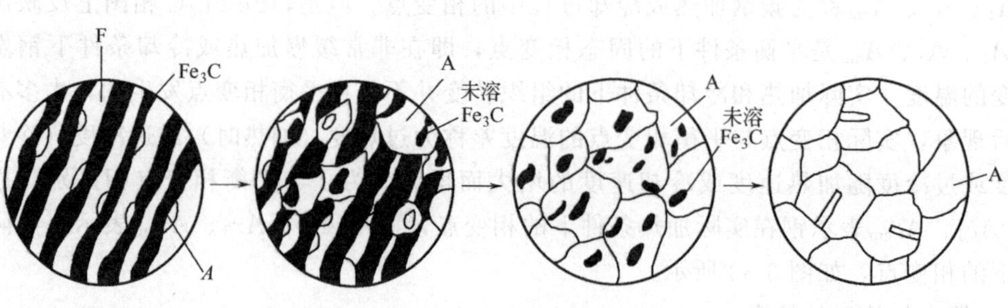

(a) 奥氏体形核　(b) 奥氏体长大　(c) 剩余 Fe_3C 溶解　(d) 奥氏体成分均匀化

图 3-34 共析钢奥氏体化过程示意图

① 奥氏体晶核的形成　晶核易于在铁素体与渗碳体相界面上形成，因为此处原子排列紊乱，位错、空位密度较高；此外，奥氏体中碳含量介于铁素体和渗碳体之间，所以在两相的相界上为形核提供了成分上和结构上的有利条件。

② 奥氏体的长大　奥氏体晶核形成后，它一面与渗碳体相接，另一面与铁素体相接；它的碳含量是不均匀的，与铁素体相接处碳含量较低，而与渗碳体相接处碳含量较高，引起

碳在奥氏体中不断地由高浓度向低浓度扩散。通过铁、碳原子的扩散和铁原子的晶格改组，而使奥氏体逐渐向渗碳体和铁素体两方面长大，直至铁素体全部转变为奥氏体。

③ 残余渗碳体的溶解　铁素体全部消失后，仍有部分渗碳体未溶解，这部分未溶渗碳体将随时间的延长，继续不断地溶入奥氏体，直至全部消失。

④ 奥氏体均匀化　当残余渗碳体全部溶解后，奥氏体中的碳浓度仍是不均匀的，在原渗碳体处碳含量高，铁素体处碳含量低；只有继续延长保温时间，通过碳原子的扩散才能使奥氏体的成分逐渐均匀。所以热处理的保温阶段，不仅是为了使零件热透和相变完全，而且还是为了获得成分均匀的奥氏体，以使冷却后能得到良好的组织与性能。

(2) 亚共析钢和过共析钢的奥氏体化过程

亚共析钢和过共析钢中奥氏体的形成过程与共析钢基本相同，但有过剩相转变和溶解的特点。

① 亚共析钢的室温平衡组织为珠光体＋铁素体，当加热到 Ac_1 时，珠光体转变为奥氏体，进一步提高加热温度和延长保温时间，过剩铁素体逐渐转变为奥氏体，当加热温度高于 Ac_3 时，铁素体完全消失，全部组织为细小的奥氏体晶粒。如继续提高加热温度或延长保温时间，奥氏体晶粒将长大。

② 过共析钢的室温平衡组织为珠光体＋渗碳体，其中渗碳体往往呈网状分布。当加热到 Ac_1 时，珠光体转变为奥氏体，进一步提高加热温度和延长保温时间，过剩渗碳体将逐渐溶入奥氏体。当加热温度高于 Ac_{cm} 时，渗碳体消失，全部组织为奥氏体。但此时奥氏体晶粒已粗化。

3.4.1.2 奥氏体晶粒大小及其控制

(1) 奥氏体晶粒度

晶粒度是指多晶体内的晶粒大小，常用晶粒度等级来表达。晶粒度等级最初是由美国材料试验协会（ASTM）制定的，后来为世界各国所采用的一种表达晶粒平均大小的编号。它是将金相组织放大 100 倍时与标准晶粒度等级图片进行比较来确定晶粒度等级的。按晶粒大小晶粒度等级分为 00、0、1～10 共 12 级，晶粒越细，晶粒度等级数越大，可用标准评级图片评定，也可用直接测量法来测定。详细内容可参阅 GB/T 6394—2002《金属平均晶粒度测定方法》。

(2) 奥氏体晶粒的长大

加热转变中，新形成并刚好互相接触时的奥氏体晶粒，称为奥氏体起始晶粒，其大小称为起始晶粒度。奥氏体的起始晶粒一般都很细小，但随着加热温度的升高和保温时间的延长，其晶粒将不断长大，长大到钢开始冷却时的奥氏体晶粒称为实际晶粒，其大小称为实际晶粒度，奥氏体的实际晶粒度直接影响钢热处理后的组织与性能。

加热时，奥氏体晶粒长大倾向取决于钢的成分和冶炼条件。冶炼时用铝脱氧，使之形成 AlN 微粒；或加入 Nb、Zr、V、Ti 等强碳化物形成元素，形成难溶的碳化物颗粒。由于这些第二相微粒能阻止奥氏体晶粒长大，所以在一定温度下晶粒不易长大；只有当超过一定温度时，第二相微粒溶入奥氏体后，奥氏体才突然长大。如图 3-35 中曲线 1，此温度称为奥氏体晶粒粗化温度。如冶炼时用硅铁、锰铁脱氧，或不含阻止奥氏体晶粒长大的第二相微粒的钢，随温度升高奥氏体晶粒不断长大（如图 3-35 中曲线 2）。曲线 1 所示的钢，其奥氏体晶粒粗化温度一般高于热处理的加热温度范围（800～930℃），一般能保证获得较细小的奥氏体实际晶粒。

(3) 奥氏体晶粒大小的控制

由于小晶粒转变为大晶粒将使合金总的晶界面积减少，从而减少了界面能，使合金的总能量下降，因此奥氏体晶粒的长大是一个自发过程。钢在加热过程中所形成的奥氏体晶粒的大小将影响冷却转变后钢的组织和性能。若加热和保温后钢的奥氏体晶粒越细小，则冷却转变后钢的晶粒也越细小，力学性能也越高，特别是冲击韧度也越高；但若奥氏体晶粒越粗大，则冷却转变后钢的晶粒也越粗大，力学性能也越低，特别是冲击韧度下降较多，即发生所谓“过热”现象。除按上述成分、冶炼条件选择热处理用钢外，为获得细小的晶粒，还须控制热处理工艺规范。

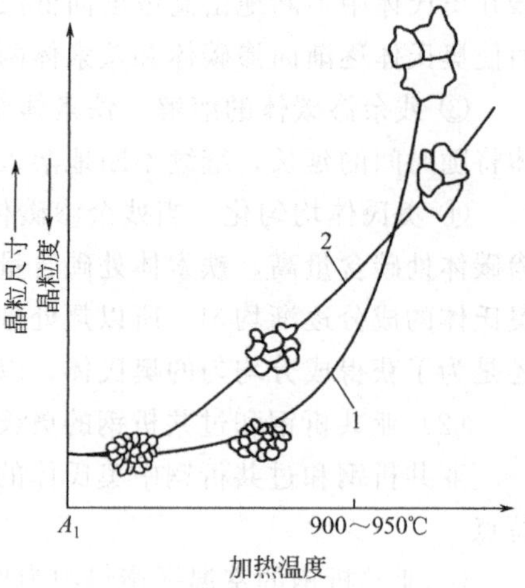

图 3-35 奥氏体晶粒长大倾向示意图

1—奥氏体晶粒长大倾向 1；2—奥氏体晶粒长大倾向 2

① 加热温度 加热温度越高，晶粒长大速度越快，奥氏体晶粒也越粗大，故为获得细小的奥氏体晶粒，合适的加热温度范围，一般为相变点以上某一适当温度。

② 保温时间 钢加热时，随保温时间的延长，晶粒不断长大，但随保温时间的延长，晶粒长大速度越来越慢，且不会无限制地长大下去。所以延长保温时间比升高加热温度对晶粒长大的影响要小得多。确定保温时间，除考虑相变需要外，还需考虑工件穿透加热的需要。

③ 加热速度 因为加热速度越快，奥氏体化的实际温度越高，奥氏体的形核率大于长大速度，所以获得细小的起始晶粒。但保温时间不能太长，否则晶粒反而粗大。故工程上常用快速加热和短时保温的方法来细化晶粒，如高频淬火就是利用这一原理来获得细晶粒的。

3.4.2 钢在冷却时的转变

加热后的钢常用连续冷却和等温冷却两种方式冷却。连续冷却是把加热到奥氏体状态的钢件，以某一速度炉冷（随炉冷却）、空冷（在空气中冷却）、油冷（在油中冷却）、水冷（在水中冷却）等连续冷却到室温，使奥氏体在连续冷却过程中转变为较稳定的组织结构，如图 3-36 中曲线 1 所示。等温冷却是把加热到奥氏体状态的钢件，快速冷却到 Ar_1 以下某一温度并等温停留一段时间，使奥氏体在一定的过冷度下向稳定的组织结构转变。转变结束后，再空冷到室温，如图 3-36 中曲线 2 所示。

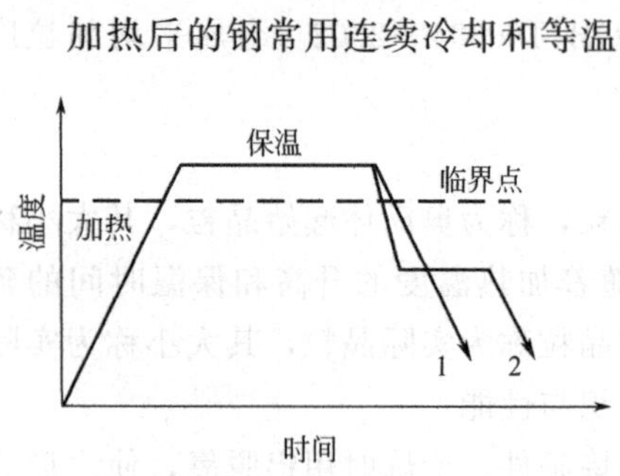

图 3-36 热处理的两种冷却方式

1—连续冷却；2—等温冷却

奥氏体在 A_1 点以下处于不稳定状态，必然要发生相变。但过冷到 A_1 以下的奥氏体并不是立即发生转变，而是要经过一个孕育期后才开始转变。这种在孕育期内暂时存在的、处于不稳定状态的奥氏体称为“过冷奥氏体”。过冷奥氏体在不同冷却速度下的连续冷却转变和在不同温度下的等温转变均属非平衡相变，此时，用平衡条件下得到的 $Fe\text{-}Fe_3C$ 相图来研究其转变过程是不合适的，研究这种变化的最重要的工具是过冷奥氏体连续冷却转变图或等温转变图。由于研究过冷奥氏体的等温转变过程相对容易些，我们首先介绍过冷奥氏体的等温转变。

3.4.2.1 过冷奥氏体等温转变图

奥氏体等温转变图是指过冷奥氏体在不同过冷温度下的等温过程中，转变温度、转变时间与转变产物量（转变开始与结束）的关系曲线图，也称 TTT（time-temperature-transformation）曲线，又因为其形状像英文字母“C”，所以又称 C 曲线。

（1）奥氏体等温转变图的建立

奥氏体等温转变图的建立是利用过冷奥氏体转变产物的组织形态和性能的变化来测定的。测定的方法有金相测定法、硬度测定法、膨胀测定法、磁性测定法以及 X 射线结构分析测定等方法。现以共析钢为例，如图 3-37 所示，用金相硬度法（即上述两种方法相结合）简要说明其建立过程。

① 将共析钢制成一系列 ϕ10mm×1.5mm 的薄片试样并加热至 Ac_1 以上温度，得到均匀奥氏体。

② 将试样分成许多组，每组包括若干个试样。将每组试样分别迅速放入 A_1 温度以下一系列不同温度（如 650℃、600℃、550℃……）的恒温浴槽中，使过冷奥氏体进行等温转变。记录从试样投入浴槽时刻起的等温时间，然后每隔一定时间，在每组中都取出一个试样，迅速放入冷水中冷却，使试样在不同时刻的等温转变状态固定下来。

③ 测定试样硬度并观察其显微组织。当发现某一试样刚有转变产物时（有 1%～3%的转变产物），它的等温时间即为奥氏体开始转变的时间，而当发现某一试样没有奥氏体时（约有 98%的转变产物），它的等温时间即为奥氏体转变终了时间。显然从过冷奥氏体开始转变到转变终了的这段时间即为过冷奥氏体和转变产物的共存时间。

④ 将所有的转变开始点和终了点标注在时间-温度坐标系中，将所有的转变开始点和终了点分别用光滑曲线连接起来，获得等温转变开始曲线和终了曲线，并在不同的时间和温度区域内填入相应的组织，即得共析钢过冷奥氏体的等温转变图，如图 3-38 所示。

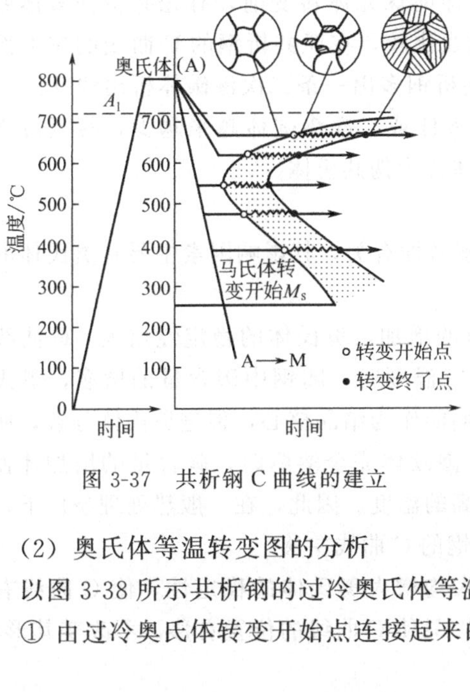

图 3-37 共析钢 C 曲线的建立

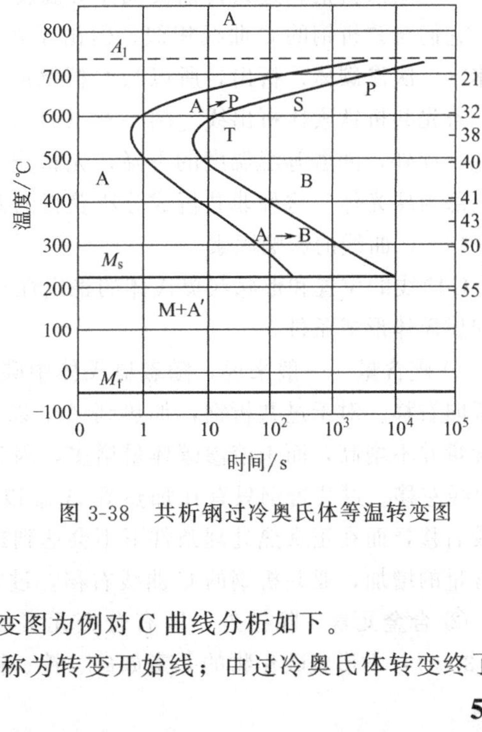

图 3-38 共析钢过冷奥氏体等温转变图

（2）奥氏体等温转变图的分析

以图 3-38 所示共析钢的过冷奥氏体等温转变图为例对 C 曲线分析如下。

① 由过冷奥氏体转变开始点连接起来的线称为转变开始线；由过冷奥氏体转变终了点

连接起来的线称为转变终了线。

上面的水平线为 A_1 线，即为 Fe-Fe_3C 相图上的 A_1 线，表示奥氏体与珠光体的平衡温度，在 A_1 线以上是奥氏体稳定存在的区域；A_1 线以下、转变开始线以左是过冷奥氏体区，A_1 线以下、转变终了线以右是转变产物区；转变开始线和终了线之间是过冷奥氏体和转变产物共存区。

② 过冷奥氏体在各个温度下等温转变时，都要经过一段孕育期。孕育期是指金属及合金在一定过冷度条件下等温转变时，等温停留开始至相转变开始的时间，以转变开始线与纵坐标之间的水平距离表示。孕育期越长，过冷奥氏体越稳定；反之则越不稳定。所以过冷奥氏体在不同温度下的稳定性是不同的。开始时，随过冷度（ΔT）的增大，孕育期与转变终了时间逐渐缩短，但当过冷度达到某一值（等温温度约为 550℃）后，孕育期与转变结束时间却都随过冷度的增大而逐渐加长，所以曲线呈“C”状。

在 C 曲线上孕育期最短的地方，表示过冷奥氏体最不稳定，它的转变速度最快，该处成为 C 曲线的“鼻尖”。而在靠近 A_1 和 M_s 处的孕育期较长，过冷奥氏体较稳定，转变速度也较慢。

③ 在 C 曲线下部的 M_s 水平线，表示钢经奥氏体化后以大于或等于马氏体临界冷却速度淬火冷却时奥氏体开始向马氏体转变的温度（对共析钢约为 230℃），称为钢的上马氏体点或马氏体转变开始点；其下面还有一条表示过冷奥氏体停止向马氏体转变的温度的 M_f 水平线，称为钢的下马氏体点或马氏体转变终了点（一般在室温以下）。M_s 与 M_f 线之间为马氏体与过冷奥氏体共存区。

所以在三个不同的温度区，共析钢的过冷奥氏体可发生三种不同的转变。

a. A_1 至 C 曲线鼻尖区间的高温转变，其转变产物为珠光体，所以又称珠光体转变。

b. C 曲线鼻尖至 M_s 区间的中温转变，其转变产物为贝氏体，所以又称贝氏体转变。

c. 在 M_s 线以下区间的低温转变，其转变产物为马氏体，所以又称马氏体转变。

(3) 亚共析钢和过共析钢奥氏体等温转变图

它们与共析钢的 C 曲线相似，但由于在奥氏体向珠光体转变前，有先共析铁素体或渗碳体（二次渗碳体）析出，所以与共析钢的 C 曲线比较，在亚共析钢的 C 曲线的左上部多出一条先共析铁素体析出线［图 3-39 (a)］；过共析钢多出一条二次渗碳体析出线［图 3-39 (b)］。此外，随着等温温度的下降，先析出的铁素体或二次渗碳体越来越少，甚至最终组织全部为珠光体。这种非共析成分所获得的共析体称为伪共析体。

(4) C 曲线的影响因素

C 曲线的位置和形状与奥氏体的稳定性及分解特性有关，其影响因素主要有奥氏体的成分和奥氏体形成条件。

① 碳含量　一般来说，随着奥氏体中碳含量的增加，奥氏体的稳定性增大，C 曲线的位置向右移。对于过共析钢，加热到 Ac_1 以上某一温度时，随钢中碳含量的增多，奥氏体碳含量并不增高，而未溶渗碳体量增多，因为它们能作为结晶核心，促进奥氏体分解，所以 C 曲线左移。过共析钢只有在加热到 Ac_{cm} 以上，渗碳体完全溶解时，碳含量的增加才使 C 曲线右移，而在正常热处理条件下不会达到这样高的温度。因此，在一般热处理条件下，随碳含量的增加，亚共析钢的 C 曲线右移，过共析钢的 C 曲线左移。

② 合金元素　除钴外，所有合金元素的溶入均增大奥氏体的稳定性，使 C 曲线右移（图 3-40），不形成碳化物的元素如硅、镍、铜等，只使 C 曲线的位置右移，不改变其形状；

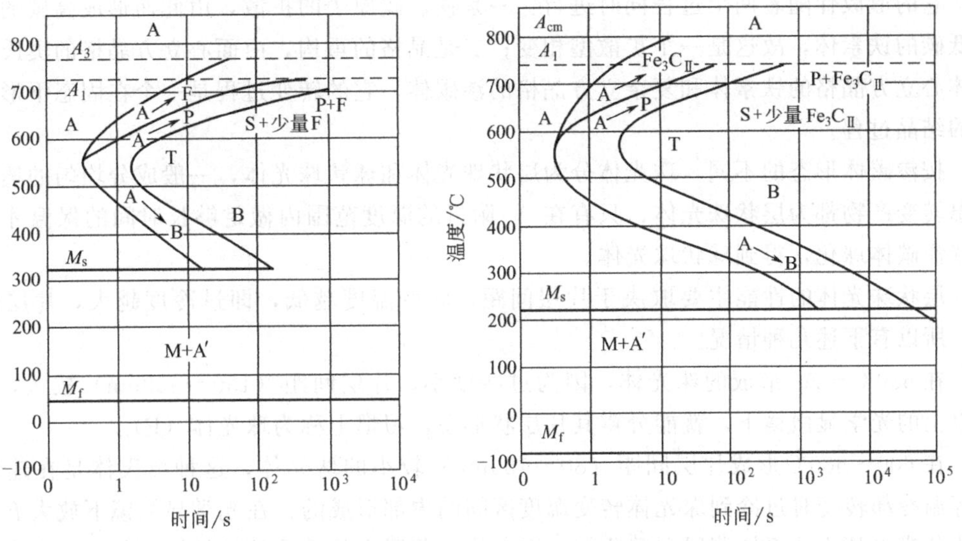

(a) 亚共析钢　　　　(b) 过共析钢

图 3-39　亚共析钢和过共析钢的 C 曲线

能形成碳化物的元素如铬、钼、钨、钒、钛等，因对珠光体转变和贝氏体转变推迟作用的影响程度不同，不仅使 C 曲线右移，而且使其形状变化，产生两个“鼻子”，整个 C 曲线分裂成珠光体转变和贝氏体转变两部分，其间出现一个过冷奥氏体的稳定区。

需要注意的是，合金元素只有溶入奥氏体中才会增大过冷奥氏体的稳定性，而未溶的合金碳化物因有利于过冷奥氏体的分解而降低过冷奥氏体的稳定性。

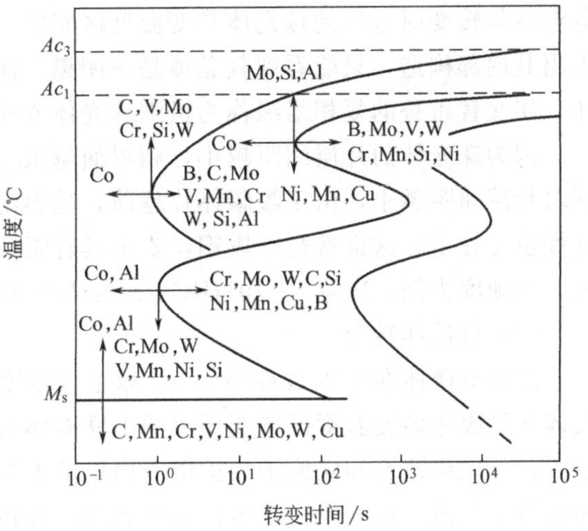

图 3-40　合金元素对 C 曲线的影响

③ 加热条件　影响了奥氏体的状态(如晶格大小、成分与组织均匀性)，使奥氏体晶粒细小、晶界总面积增加，有利于新相的形成和原子扩散，因此有利于先共析转变和珠光体转变，使珠光体转变线左移。但晶粒度对贝氏体和马氏体转变的影响不大。奥氏体成分的均匀程度对 C 曲线的位置也有影响，奥氏体成分越均匀，则奥氏体越稳定，新相形核和长大所需的时间越长，C 曲线右移。

因此，奥氏体化温度越高，保温时间越长，则形成的奥氏体晶粒越粗大，奥氏体的成分也越均匀，从而增加奥氏体的稳定性，使 C 曲线右移；反之，奥氏体化温度越低，保温时间越短，则奥氏体晶粒越细，其成分越不均匀，未溶第二相越多，奥氏体越不稳定，使 C 曲线左移。

3.4.2.2　过冷奥氏体转变产物的组织与性能

(1) 珠光体转变

过冷奥氏体在 A_1～550℃范围内将分解为珠光体类型组织，即发生 A→P(F+Fe_3C) 转变，它的形成伴随着两个过程同时进行：一是铁、碳原子的扩散，由此而形成高碳的渗碳体和低碳的铁素体，故这是一个扩散型相变；二是晶格的重构，由面心立方晶格的奥氏体转变为体心立方晶格的铁素体和复杂立方晶格的渗碳体，它的转变过程是一个在固态下形核和长大的结晶过程。

按渗碳体形态的不同，珠光体分为层状珠光体和球状珠光体，一般成分均匀的奥氏体的高温转变产物都为层状珠光体；只有在 A_1 附近的温度范围内做足够长时间的保温才可能使层状渗碳体球化，得到球状珠光体。

层状珠光体的性能主要取决于片层间距，转变温度越低，即过冷度越大，片层间距越小，所以有下述几种情况。

在 680℃～A_1 形成的珠光体，因为过冷度小，片层间距（150～450nm）较大，在 400 倍以上的光学显微镜下，就能分辨其片层状形态，习惯上称为珠光体（P）。

在 600～680℃形成片层间距（80～150nm）较小的珠光体，这种奥氏体是在连续冷却或等温冷却转变时过冷到珠光体转变温度区间的中部形成的，在光学显微镜下放大五六百倍才能分辨出其为铁素体薄层和碳化物（渗碳体）薄层交替重叠的复相组织称为细珠光体或索氏体，用字母 S 表示。

在 550～600℃形成片层间距（30～80nm）极小的珠光体，这种奥氏体是在连续冷却或等温冷却转变时过冷到珠光体转变温度区间的下部形成的，在光学显微镜下高倍放大也分辨不出其内部构造，只能看到其总体是一团黑，而实际上却是很薄的铁素体层和碳化物（渗碳体）层交替重叠的复相组织称为极细珠光体或托氏体，用字母 T 表示。

因为珠光体的片层间距越小，相界面越大，塑性变形抗力越大，所以强度、硬度越高；同时片层间距越小，由于渗碳体片越薄，越容易随同铁素体一起变形而不脆断，所以塑性和韧性也变好了，这也就是冷拔钢丝要求具有索氏体组织才容易变形而不致因拉拔而断裂的原因。以硬度为例，P 为 5～20HRC，S 为 20～30HRC，T 为 30～40HRC。

（2）贝氏体转变

过冷奥氏体在 C 曲线鼻尖到 M_s 以上的温度范围内将发生贝氏体转变。贝氏体是过冷奥氏体在贝氏体转变温度区转变而成的由铁素体与碳化物所组成的非层状的亚稳定组织。转变也要进行晶格改组和碳原子的扩散（但扩散不充分），但是因为温度较低，铁仅作很小位移，而不发生扩散，故这是一个半扩散型相变，其转变过程也是在固态下的形核和长大过程。

贝氏体组织随着奥氏体成分及转变温度的不同有多种形态，对共析钢有在 350～550℃形成的上贝氏体及在 230～350℃形成的下贝氏体。

如图 3-41 所示，典型的上贝氏体在光学显微镜下呈羽毛状的特征，组织中的渗碳体不易辨认，在电镜下，可见碳过饱和度不大的铁素体成条束并排地由奥氏体晶界伸向晶内，铁素体条间分布着粒状或短杆状的渗碳体。

如图 3-42 所示，典型的下贝氏体在光学显微镜下呈黑色针片状形态，在电镜下，可见含过饱和碳的铁素体呈针片状，在其上分布着与长轴成 55°～60°角的碳化物颗粒或薄片。

贝氏体的性能主要取决于铁素体条（片）的粗细及其中碳的过饱和度和渗碳体（或碳化物）的形状、大小和分布。形成温度越低，铁素体条越细，铁素体中碳的过饱和度越大，碳化物颗粒越细小，量越多，弥散度越大，所以下贝氏体不仅有高的强度、硬度与耐磨性，同时具有良好的塑性和韧性，生产中常用等温淬火获得下贝氏体，来提高零件的性能。而上贝氏体的强韧性较差，生产上极少使用。

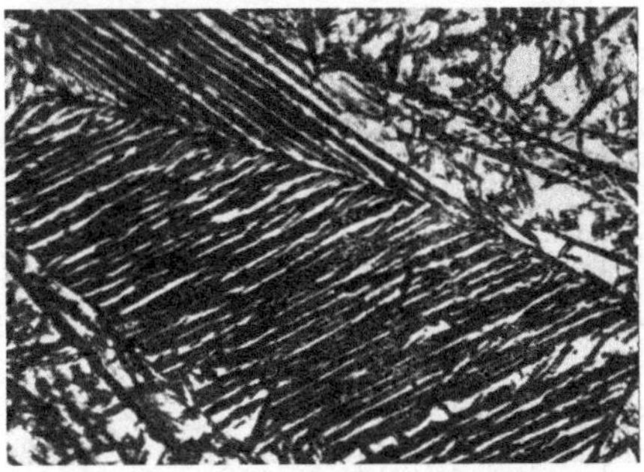

图 3-41　上贝氏体的显微组织

图 3-42　下贝氏体的显微组织

（3）马氏体转变

当奥氏体快冷到 M_s 以下时，就开始发生马氏体转变。由于马氏体转变温度极低，过冷度很大，而且形成的速度极快，使奥氏体向马氏体的转变只发生 γ-Fe→α-Fe 的晶格改组，而没有铁、碳原子的扩散。所以马氏体的碳含量就是转变前奥氏体的碳含量，由于 α-Fe 中最大溶碳量为 0.0218%，所以马氏体是碳在 α-Fe 中的过饱和间隙固溶体。

① 马氏体的晶体结构　马氏体中，由于过饱和的碳强制地分布在晶胞的某一晶轴（如 z 轴）的间隙处，使 z 轴方向的晶格常数 c 上升，x、y 轴方向的晶格常数 a 下降，α-Fe 的体心立方晶格变为体心正方晶格，晶格常数 c/a 的比值称为马氏体的正方度。马氏体中的碳含量越高，正方度越大。

② 马氏体的组织形态　马氏体的组织形态主要有两种类型，即板条状马氏体（图 3-43）和片状马氏体（图 3-44）。淬火钢中究竟形成何种形态马氏体，主要与钢的碳含量有关，板条状马氏体是低碳钢、马氏体时效钢、不锈钢等铁系合金形成的一种典型的马氏体组织；片状马氏体则常见于高、中碳钢。一般当 $w_C<0.30\%$ 时，钢中马氏体形态几乎全为板条状马氏体；$w_C>1.0\%$ 时，则几乎全为片状马氏体；$w_C=0.30\%\sim1.0\%$ 时，为板条状马氏体和片状马氏体的混合组织，随碳含量的升高，淬火钢中板条状马氏体的量下降、片状马氏体的量上升。

图 3-43　板条状马氏体的形态

图 3-44　片状马氏体的形态

③ 马氏体的性能　马氏体的性能取决于马氏体的碳含量与组织形态。

a. 强度与硬度　主要取决于马氏体的碳含量。随马氏体中碳含量的升高，强度与硬度随之升高，特别是在碳含量较低时，这种作用较明显，但 $w_C>0.6\%$ 时，这种作用则不明显，曲线趋于平缓，如图 3-45 所示。

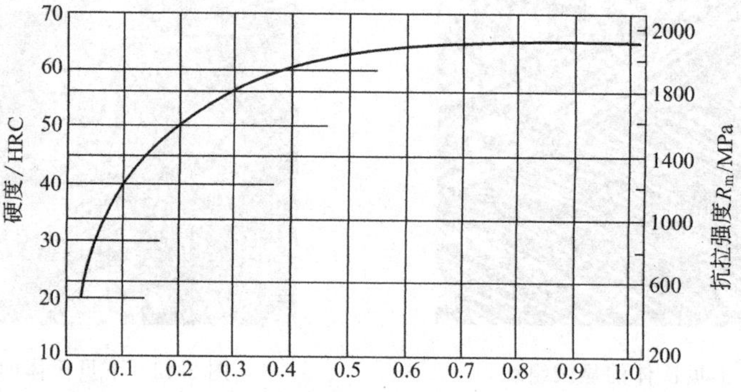

图 3-45 碳含量对马氏体强度与硬度的影响

b. 塑性与韧性 一般认为马氏体硬而脆，塑性与韧性很差，但这是片面的认识。马氏体的塑性与韧性同样受碳含量的影响，可在相当大的范围内变动。随马氏体中碳含量的提高，塑性与韧性急剧下降，而低碳板条状马氏体具有良好的塑性与韧性，是一种强韧性很好的组织，而且有较高的断裂韧度、低的冷脆转变温度和过载敏感性。所以对低碳钢或低碳合金钢采用强烈淬火获得板条状马氏体的工艺在矿山、石油、汽车、机车车辆、起重机制造等行业的应用日益广泛。此外，中碳（$w_C=0.3\%\sim0.6\%$）钢也可采用高温加热使奥氏体成分均匀，消除富碳微区，淬火时可以获得较多的板条状马氏体组织，从而在屈服强度不变的情况下，大幅度提高钢的韧性；对于高碳钢工件，采用较低温度快速、短时间加热淬火方法也可以获得较多的板条状马氏体，从而提高钢的韧性。

c. 比体积 钢的组织中，马氏体比体积最大，奥氏体最小，珠光体居中，所以奥氏体转变为马氏体时，必然伴随体积膨胀而产生内应力。马氏体中碳含量越高，正方度越大，晶格畸变程度加剧，比体积也越大，故产生的内应力也越大，这就是高碳钢淬火易裂的原因。但也可利用这一效应，使淬火零件表层产生残余压应力，提高疲劳性能。

④ 马氏体转变的特点 马氏体转变也是形核、长大的过程，但有下列特点。

a. 转变的非扩散性 珠光体、贝氏体转变都是扩散型相变，马氏体转变是在极大的过冷度下进行的，转变时，只发生 γ-Fe→α-Fe 的晶格改组，而奥氏体中的铁、碳原子都不能进行扩散，所以是无扩散型相变。

b. 转变的速度极快 马氏体形成时一般不需要孕育期，马氏体量的增加不是靠已形成的马氏体片的不断长大，而是靠新的马氏体片的不断形成。

c. 转变的非等温性 当过冷奥氏体快冷到 M_s 时，就开始奥氏体向马氏体的转变，随着温度的下降，马氏体的量上升，当温度下降到 M_f 时，奥氏体向马氏体的转变结束。如在 $M_s\sim M_f$ 之间等温，马氏体的量并不明显增加，所以只有在 $M_s\sim M_f$ 之间继续降温时，马氏体才继续形成。

M_s 与 M_f 的位置主要取决于奥氏体的成分。奥氏体的碳含量越高，M_s 与 M_f 越低，奥氏体中碳含量对 M_s 和 M_f 的影响如图 3-46 所示。

d. 转变的不彻底性 由于奥氏体中的 $w_C>0.5\%$ 时，M_f 已低于室温，所以淬火到此温度时，必然有一部分奥氏体残留下来，称为残留奥氏体（A_R）。随奥氏体中碳含量上升，M_s 和 M_f 的下降，残留奥氏体的量上升，如图 3-47 所示。而且在保证马氏体转变的条件下，即使把奥氏体过冷到 M_f以下，仍不能得到100%的马氏体，总有少量的残留奥氏体，这就是马氏体转变的不彻底性。

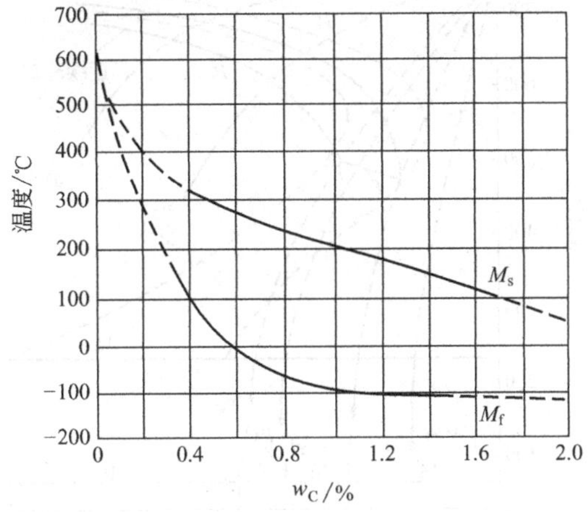

图 3-46　奥氏体中碳含量对 M_s 和 M_f 的影响

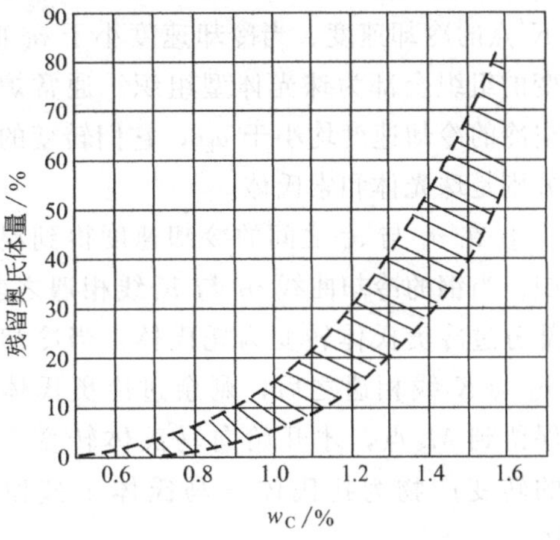

图 3-47　碳含量对残留奥氏体量的影响

一般中、低碳钢淬火到室温后，仍有1%～2%的残留奥氏体；而高碳钢淬火到室温后，仍有10%～15%的残留奥氏体。

残留奥氏体不仅降低了淬火钢的硬度和耐磨性，而且在工件的长期使用过程中残留奥氏体还会发生转变，使工件形状和尺寸变化，降低工件尺寸精度。所以生产中，对某些高精度的工件如精密量具、精密丝杆、精密轴承等，为保证它们在使用期间的精度，可将淬火工件冷却至室温后，又随即放到0℃以下温度的介质中冷却，以最大限度地消除残留奥氏体，达到提高硬度、耐磨性与尺寸稳定性的目的。这种处理称为“冷处理”。

3.4.2.3　共析钢过冷奥氏体连续冷却转变图

过冷奥氏体连续转变是指钢经奥氏体化后在不同冷却速度的连续冷却过程中过冷奥氏体所发生的相转变。实际生产中，过冷奥氏体大多是在连续冷却中转变的，因此研究过冷奥氏体连续冷却时的转变规律，具有重要的意义。

过冷奥氏体连续冷却转变图是指钢经奥氏体化后在不同冷却速度的连续冷却条件下，过冷奥氏体转变为亚稳定产物时，转变开始及转变终了的时间与转变温度之间的关系曲线图，又称CCT（Continuous-Cooling-Transformation）曲线。将一组试样奥氏体化后，以不同的冷却速度连续冷却，测出奥氏体转变开始点与结束点的温度和时间，并标在温度-时间坐标图上，分别连接所有转变开始点和结束点，便得到过冷奥氏体连续冷却转变曲线，图3-48中实线部分所示为共析钢的CCT曲线。

（1）CCT曲线分析

① P_s 线是珠光体转变开始线，P_f 线是珠光体转变终了线，P_s 与 P_f 线之间为过冷奥氏体与其转变产物珠光体共存的过渡区；K 线是珠光体转变终止线，冷却曲线碰到该线时，过冷奥氏体就不再发生珠光体转变，而一直保留到 M_s线以下，才开始向马氏体组织转变。

② 与过冷奥氏体连续转变曲线 P_s 开始线相切的冷却速度，是保证过冷奥氏体在连续冷却过程中不发生分解而全部过冷到马氏体转变区的最小冷却速度，称为淬火临界冷却速度，用 v_k 表示。显然 v_k 值越小，表明钢在淬火冷却时越容易获得马氏体组织，钢的淬火工艺性

能越好。v_k 对热处理工艺具有十分重要的意义。

③ K'点是 P_f 线与 K 线的交点，$v_{k'}$是通过 K'点的冷却速度。当冷却速度小于 $v_{k'}$时，转变的组织全部为珠光体型组织。通常炉冷和空冷的冷却速度均小于 $v_{k'}$，它们转变的产物分别是珠光体和索氏体。

④ 在 v_k 与 $v_{k'}$之间的冷却速度得到混合组织。当钢的冷却曲线 v_3 与 K 线相遇之前，一部分过冷奥氏体转变为托氏体；当冷却曲线 v_3 与 K 线相遇之后，剩余过冷奥氏体一直保留到 M_s点，才开始向马氏体转变。最终的转变产物为托氏体＋马氏体＋残留奥氏体。

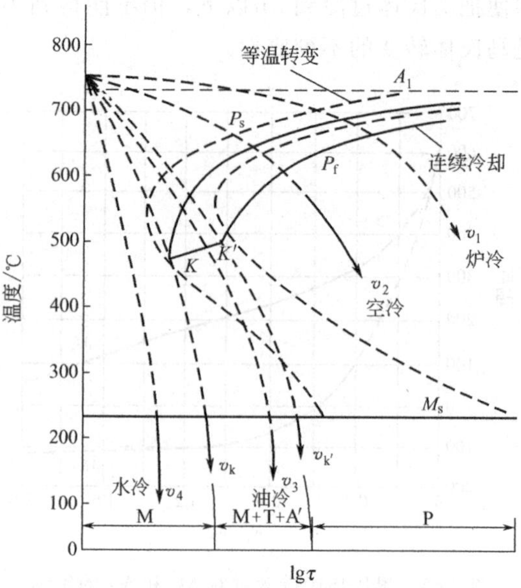

图 3-48 共析钢 CCT 曲线及与 C 曲线的比较
（τ 表示时间）

⑤ 奥氏体连续冷却时的转变产物及性能取决于冷却速度。冷却速度越大，则转变时的过冷度越大，转变温度越低，所形成的组织越细，组织的不平衡程度也越大，强度、硬度也越高。

（2）CCT 曲线和 C 曲线的比较

比较 CCT 曲线和 C 曲线，可发现 CCT 曲线有以下一些特点。

① 共析钢的 CCT 曲线在其 C 曲线右下方。这表明若过冷奥氏体连续冷却的转变产物与等温冷却的转变产物基本相同，但连续转变开始和终了的温度要低些，孕育期也较长。

② CCT 曲线只有 C 曲线的上半部分，而无下半部分，表明共析钢连续冷却时，只有珠光体、马氏体转变而不发生贝氏体转变。

③ 在连续冷却过程中，过冷奥氏体的转变是在一个温度区间内进行的，随着冷却速度的增大，转变温度区间逐渐移向低温，而转变时间则缩短。

④ 因为过冷奥氏体的连续冷却转变是在一个温度区间内进行的，在同一冷却速度下，因转变开始温度高于转变终了温度，使先转变的组织晶粒粗，后转变的组织晶粒细，而且可能先后经过几个转变温度区，先后产生几种不同的组织，而获得几种组织的混合产物。如图 3-48 中冷却速度 v_3 的转变产物是托氏体＋马氏体的混合物。

（3）亚共析碳钢与过共析碳钢的 CCT 曲线

过共析碳钢的 CCT 曲线与共析碳钢相比，除了多一条先共析的渗碳体析出线外，其他基本相似，即也没有贝氏体转变区。

亚共析碳钢的 CCT 曲线与共析碳钢相比，不大相同，它除了多一条先共析的铁素体析出线外，还出现了贝氏体转变区。

（4）C 曲线在连续冷却中的应用

因为过冷奥氏体的连续冷却转变曲线测定困难，且有些使用广泛的钢种的 CCT 曲线至今还未测出，所以目前生产上常用 C 曲线代替 CCT 曲线定性地、近似地分析过冷奥氏体的连续冷却转变。

v_1 是相当于随炉冷却的速度，根据它与 C 曲线相交的位置，可估计出奥氏体将转变为珠光体。

v_2 是相当于在空气中冷却的速度，根据它与C曲线相交的位置，可估计出奥氏体将转变为索氏体。

v_3 是相当于油冷的速度，根据它与C曲线相交的位置，可估计出有一部分奥氏体将转变为托氏体；剩余的奥氏体冷却到M_s线以下开始转变为马氏体，最终得到托氏体+马氏体。

v_4 是相当于水冷的速度，它不与C曲线相交，一直过冷到M_s线以下开始转变为马氏体。

用C曲线来估计连续冷却过程是很粗略的、不精确的，随着实验技术的发展，将有更多的CCT曲线被测得，用于连续冷却过程才是合理的。

习　　题

3-1　如果其他条件相同，试比较在下列铸造条件下，所得铸件晶粒的大小：

(1) 金属型浇注与砂型浇注；

(2) 高温浇注与低温浇注；

(3) 铸成薄壁件与铸成厚壁件；

(4) 浇注时附加振动与不附加振动；

(5) 厚大铸件的表面部分与中心部分。

3-2　金属结晶的基本规律是什么？决定金属结晶后晶粒度的因素有哪些？如何控制金属结晶晶粒的大小？

3-3　已知A、B两组元在液态时无限互溶，在固态时能形成共晶，共晶成分为：$w_B=30\%$；A组元在B组元中有限固溶，溶解度在共晶温度时为$w_B=15\%$，室温时为$w_B=10\%$，B组元在A组元中不能溶解，B组元的硬度高于A组元。要求：

(1) 示意画出该二元合金相图；

(2) 画出合金的力学性能与该二元合金相图的关系曲线。

3-4　为什么铸造合金常选用接近共晶成分的合金？为什么要进行压力加工的合金常选用单相固溶体成分的合金？

3-5　在$Fe\text{-}Fe_3C$相图中存在着三种重要的固相，请简要说明它们的成分、晶格结构及力学性能的特点。

3-6　默画出$Fe\text{-}Fe_3C$相图在1200℃以下的部分，填出各相区的组织；分析$w_C=0.40\%$、$w_C=0.77\%$、$w_C=1.20\%$合金的平衡结晶过程，画出室温平衡组织示意图，标出组织组成物名称。

3-7　对某一退火态碳钢进行金相分析，发现其组织为珠光体+铁素体，其中铁素体占80%，问此钢的碳含量大约是多少？

3-8　对某一退火态碳钢进行金相分析，得知其组成相为80%铁素体和20%渗碳体，求此钢的成分。

3-9　试分析一次渗碳体、二次渗碳体、三次渗碳体、共晶渗碳体、共析渗碳体的异同之处。

3-10　根据$Fe\text{-}Fe_3C$相图解释下列现象：

(1) 在进行热轧和锻造时，通常将钢材加热到1000～1250℃；

(2) 钢铆钉一般用低碳钢制作；

(3) 绑扎物件一般用铁丝（镀锌低碳钢丝），而起重机吊重物时却用钢丝绳（60、65、70钢等制成）；

(4) 在1100℃时，$w_C=0.4\%$的碳钢能进行锻造，而$w_C=4.0\%$的铸铁不能进行锻造；

(5) 在室温下，$w_C=0.8\%$的碳钢比$w_C=1.2\%$的碳钢强度高；

(6) $w_C=1.0\%$的碳钢比$w_C=0.5\%$的碳钢硬度高。

3-11　珠光体、贝氏体、马氏体组织各有哪几种类型？它们在形成条件、组织形态和性能方面有何特点？

3-12　马氏体转变有何特点？

第 4 章 材料的改性

材料的性能是由其化学成分和内部结构决定的，改变材料的成分或采用不同的加工工艺改变材料的内部结构是控制或改造材料性能的重要手段。金属材料可以通过热处理、合金化、冷变形强化、细晶强化等途径来改善性能。

4.1 钢的热处理

热处理是将钢在固态下采用适当的方式进行加热、保温和冷却以获得所需的组织结构与性能的工艺。钢之所以能进行热处理，是由于钢在固态下具有相变特性，而某些纯金属和合金由于不具有这一特性而不能用热处理的方法强化。

热处理作为机器零件及工具制造过程中的重要加工工艺，与铸、锻、焊、切削加工等其他的机械加工工艺方法不同，其目的不是改变材料的形状和尺寸，而是通过改变金属材料的组织和性能来满足工程中对材料的服役性能和加工要求，所以，选择正确和先进的热处理工艺对于挖掘金属材料的性能潜力、改善零件使用性能、提高产品质量、延长零件的使用寿命、节约材料具有重要的意义。同时，还对改善零件毛坯的工艺性能以利于冷热加工的进行起着重要的作用。因此，热处理在机械制造行业中被广泛地应用，例如，汽车、拖拉机行业中需要进行热处理的零件占 70%～80%；机床行业中占 60%～70%；轴承及各种模具则达到 100%。在工业领域，机械、冶金、交通、能源、航空航天、兵工、建筑、轻纺、化工、电子等行业都离不开热处理。

热处理工艺可以从不同的角度进行分类，按照国家标准，可分为三大类。

① 整体热处理　是指对热处理件进行穿透性加热，以改善整体的组织和性能的处理工艺，又分为退火、正火、淬火、淬火＋回火、调质、稳定化处理、固溶（水韧）处理、固溶处理＋时效八类。

② 表面热处理　是指仅对工件表层进行热处理，以改变其组织和性能的工艺，又分为表面淬火＋回火、物理气相沉积、化学气相沉积、等离子化学气相沉积四类。

③ 化学热处理　是指将工件置于一定温度的活性介质中保温，使一种或几种元素渗入它的表层，以改变其化学成分、组织和性能的热处理工艺，根据渗入成分的不同又分为渗碳、碳氮共渗、渗氮、氮碳共渗、渗其他非金属、渗金属、多元共渗、熔渗八类。

根据热处理工艺在零件生产工艺流程中的位置和作用不同又可以分为最终热处理和预备热处理（又称预先热处理）两大类。最终热处理是指在生产工艺流程中，工件经切削加工等成形工艺而得到最终的形状和尺寸后，再进行的赋予工件所需使用性能的热处理。预备热处理是指为达到工件最终热处理的要求而获得需要的预备组织或改善工艺性能所进行的预先热处理，有时也称中间热处理。如某钢制零件的生产工艺路线为：铸造或锻造→热处理 1（退火或正火）→机械加工→热处理 2（淬火＋回火）→精机械加工，其中热处理 1 即属于预备热处理，热处理 2 为最终热处理。

尽管热处理的种类很多，但通常所用的各种热处理过程都由加热、保温、冷却三个基本阶段组成。图 4-1 所示为最基本的热处理工艺曲线。

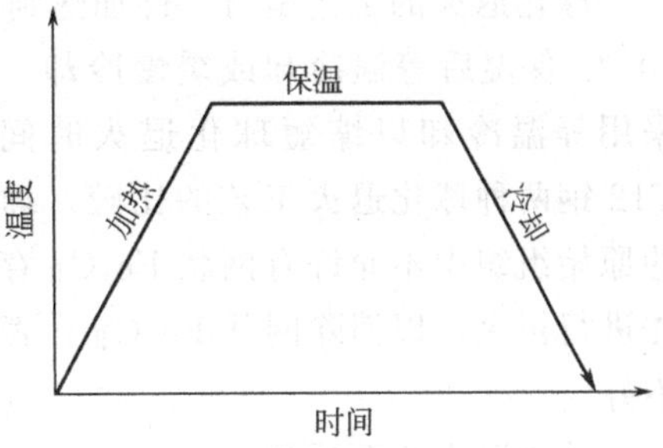

图 4-1 热处理工艺曲线

4.1.1 钢的整体热处理工艺

4.1.1.1 退火

退火是将金属或合金加热到适当温度，保持一定时间，然后缓慢冷却的热处理工艺。其实质是将钢加热奥氏体化后进行珠光体转变，退火后的组织，对亚共析钢是铁素体＋片状珠光体，对共析钢或过共析钢则是粒状珠光体。总之，退火组织是接近平衡状态的组织。

此处仅就工业上常用的几种退火工艺作简要介绍。

(1) 完全退火

完全退火是将钢铁完全奥氏体化，随之缓慢冷却（随炉冷却或埋入石灰和砂中冷却），获得接近平衡状态组织的退火工艺。完全退火加热时，钢的组织全部发生重结晶，获得完全的单相奥氏体组织。只要加热温度和保温时间适当，通常形成的奥氏体晶粒都比较均匀和细小。缓慢冷却后，每一个奥氏体晶粒通过形核和长大方式形成若干个先析铁素体晶粒和若干个珠光体区域，从而使钢的组织得到细化和均匀化。

完全退火的目的是为了细化组织、降低硬度、改善切削加工性能、去除内应力。

完全退火的工艺是将工件加热到 Ac_3＋(30～50)℃，保温一定时间后，随炉缓慢冷却至500℃以下，然后空冷。

完全退火主要适用于 w_C＝0.3%～0.6%的中碳钢及中碳合金钢的铸件、锻件、轧制件及焊接件。对于锻件、轧制件，一般安排在工件热锻或热轧之后、切削加工之前进行；对于焊接件或铸钢件，一般安排在焊接、浇注（或均匀化退火）后进行。需注意的是，过共析钢不采用完全退火，因为加热到 Ac_{cm} 以上缓冷时，二次渗碳体会以网状形式沿奥氏体晶界析出，使钢的韧性大大降低，并可能在以后的热处理中引起裂纹。

(2) 等温退火

等温退火是将钢件或毛坯加热到高于 Ac_3（或 Ac_1）温度，保持适当时间后，较快地冷却到珠光体转变温度区间的某一温度（一般为 600～680℃），并等温保持使奥氏体转变为珠光体组织，然后在空气中冷却的退火工艺。

等温退火的转变较易控制，能获得均匀的预期组织；对于奥氏体较稳定的合金钢可大大缩短退火时间，一般只需完全退火的一半左右。

等温退火的温度应根据所要求的组织和性能（硬度），由被处理钢的 C 曲线来确定。温度距 A_1 越近，获得的珠光体组织越粗，钢的硬度也越低；反之则硬度越高。一般对于亚共析钢为 Ac_3＋(30～50)℃；对共析钢或过共析钢为 Ac_1＋(20～40)℃。

等温退火适用于高碳钢、中碳合金钢、经渗碳处理后的低碳合金钢和某些高合金钢的大型铸件、锻件以及冲压件等。

(3) 球化退火

球化退火是为使钢中碳化物球状化而进行的退火工艺，退火后获得的组织为铁素体基体上分布着细小均匀的球状渗碳体，即球状珠光体组织。

球化退火的目的是降低硬度、提高塑性、改善切削加工性能，以及获得均匀的组织、改善热处理工艺性能，为以后的淬火作组织准备。

球化退火的工艺是将工件加热到 $Ac_1 \pm (10 \sim 20)$℃ 保温后等温冷却或缓慢冷却。生产上一般采用等温冷却以缩短球化退火时间。图 4-2 为 T12 钢两种球化退火工艺的比较。球化退火前钢的原始组织中不允许有网状 Fe_3C_{II} 存在，如有应先进行正火，以消除网状 Fe_3C_{II}，否则球化效果不好。

球化退火主要适用于 $w_C > 0.6\%$ 的共析和过共析成分的碳钢和合金钢锻件、轧件。对于某些结构钢的冷挤压件，为提高其塑性，则可在 Ac_1 稍下温度进行长时间球化退火。

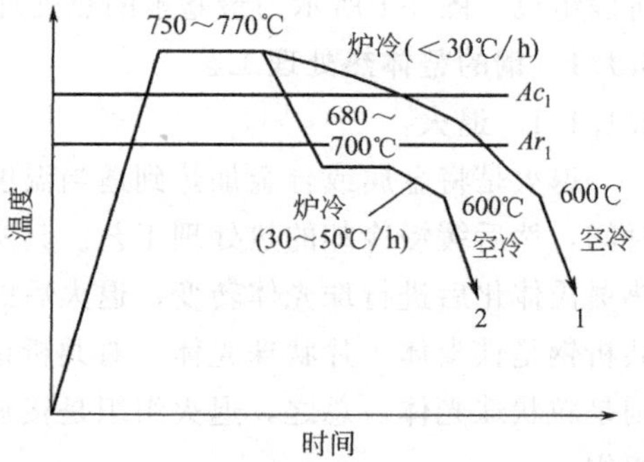

图 4-2　T12 钢两种球化退火工艺的比较

1—一般球化退火工艺；

2—等温球化退火工艺

(4) 均匀化退火

均匀化退火又称扩散退火，是为了减轻金属铸锭、铸件或锻坯的化学成分偏析和组织不均匀性，将其加热到高温，长时间保持，然后进行缓慢冷却，以达到化学成分和组织均匀化的退火工艺。

均匀化退火工艺为加热到 $Ac_3 + (150 \sim 200)$℃（通常为 1050～1250℃），长时间保温后冷却，在不致使奥氏体晶粒过于粗化的条件下应尽量提高加热温度以利于化学成分的均匀化。

工件经均匀化退火后，奥氏体晶粒十分粗大，必须进行一次完全退火或正火来细化晶粒，消除过热缺陷。

由于均匀化退火生产周期长、热能消耗大、设备寿命短、生产成本高、工件烧损严重，因此，只有一些优质合金钢和偏析较严重的合金钢铸件才使用这种工艺。

(5) 去应力退火

去应力退火是为了去除由于塑性加工、焊接、热处理及机械加工等造成的以及铸件内存在的残余应力而进行的退火。如果这些应力不消除，将会使工件在一定时间后或在随后的切削加工过程中产生变形或裂纹；或者在使用过程中产生变形，降低机器的精度，甚至发生事故。

去应力退火的工艺为加热至 $Ac_1 - (100 \sim 200)$℃，保温后缓慢冷却到 500℃出炉空冷，大截面工件需缓冷到 300℃以下出炉空冷，以防止出现冷却时再发生附加应力。对于钢铁材料，加热温度一般为 550～650℃，高合金钢可适当升高到 650～750℃。

去应力退火过程中工件内部不发生组织的转变，应力消除是在加热、保温和缓冷过程中完成的。

4.1.1.2　正火

正火是将钢加热到 Ac_3（或 Ac_{cm}）以上 30～50℃，保温适当时间后，在静止的空气中冷却的热处理工艺。正火冷却速度比退火稍快，过冷度较大，因而组织中的珠光体量增多、片间距变小（一般认为是索氏体），反映在力学性能上，正火后的强度、硬度、韧性都高于退火，且塑性基本不降低。

正火的主要目的是调整锻、铸钢件的硬度，细化晶粒，消除网状渗碳体，并为淬火作好组织准备。通过正火细化晶粒，钢的韧性可显著改善，对低碳钢正火可提高硬度以改善切削加工性能，对焊接件则可以通过正火改善焊缝及热影响区的组织和性能。

正火主要应用于以下几个方面。

① 改善低碳钢的切削加工性能　对于 w_C<0.25%的碳素钢或低合金钢，由于组织中铁素体过多使退火后硬度过低，切削加工时容易“黏刀”，使刀具发热而磨损或“断屑”不良且表面粗糙度很差，通过正火得到数量较多而细小的珠光体组织使硬度提高至 160～230HBW，接近于最佳切削加工硬度，可改善切削加工性能，降低表面粗糙度。

② 中碳结构钢件的预备热处理　w_C<0.4%的中碳钢经正火后，可有效地消除工件经热加工后产生的组织缺陷，获得细小而均匀的组织，可保证最终热处理的质量。

③ 普通结构零件的最终热处理　由于正火后工件比退火状态具有更好的综合力学性能，对于一些 w_C=0.4%～0.7%、受力不大、性能要求不高的普通结构零件可将正火作为最终热处理，以减少工序、节约能源、提高生产效率。此外，对某些大型的或形状较复杂的零件，当淬火有开裂危险时，正火往往代替淬火、回火处理，作为最终热处理。

④ 消除过共析钢的网状碳化物　过共析钢在淬火前要进行球化退火，但当其中存在网状碳化物时，会造成球化不良。正火冷却速度快，碳化物来不及沿奥氏体晶界析出，可有效消除网状碳化物，而且正火得到的细片状珠光体也有利于碳化物的球化，从而提高球化退火质量。

⑤ 用于某些碳钢、低合金钢的淬火返修件　以消除内应力和细化组织，防止重淬时产生变形与开裂。

钢的退火、正火加热温度范围可由 $Fe - Fe_3C$ 相图选择得到，如图 4-3 所示。

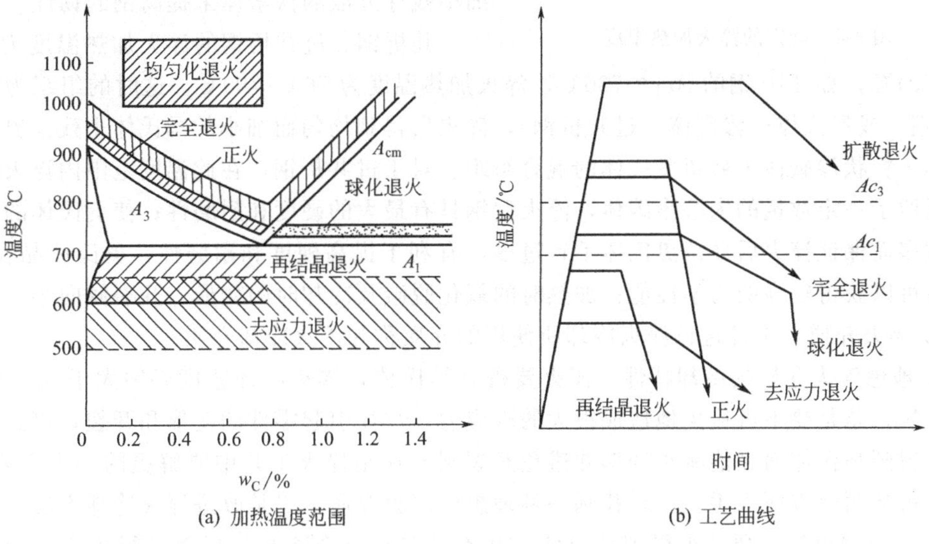

(a) 加热温度范围　　(b) 工艺曲线

图 4-3　退火、正火的工艺示意图

4.1.1.3　淬火

淬火是将钢件加热到 Ac_3 或 Ac_1 以上某一温度，保持一定时间后以适当速度冷却，获得马氏体和（或）贝氏体组织的热处理工艺。

淬火的目的是为了提高钢的力学性能。例如用于制作切削刀具的 T10 钢，退火态的硬度小于 20HRC，适合于切削加工；如果将 T10 钢淬火获得马氏体后配以低温回火，硬度可提高到约为 60～64HRC，同时具有很高的耐磨性，可以切削金属材料包括退火态的 T10 钢。再如 45 钢经淬火获得马氏体后再配以高温回火，其力学性能与正火态相比，

$R_{p0.2}$由 320MPa 提高到 450MPa，A 由 18%提高到 23%，KU_2 由 56J 提高到 80J，具有良好的强度与塑性和韧性的配合。可见淬火是一种强化钢件、更好地发挥钢材性能潜力的重要手段。

(1) 钢的淬火工艺

① 淬火加热温度的选择　淬火加热的目的是为了获得细小而均匀的奥氏体，使淬火后得到细小而均匀的马氏体或贝氏体。

碳钢的淬火加热温度可根据 $Fe-Fe_3C$ 相图来选择，如图 4-4 所示。

亚共析钢的淬火加热温度为 Ac_3＋(30～50)℃，如 45 钢的 Ac_3≈780℃，淬火加热温度为 810～840℃，常用 830℃，这时加热后的组织为细的奥氏体，淬火后可以得到细小而均匀的马氏体。淬火加热温度不能过高，否则，奥氏体晶粒粗化，淬火后会出现粗大的马氏体组织，使钢的脆性增大，而且使淬火应力增大，容易产生变形和开裂；淬火加热温度也不能过低，如低于 Ac_3，则必然会残存一部分铁素体，淬火时这部分铁素体不发生转变，保留在淬火组织中，使钢的强度和硬度降低。但对于某些亚共析合金钢，在略低于 Ac_3 的温度进行亚温淬火，可利用少量细小残存分散的铁素体来提高钢的韧性。

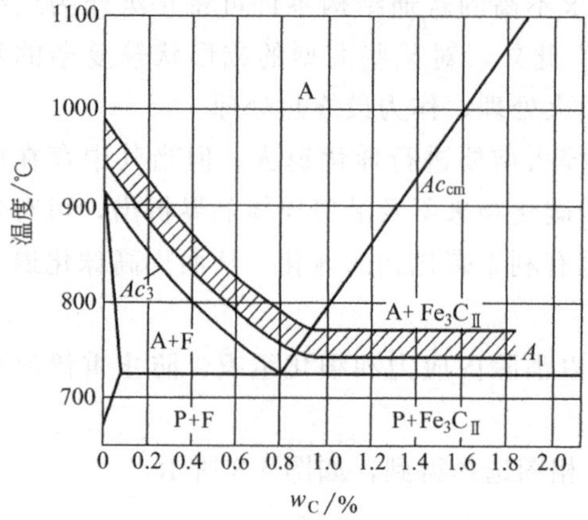

图 4-4　碳钢的淬火加热温度

共析钢、过共析钢的淬火加热温度为 Ac_1＋(30～50)℃，如 T10 钢的 Ac_1≈730℃，淬火加热温度为 760～780℃，这时的组织为奥氏体（共析钢）或奥氏体＋渗碳体（过共析钢），淬火后得到均匀而细小的马氏体＋残留奥氏体或马氏体＋粒状渗碳体＋残留奥氏体的混合组织。对于过共析钢，在此温度范围内淬火的优点有：保留了一定数量的未溶渗碳体，淬火后钢具有最大的硬度和耐磨性；使奥氏体的碳含量不致过多而保证淬火后残留奥氏体不致过多，有利于提高硬度和耐磨性；奥氏体晶粒细小，淬火后可以获得较高的力学性能；加热时的氧化脱碳及冷却时的变形、开裂倾向小。

② 淬火介质　工件进行淬火冷却所使用的介质称为淬火冷却介质。

a. 理想淬火介质的冷却特性　淬火要得到马氏体，淬火冷却速度必须大于 v_k，而冷却速度过快，总是要不可避免地造成很大的内应力，往往引起零件的变形和开裂，淬火时怎样才能既得到马氏体而又能减小变形并避免开裂呢？这是淬火工艺中要解决的一个主要问题。对此，可从两个方面入手，一是找到一种理想的淬火介质，二是改进淬火冷却方法。

由 C 曲线可知，要淬火得到马氏体，并不需要在整个冷却过程都进行快速冷却，理想淬火介质的冷却特性如图 4-5 所示。在 650℃以上时，因为过冷奥氏体比较稳定，冷却速度应慢些，以降低零件内部温度差而引起的热应力，防止变形；在 500～650℃（C 曲线鼻尖附近），过冷奥氏体最不稳定，应快速冷却，淬火冷却速度应大于 v_k，使过冷奥氏体不致发生分解形成珠光体；在 200～300℃之间，过冷奥氏体已进入马氏体转变区，应缓慢冷却，因为此时相变应力占主导地位，防止内应力过大而使零件产生变形，甚至开裂。但到目前为止，符合这一特性要求的理想淬火介质还没有找到。

b. 常用淬火介质　目前常用淬火介质有水及水基、油及油基。

水是应用最为广泛的淬火冷却介质，这是因为水价廉易得，而且具有较强的冷却能力，

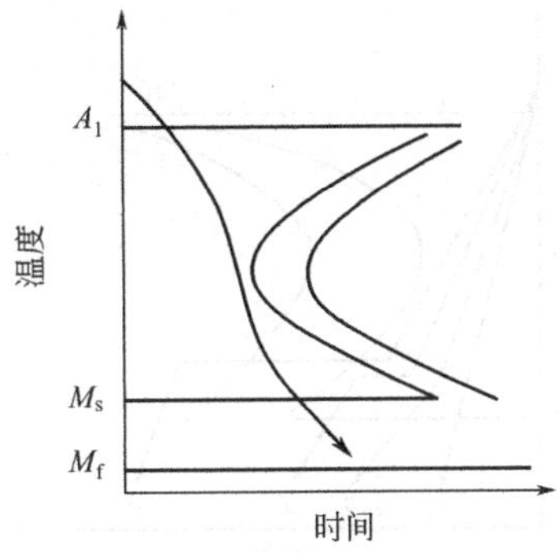

图 4-5　理想淬火介质的冷却特性

但它的冷却特性并不理想，在需要快冷的 500～650℃范围内，它的冷却速度不是很大，在 200～300℃需要慢冷时，它的冷却速度却比要求的大。这样易使零件产生变形，甚至开裂，所以只能用作尺寸较小、外形较简单的碳钢零件的淬火冷却介质。

为提高水的冷却能力，在水中加入 5%～15%的食盐成为盐水溶液，其冷却能力比清水更强，在 500～650℃范围内，冷却能力比清水提高近 1 倍，这对于保证碳钢件的淬硬来说是非常有利的。当用盐水淬火时，由于食盐晶体在工件表面的析出和爆裂，不仅能有效地破坏包围在工件表面的蒸汽膜，使冷却速度加快，而且能破坏在淬火加热时所形成的氧化皮，使它剥落下来，所以用盐水淬火的工件，容易得到高的硬度和光洁的表面，不易产生淬不硬的软点，这是清水无法相比的。但盐水在 200～300℃范围内，冷却速度仍像清水一样快，使工件产生变形甚至开裂的倾向增大，生产上为防止这种变形和开裂，采用先盐水快冷，在 M_s点附近再转入冷却速度较慢的介质中缓冷。所以盐水主要适用于形状简单、硬度要求较高而均匀、表面要求光洁、变形要求不严格的碳钢零件的淬火，如螺钉、销、垫圈等。

用作冷却介质的油主要是各种矿物油。油的冷却能力很弱，这在 200～300℃范围内对降低零件变形与开裂是有利的，但在 500～650℃范围内对防止过冷奥氏体的分解是不利的，所以只能用于一些形状复杂、过冷奥氏体较稳定的合金钢件或尺寸较小的碳钢件的淬火。

除水和油外，用得较多的还有碱浴和硝盐浴，它们的冷却能力介于油和水之间。在高温区碱浴的冷却能力比油强而比水弱，硝盐浴的冷却能力则比油弱；在低温区则都比油弱。碱浴和硝盐浴的冷却特性，既能保证奥氏体转变为马氏体不发生中途分解，又能大大降低工件变形、开裂倾向，所以主要用于截面不大、形状复杂、变形要求严格的碳钢、合金钢工件，作为分级或等温淬火的冷却介质。

水和油作为冷却剂并不十分理想，并且淬火油有污染环境、不安全、使用成本高等缺点，又是宝贵的能源。多年来国内外研制了许多新型聚合物水溶液淬火介质。其性能优于水或油，且降低了工艺成本。

(2) 常用淬火方法

由于淬火冷却介质不能完全满足淬火质量要求，所以在热处理工艺上还应在淬火方法上加以解决。目前使用的淬火方法较多，我们仅介绍其中常用的 4 种。

① 单介质淬火　是指将加热到奥氏体状态的工件放入一种淬火介质中连续冷却到室温的淬火方法（图 4-6 中曲线 1）。如碳钢件的水冷淬火、合金钢件的油冷淬火等。

单介质淬火的优点是：操作简单，易于实现机械化和自动化。缺点是：工件表面与心部温差大，易造成淬火内应力；在连续冷却到室温的过程中，水淬由于冷却速度快，易产生变形和裂纹；油淬由于冷却速度小，易产生硬度不足或硬度不均匀的现象。因此只适用于形状简单、无尖锐棱角及截面无突然变化的零件。

② 双介质淬火　是指将钢件奥氏体化后，先浸入一种冷却能力强的介质中，在钢件还未到达该淬火介质温度前即取出，马上浸入另一种冷却能力弱的介质中冷却的淬火工艺（图 4-6 中曲线 2）。如先水冷后油冷或空冷。

双介质淬火的优点是：马氏体相变在缓冷的介质中进行，可以使工件淬火时的内应力大为降低，从而减小变形、开裂的倾向。缺点是：工件表面与心部温差仍较大；工艺不好掌握，要求有较高的操作技术。所以适用于形状复杂程度中等的高碳钢小零件和尺寸较大的合金钢零件。

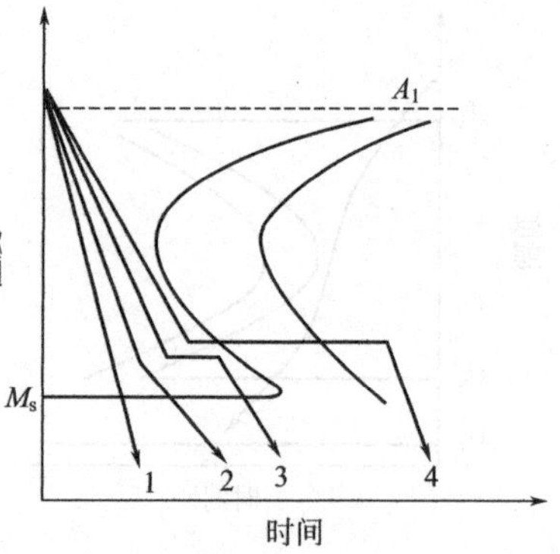

图 4-6　常用淬火方法示意图
1—单介质淬火；2—双介质淬火；
3—分级淬火；4—等温淬火

③ 马氏体分级淬火　是指将奥氏体化后的钢件浸入温度稍高或稍低于钢的上马氏体点的液态介质（如硝盐浴或碱浴）中，保温适当时间（一般为 2～5min），使钢件内外层都达到介质温度后取出空冷，以获得马氏体组织的淬火工艺（图 4-6 中曲线 3）。

马氏体分级淬火的优点是可降低工件内外温度差，降低马氏体转变时的冷却速度，从而减小淬火应力，防止变形、开裂。缺点是因为硝盐浴或碱浴的冷却能力较弱，使其适用性受到限制。适用于尺寸较小（<ϕ10～12mm 的碳钢或 ϕ20～30mm 的合金钢）、要求变形小、尺寸精度高的工件，如刀具、模具等。

④ 贝氏体等温淬火　是指将加热奥氏体化后的钢件浸入温度稍高于钢的上马氏体点的硝盐浴或碱浴中快冷到贝氏体转变温度区间（260～400℃）等温保持足够时间，使奥氏体转变为下贝氏体，然后取出空冷的淬火工艺（图 4-6 中曲线 4）。

贝氏体等温淬火的优点是淬火应力与变形极小，而且因为下贝氏体与回火马氏体相比在碳含量相近、硬度相当时，具有较高的塑性和韧性。适用于各种高中碳钢和低合金钢制作的、要求变形小且高韧性的小型复杂零件，如各种冷热模具、成形刀具、弹簧、螺栓等。

(3) 钢的淬透性和淬硬性

① 淬透性的概念　淬透性表征了钢在淬火时获得马氏体的能力，在规定条件下，它决定了钢材淬硬深度和硬度分布的特性。从理论上讲，淬硬深度应为工件截面上全部淬成马氏体的深度，但实际上，即使马氏体中含少量（体积分数 5%～10%）的非马氏体组织，在用显微镜观察或通过测定硬度也很难区别开来。为此规定从工件表面向里的半马氏体组织处的深度为有效淬硬深度，以半马氏体组织所具有的硬度来评定是否淬硬。如用钢制截面较大的试棒进行淬火实验时发现仅有表面一定深度获得马氏体，试棒截面硬度分布曲线如图 4-7 呈 U 字形，其中半马氏体深度 h 即为淬硬深度。如试棒心部也获得了 50%以上的马氏体，则称其为有效淬透。

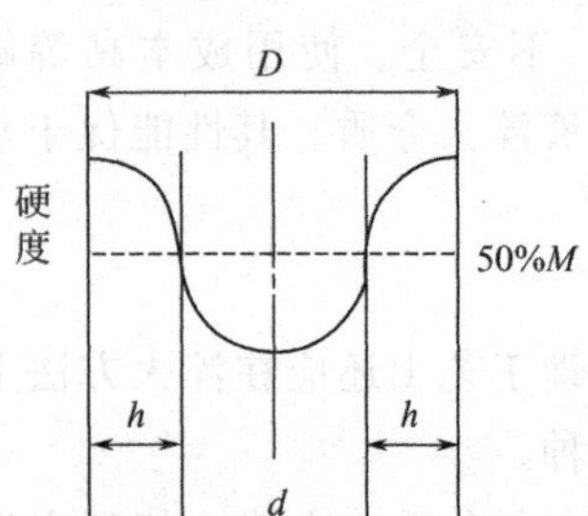

图 4-7　钢试棒截面硬度分布曲线

这里需要注意的是，钢的淬透性与实际工件的淬硬（透）层深度是有区别的。淬透性是钢在规定条件下的一种工艺性能，是确定的、可以比较的，为钢材本身固有的属性；淬硬层深度是实际工件在具体条件下淬得的马氏体和半马氏体的深度，是变化的，与钢的淬透性及外在因素有关。

② 淬透性的影响因素　由钢的连续冷却转变曲线可知，淬火时要想得到马氏体，冷却速度必须大于临界速度 v_k，所以钢的淬透性主要由其临界速度来决定。v_k 越小，即奥氏体越稳定，钢的淬透性越好。因此，凡是影响奥氏体稳定的因素，均影响淬透性。其中，合金

元素是最主要的影响因素，除 Co 外，大多数合金元素溶于奥氏体后，降低 v_k，使 C 曲线右移，提高钢的淬透性；对于碳钢来说，钢中的碳含量越接近共析成分，其 C 曲线越靠右。v_k 越小，淬透性越好。即亚共析钢的淬透性随碳含量增加而增大，过共析钢的淬透性随碳含量增加而减小；提高奥氏体化温度，将使奥氏体晶粒长大，成分均匀化，从而减少珠光体的形核率，降低钢的 v_k，增大其淬透性；钢中未溶入奥氏体的碳化物、氮化物及其他非金属夹杂物等未溶第二相，可成为奥氏体分解的非自发核心，使 v_k 增大，降低淬透性。

③ 淬透性的评定方法　常用的有临界直径测定法和端淬试验法。

a. 临界直径测定法　钢材在某种介质中淬冷后，心部得到全部马氏体或 50%马氏体组织时的最大直径称为临界直径，以 D_C 表示。临界直径测定法就是制作一系列直径不同的圆棒，淬火后分别测定各试样截面上沿直径分布的硬度 U 形曲线，从中找出中心恰为半马氏体组织的圆棒，该圆棒直径即为临界直径。临界直径越大，表明钢的淬透性越高。常用钢的临界直径见表 4-1。

表 4-1　常用钢的临界直径

钢　号	临界直径/mm		钢　号	临界直径/mm	
	水 冷	油冷		水 冷	油冷
45	13～16.5	6～9.5	35CrMo	36～42	20～28
60	11～17	6～12	60Si2Mn	55～62	32～46
T10	10～15	<8	50CrVA	55～62	32～40
65Mn	25～30	17～25	38CrMoAlA	100	80
20Cr	12～19	6～12	20CrMnTi	22～35	15～24
40Cr	30～38	19～28	30CrMnSi	40～50	23～40
35SiMn	40～46	25～34	40MnB	50～55	28～40

b. 端淬试验法　是用标准尺寸的端淬试样（ϕ25mm×100mm），经奥氏体化后，在专用设备上对其一端面喷水冷却，冷却后沿轴线方向测出硬度与距水冷端距离的关系曲线即淬透性曲线的试验方法。根据淬透性曲线可以对不同钢种的淬透性大小进行比较，推算出钢的临界淬火直径，确定钢件截面上的硬度分布情况等。这是淬透性测定常用方法。详细内容可参阅 GB/T 225—2006《钢淬透性的末端淬火试验方法（Jominy 试验）》。

淬透性对钢的力学性能影响很大，如将淬透性不同的两种钢制成直径相同的轴进行调质处理，比较它们的力学性能可发现（图 4-8），它们的硬度虽然相同，但其他性能则有显著区别，淬透性高的，其力学性能沿截面是均匀分布的，而淬透性低的，心部力学性能低，韧性更低。这是因为淬透性高的钢调质后其组织由表及里都是回火索氏体，有较高的韧性，而淬透性低的钢，心部为片状索氏体，韧性较低。因此，设计人员必须对钢的淬透性有所了解，以便能根据工件的工作条件和性能要求进行合理选材、制定热处理工艺以提高工件的使用性能。

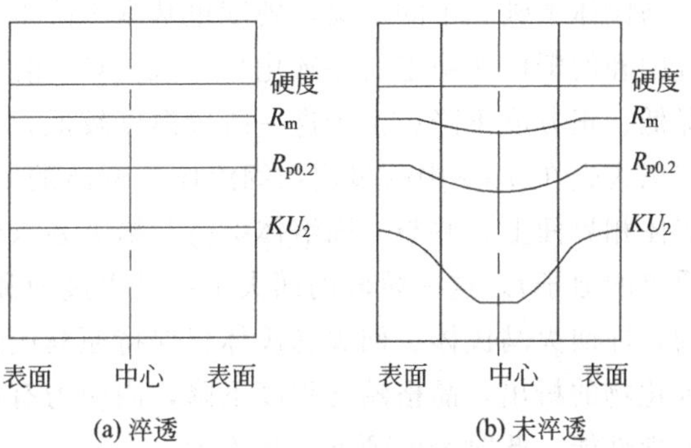

图 4-8　淬透性不同的钢调质后力学性能的对比

④ 淬硬性　淬硬性是指钢在理想条件下进行淬火硬化（即得到马氏体组织）所能达到的最高硬度的能力。淬硬性与淬透性是两个不同的概念，它主要与马氏体中的碳含量有关，

碳含量越高，淬火后硬度越高，合金元素的含量则对它无显著影响。所以，淬硬性好的钢淬透性不一定好，淬透性好的钢淬硬性也不一定高。例如，碳含量 $w_C=0.3\%$，合金元素含量 $w_{Me}=10\%$ 的高合金模具钢 3Cr2W8V 淬透性极好，但在 1100℃油冷淬火后的硬度约为 50HRC；而碳含量 $w_C=1.0\%$ 的碳素工具钢 T10 钢的淬透性不高，但在 760℃水冷淬火后的硬度大于 62HRC。

淬硬性对于按零件使用性能要求选材及热处理工艺的制定同样具有参考作用。对于要求高硬度、高耐磨性的各种工具、模具，可选用淬硬性高的高碳高合金钢；对于要求较高综合力学性能即强度、塑性、韧性要求都较高的机械零件，可选用淬硬性中等的中碳钢及中碳合金钢；对于要求高塑性、韧性的焊接件及其他机械零件，则应选用淬硬性低的低碳低合金钢，当零件表面有高硬度、高耐磨性要求时则可配以渗碳工艺，通过提高零件表面的碳含量使其表面淬硬性提高。

4.1.1.4　回火

回火是指钢件淬硬后加热到 Ac_1 以下某一温度，保温一定时间然后冷却到室温的热处理工艺。其主要目的：一是降低脆性、消除或降低残余应力，钢经淬火后存在很大的内应力和脆性，如不及时回火，往往会使工件变形，甚至开裂；二是赋予工件所要求的力学性能，工件经淬火后，硬度高、脆性大，不宜直接使用，为了满足工件的不同性能要求，可以通过适当的回火配合来调整硬度、降低脆性，得到所需要的韧性、塑性；三是稳定工件尺寸，淬火马氏体和残留奥氏体都是极不稳定的组织组成物，它们会自发地向稳定的铁素体和渗碳体或碳化物的两相混合物转变，从而引起工件尺寸和形状的连续改变，利用回火处理可以使组织转变到一定程度，并使其组织结构稳定化，使钢的组织在工件使用过程中不发生变化，以保证工件在以后的使用过程中不再发生尺寸、形状和性质的改变。

(1) 淬火钢的回火转变过程

以共析钢为例，淬火后钢的组织为马氏体＋残留奥氏体，它们都是不稳定的，有自发转变为铁素体＋渗碳体平衡组织的倾向，回火的实质就是促使这种转变的进行。其过程大致可分为以下四个阶段。

① 马氏体分解（≤200℃）　回火温度低于 80℃时，淬火钢中没有明显的组织转变，仅有马氏体中碳原子的偏聚，硬度也基本不降低；80～200℃时，马氏体开始分解，马氏体中过饱和的碳以亚稳定的 ε-碳化物（$Fe_{2.4}C$，正交晶格）形式析出，使马氏体中碳的过饱和度降低、正方度下降；由于这一阶段温度较低，从马氏体中仅析出了一部分过饱和的碳，所以它仍为碳在 α-Fe 中的过饱和固溶体。析出的 ε-碳化物极为细小并弥散分布于过饱和的 α 固溶体相界面上，并与 α 固溶体保持共格关系（即两相界面上的原子，恰好是两相晶格的共用质点的原子），这一阶段的回火组织是由过饱和的 α 固溶体和与其共格的 ε-碳化物薄片组成的，即回火马氏体。回火马氏体仍保持原马氏体形态，其上分布有细小的 ε-碳化物，由于 ε-碳化物的析出，晶格畸变程度下降，内应力有所减小。回火马氏体基本保留了淬火马氏体的力学性能，此时钢的硬度变化不大。

② 残留奥氏体转变（200～300℃）　马氏体继续分解的同时，残留奥氏体从 200℃开始分解，到 300℃基本结束，一般转变为下贝氏体，此时 α 固溶体的碳含量降为 $w_C=0.15\%\sim0.20\%$，淬火应力进一步降低。由于得到的下贝氏体量并不多，此时的组织仍主要是回火马氏体。这一阶段虽然马氏体继续分解为回火马氏体会降低钢的硬度，但由于同时出现软的残留奥氏体转变为硬的下贝氏体，使钢的硬度降低并不显著，屈服强度略有上升。

③ 回火托氏体的形成（300～400℃） 此时，因为碳的扩散能力增加，碳从过饱和的α固溶体中继续析出，使之转变为铁素体，同时亚稳定的ε-碳化物逐渐转变为渗碳体（细球状），并与α固溶体失去共格关系，得到针状铁素体和球状渗碳体组成的复相组织。这种淬火马氏体回火时形成的，实际上是铁素体基体内分布着极细小的碳化物（或渗碳体）球状颗粒，但因其过于细小以至于在光学显微镜下高倍放大也分辨不清其内部构造，只能看到总体一片黑的复相组织，称为回火托氏体，其形态仍保留淬火马氏体的针状或板条状，此时淬火应力大部分消除，钢的硬度、强度降低，塑性、韧性上升。

④ 渗碳体的聚集长大和铁素体的再结晶（>400℃） 回火温度高于400℃时，渗碳体球将逐渐聚集长大，形成较大的粒状渗碳体，回火温度越高，球粒越粗大；当回火温度上升到500～600℃，铁素体逐渐发生再结晶，使针状铁素体转变为多边形铁素体，得到在多边形铁素体基体上分布着球状渗碳体的复相组织，这种淬火马氏体回火时形成的，在光学显微镜下放大五六百倍才能分辨出来其为铁素体基体内分布着碳化物（或渗碳体）球粒的复相组织称为回火索氏体，这时钢的强度、硬度进一步下降，塑性、韧性进一步上升。

图4-9为钢的硬度随回火温度的变化情况。

(2) 回火的分类与应用

① 低温回火 即淬火钢件在250℃以下的回火。组织为回火马氏体，回火后的硬度为58～64HRC。低温回火的目的是在尽可能保持高硬度、高耐磨性的同时降低淬火应力和脆性。适用于高碳钢和合金钢制作的各类刀具、模具、滚动轴承、渗碳及表面淬火的零件。如T12钢锉刀采用760℃水淬+200℃回火。

工程上对于某些精密量具、轴承、丝杠等零件，在淬火及低温回火后常在110～250℃温度范围内进行长达几十小时的低温回火，以尽可能稳定回火马氏体和残留奥氏体组织，减少在最后冷加工工序中形成的附加应力，从而达到稳定尺寸和防止变形的目的，对这种低温回火一般称为稳定化处理（人工时效）。

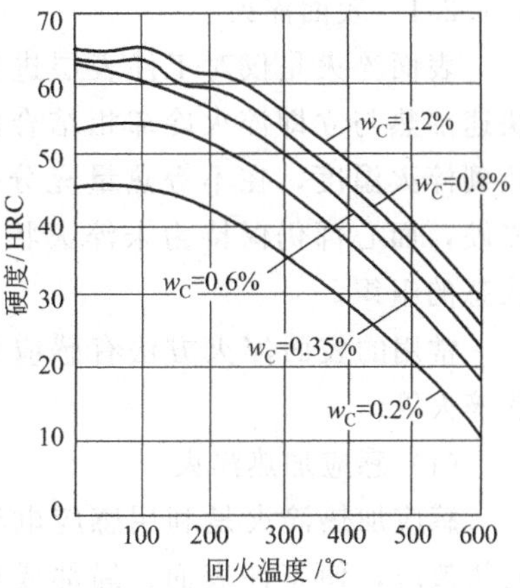

图4-9 钢的硬度随回火温度的变化

② 中温回火 即淬火钢件在350～500℃的回火。组织为回火托氏体，回火后的硬度为35～50HRC。中温回火的目的是为了获得较高的弹性极限和屈服强度，同时改善塑性和韧性。适用于各种弹簧及锻模，如65钢弹簧采用840℃油淬+480℃回火。

③ 高温回火 即淬火钢件在500～600℃的回火。组织为回火索氏体，回火后的硬度为25～35HRC，习惯上将钢件淬火及高温回火的复合热处理工艺称为调质。高温回火的目的是在降低强度、硬度及耐磨性的前提下，大幅度提高塑性、韧性，得到较好的综合力学性能。适用于各种重要的中碳钢结构零件，特别是在交变载荷下工作的连杆、螺栓、齿轮及轴类等，如45钢小轴采用830℃水淬+600℃回火。也可作为某些精密零件如量具、模具等的预先热处理，因为在抗拉强度相近时，调质后的屈服强度、塑性和冲击韧度显著高于正火。

从回火的分类中可以发现，回火温度避开了250～350℃这一温度区间，目的是防止出现回火脆性。回火脆性是淬火钢在某些温度区间回火或从回火温度缓慢冷却通过该温度区间时出现的脆化现象。回火脆性可分为第一类回火脆性和第二类回火脆性。

淬火后在300℃左右回火时所产生的回火脆性称为第一类回火脆性，又称为不可逆回火脆性或低温回火脆性。几乎所有的钢都存在这类脆性。产生原因是在300℃左右回火时，沿马氏体条或片的边界析出断续的薄壳状碳化物，降低了晶界的断裂强度。防止这类脆性的方法一般是不在该温度区间回火。第二类回火脆性详见4.4.2.3所述。

4.1.2 钢的表面淬火和化学热处理

很多机器零件是在动载荷和摩擦条件下工作的，要求它们的表面具有高硬度和高耐磨性，有时还有一些其他的特殊性能要求；而心部则要求具有足够的塑性和韧性。如汽车、拖拉机上的传动齿轮，为保证其表面有高的耐磨性，其硬度要求为58～62HRC，而为使心部有足够的韧性及一定的强度水平，其硬度则要求为33～38HRC；又如精密镗床主轴，为保证高精度和高耐磨性，要求其与滑动轴承配合的表面硬度不低于900HV，而心部为了保证足够的硬度和韧性，则要求其硬度为248～286HBW。这时，单从选材方面考虑是无法满足零件的性能要求的，若选用高碳钢采用淬火＋低温回火工艺，硬度高、耐磨性好，但心部韧性差；若选用中碳钢调质或低碳钢淬火，心部韧性好，但表面硬度低、耐磨性差。针对机械零件的这种表面和心部相互矛盾的性能要求（即表硬心韧），解决问题的途径是采用表面热处理或化学热处理等表面强化处理。

4.1.2.1 表面淬火

表面淬火是仅对工件表层进行淬火以改变表层组织和性能的热处理工艺，它是通过快速加热与立即淬火冷却相结合的方法来实现的，即利用快速加热使工件表面很快地加热到淬火温度，在不等热量充分传到心部时，即迅速冷却，使表层得到马氏体组织而被淬硬，而心部仍保持为未淬火状态的组织，即原来塑性、韧性较好的退火、正火或调质状态的组织。

常用的表面淬火方法有感应加热淬火和火焰加热淬火等。

(1) 感应加热淬火

感应加热淬火是利用感应电流通过工件所产生的热效应，使工件表面、局部或整体加热并进行快速冷却的淬火工艺。

① 感应加热淬火的基本原理　感应加热的主要依据是电磁感应、“集肤效应”和热传导三项基本原理。如图4-10所示，感应线圈中通入一定频率的交流电时，在其内部和周围即产生与电流频率相同的交变磁场，将工件置于感应线圈内时，工件内就会产生频率相同、方向相反的感应电流，这种电流在工件内自成回路，成为“涡流”。涡流在工件截面上的分布是不均匀的，表面密度大，而心部几乎为零，这种现象称为“集肤效应”。电流透入工件的深度主要与电流频率有关，其关系可用近似经验公式表示：

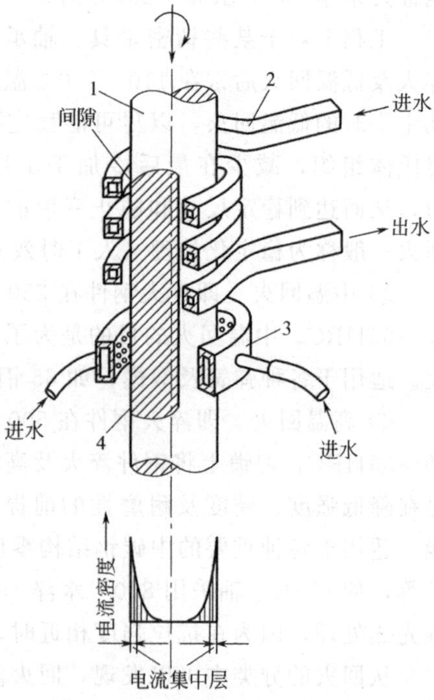

图 4-10　感应加热淬火示意图

1—工件；2—感应线圈；3—淬火喷水套；4—加热淬火层

$$\delta=\frac{500\sim600}{\sqrt{f}}$$

式中，δ为电流透入的深度，mm；f为电流频率，Hz。

可见，电流频率越高，涡流的集肤效应就越明显，电流透入的深度就越薄，得到的淬硬层就越浅。由于钢本身具有电阻，集中于工件表面的涡流可使工件表面迅速被加热到淬火温度，而心部仍接近于常温，迅速喷水冷却即达到了表面淬火的目的。

② 感应加热淬火的分类与应用　根据电流频率的不同，感应加热淬火主要分为以下四类。

a. 高频感应加热淬火　常用工作频率为200～300kHz，淬硬深度为0.5～2mm。适用于要求淬硬层深度较浅的中、小型零件，如中小模数齿轮、小型轴类零件等。

b. 中频感应加热淬火　常用工作频率为2500～8000Hz，淬硬深度一般为2～10mm。适用于淬硬层要求较深的大、中型零件，如直径较大的轴类和较大模数的齿轮等。

c. 工频感应加热淬火　工作频率为50Hz，淬硬深度达10～15mm。适用于大型零件，如直径大于300mm的轧辊及轴类零件等。

d. 超音频感应加热淬火　工作频率一般为20～40kHz，稍高于音频（<20kHz），能获得沿轮廓均匀分布的深度在2mm以上的淬硬层，适用于模数为3～6的齿轮及链轮、花键轴、凸轮等。

③ 感应加热淬火的特点　与普通加热淬火相比，感应加热淬火主要有以下特点。

a. 工件表面硬度高、脆性低　由于感应加热速度极快，一般只需几秒至几十秒即可使工件达到淬火温度，相变温度升高，使感应加热淬火温度［Ac_3＋(80～150)℃］比普通加热淬火高几十度，使奥氏体的形核率大大增加，得到细小而均匀的奥氏体晶粒，淬火后可在表层获得极细马氏体或隐晶马氏体，使工件表层淬火硬度比普通淬火高出2～3HRC，耐磨性高且具有较低的脆性。

b. 疲劳强度高　由于感应淬火时工件表面发生马氏体转变，产生体积膨胀而形成残余压应力，它能抵消循环载荷作用下产生的拉应力从而显著提高工件的疲劳强度。

c. 工件表面质量好、变形小　因为加热速度快、保温时间极短，工件表面不易氧化、脱碳，而且由于工件内部未被加热，使淬火变形减小。

d. 工艺过程易于控制　加热温度、淬硬层深度等参数容易控制，生产率高，容易实现机械化和自动化操作，适用于大批量生产。

感应加热淬火的主要不足是：设备较贵，复杂零件的感应器不易制造，且不适用于单件生产。

④ 感应加热淬火件的技术要求　对感应加热淬火件的技术要求主要有材料的选用、淬火硬度、预备热处理、淬火后的回火处理等。

原则上，凡能通过淬火进行强化的金属材料都可进行表面淬火，但碳含量在w_C＝0.4%～0.5%的中碳调质钢是最适宜于表面淬火的材料，如40、45钢等。这是由于过高的碳含量尽管可使淬火后表面的硬度、耐磨性提高，但心部的塑性及韧性较低，并增大淬火开裂倾向；过低的碳含量，则会降低零件表面淬硬层的硬度和耐磨性而达不到表面强化的效果。

零件表面淬硬层的性能除与钢材有关外，还需合理确定有效淬硬深度，提高有效淬硬深度可延长耐磨寿命，但增大脆性破坏倾向。所以确定有效淬硬深度时，除考虑耐磨寿命外，还须考虑工件的综合力学性能，一般有效淬硬深度为(1/10)R(R为工件半径)时，可获得较好的综合力学性能，对于直径10～20mm的小件可选(1/5)R，对于较大直径可取小于(1/10)R。

为保证工件淬火后表面获得均匀细小的马氏体组织并减少淬火变形，改变心部的力学性能及切削加工性能。感应加热淬火前工件需进行预备热处理，一般为调质或正火；重要件采用调质，非重要件采用正火。

工件在感应加热淬火后需进行180～200℃的低温回火处理，以降低内应力和脆性，获得回火马氏体组织。也可采用“自回火”的方法即当淬火冷却至200℃时停止喷水。利用工件余热进行回火。

感应加热淬火件的常用工艺路线为：锻造→退火或正火→粗机械加工→调质或正火→精机械加工→感应加热淬火→低温回火→磨削。

(2) 火焰加热淬火

火焰加热淬火是应用氧-乙炔（或其他可燃气）火焰对零件表面进行加热，随后冷却的工艺。

火焰加热淬火零件的常用材料为中碳钢和中碳合金钢，如35、45、40Cr、65Mn等；还可用于灰铸铁、合金铸铁等铸铁件。

火焰加热淬火的淬硬深度一般为2～6mm。主要适用于单件或小批量生产的大型零件和需要局部淬火的工具及零件等。其主要缺点是加热不均匀，易造成工件表面过热，淬火质量不稳定，因而限制了它在机械工业生产中的应用。但这些随着火焰淬火机床技术的不断完善和自动化程度的提高正在得到完善。

4.1.2.2 化学热处理

化学热处理是将金属或合金工件置于一定温度的活性介质中保温，使一种或几种元素渗入它的表层，以改变其化学成分、组织和性能的热处理工艺。与表面淬火相比，化学热处理的主要特点是：表层不仅有组织的变化，而且有成分的变化，故性能改变的幅度大。其主要作用是强化和保护金属表面。化学热处理的基本过程大致为：加热——将工件加热到一定温度使之有利于吸收渗入元素活性原子；分解——由化合物分解或离子转变而得到渗入元素活性原子；吸收——活性原子被吸附并溶入工件表面形成固溶体或化合物；扩散——渗入原子在一定温度下，由表层向内部扩散形成一定深度的扩散层。

化学热处理的方法很多，随渗入元素的不同，使工件表面具有不同的性能。其中，渗碳、碳氮共渗可提高钢的硬度、耐磨性及疲劳性质；渗氮、渗硼、渗铬使工件表面特别硬，可显著提高耐磨性和耐蚀性；渗铝可提高耐热性、抗氧化性；渗硫可提高减摩性；渗硅可提高耐酸性等。在机械制造业中，最常用的是渗碳、渗氮和碳氮共渗及氮碳共渗。

(1) 钢的渗碳

渗碳是将钢件在渗碳介质中加热并保温使碳原子渗入表层的化学热处理工艺。目的是使低碳（w_C=0.10%～0.25%）钢件表面得到高碳（w_C=1.0%～1.2%），经适当的热处理（淬火+低温回火）后获得表面高硬度、高耐磨性；而心部仍保持一定强度及较高的塑性、韧性，适用于同时受磨损和较大冲击载荷的低碳低合金钢零件，如齿轮、活塞销、套筒及要求很高的喷油嘴偶件等。

① 渗碳方法　根据渗碳剂的状态不同，渗碳方法分为气体渗碳和固体渗碳，其中以气体渗碳最为常用。

a. 气体渗碳　是指工件在含碳的气体中进行渗碳的工艺。目前国内应用较多的是滴注式渗碳，即将苯、醇、煤油等液体渗碳剂直接滴入炉内裂解成富碳气氛，进行气体渗碳。其过程为：如图 4-11 所示，将工件装在密封的渗碳炉中，加热到 900～950℃（常用 930℃），向炉内滴入煤油、苯、甲醇、丙酮等有机液体，在高温下分解成 CO、CO_2、H_2 及 CH_4 等气体组成的渗碳气氛与工件接触时便在工件表面进行下列反应，生成活性碳原子：

$$2CO \longrightarrow [C]+CO_2$$

$$CH_4 \longrightarrow [C]+2H_2$$

$$CO+H_2 \longrightarrow [C]+H_2O$$

随后活性碳原子被钢表面吸收而溶入奥氏体中，并向内部扩散而形成一定深度的渗碳层。

气体渗碳的优点是生产率高，劳动条件好，渗碳过程容易控制，容易实现机械化、自动化，适用于大批量生产。

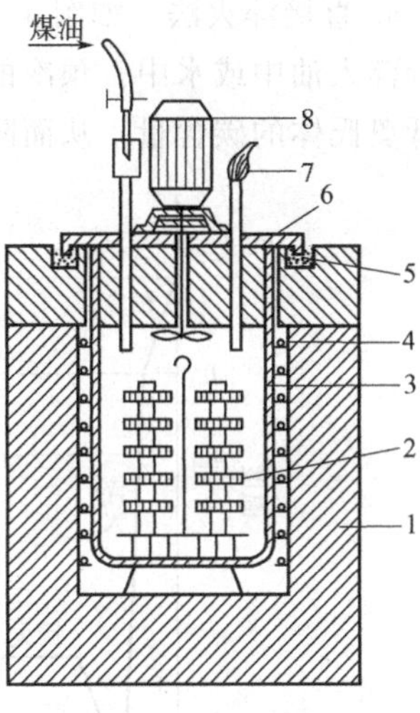

图 4-11　气体渗碳示意图
1—炉体；2—工件；3—耐热罐；4—电阻丝；5—砂封；6—炉盖；7—废气火焰；8—风扇电动机

b. 固体渗碳　是指将工件放在填充粒状渗碳剂的密封箱中进行渗碳的工艺。方法是将工件和渗碳剂装入渗碳箱中密封后放入炉中加热至 900～950℃，保温渗碳。常用固体渗碳剂是碳粉和碳酸盐（$BaCO_3$ 或 Na_2CO_3）的混合物，加热时发生下列反应：

$$2C+O_2 \longrightarrow 2CO$$

$$BaCO_3 \text{ 或 } Na_2CO_3 \longrightarrow BaO(\text{或 } Na_2O)+CO_2$$

$$CO_2+C \longrightarrow 2CO$$

$$2CO \longrightarrow [C]+CO_2$$

固体渗碳的优点是设备简单，容易实现，但生产率低，劳动条件差，质量不易控制，故应用不多，主要用于单件、小批量生产。

② 渗碳工艺参数　主要有渗碳温度和渗碳时间。

由 $Fe\text{-}Fe_3C$ 相图可知，奥氏体的溶碳能力很大。因此，渗碳温度必须在 Ac_3 以上，通常为 900～950℃。渗碳温度过低，渗碳速度太慢，生产率低，且容易造成渗碳层深度不足；温度过高，虽然渗碳速度快，但易引起奥氏体晶粒显著长大，且易使零件在渗碳后的冷却过程中产生变形。渗碳时间则取决于渗碳层深度的要求，但随渗碳时间的延长，渗碳层深度的增加速度减缓。

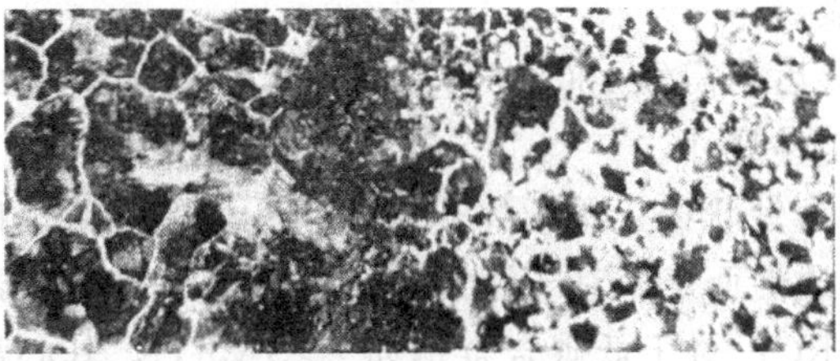

图 4-12　工件从渗碳温度慢冷至室温后的组织

③ 渗碳后的组织与热处理　工件经渗碳后，其表面的碳含量最高（$w_C \approx 1.0\%$），由表及里，碳含量逐渐降低，直至原始碳含量。因此，工件从渗碳温度慢冷至室温后的组织如图 4-12 所示，为过共析组织（$P+Fe_3C_{II}$）、共析组织（P）、过渡区亚共析组织（P+F）和原始亚共析组织（F+P）。对于碳钢，以从表面到过渡区亚共析组织一半处的深度作为渗碳层的深度；对于合金钢，则把从表面到过渡区亚共析组织终止处的深度作为渗碳层的深度。

从渗碳后缓冷的组织可知，要使渗碳层发挥出应有的作用，渗碳后还需进行淬火＋低温回火处理。根据不同要求可选用下面三种淬火和回火工艺。

a. 直接淬火法　如图 4-13（a）所示，将渗碳后的工件自渗碳温度预冷至 850～880℃后直接淬入油中或水中。预冷的目的是为了减少淬火变形及开裂，并使表层析出一些碳化物，降低奥氏体的碳含量，从而降低淬火后的残留奥氏体量，提高表层硬度。

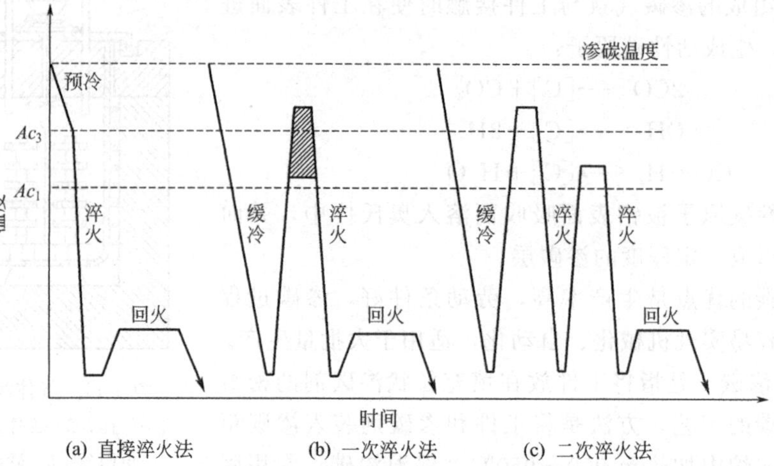

图 4-13　渗碳后的热处理

直接淬火法操作简单，成本低，生产率高，但由于渗碳时工件在高温下长期保温，奥氏体晶粒易长大，影响淬火后工件的性能，故只适用于渗碳件的心部和表层都不过热的情况下；此外预冷过程中，二次渗碳体沿奥氏体晶界呈网状析出，对工件淬火后的性能不利。大批量生产的汽车、拖拉机齿轮常用此法。

b. 一次淬火法　如图 4-13（b）所示，工件经渗碳空冷后，再重新加热淬火。重新加热淬火的温度应根据工件性能要求来定：若对零件心部的组织和性能要求较高，则淬火加热温度略高于心部钢的 Ac_3 温度，以细化心部晶粒，淬火后心部获得低碳马氏体组织；若对零件表层组织和性能要求较高，则淬火加热温度为表层钢的 Ac_1＋(30～50)℃，使表层晶粒细化，获得高碳细马氏体＋粒状渗碳体组织；若要兼顾表面与心部的组织、性能要求，可选用稍低于 Ac_3 点的淬火加热温度，如 820～850℃之间。这种淬火方法在生产上应用较多，适用于比较重要的零件，如高速柴油机齿轮等。

c. 二次淬火法　对于少数对性能要求特别高的工件，可用如图 4-13（c）所示的二次淬火法使工件表层和心部组织被细化，从而获得较好的力学性能。但此法工艺复杂，成本高；而且工件经反复加热和冷却后易产生变形和开裂。

不论采用哪种淬火方法，渗碳件在最终淬火后均需经 180～200℃、时间不少于 1.5h 的低温回火，目的是为了改善钢的强韧性和稳定工件尺寸。

渗碳工件经淬火＋低温回火后的表层组织为针状回火马氏体＋碳化物＋少量残留奥氏体，其硬度为 58～64HRC，而心部则随钢的淬透性而定。对于低碳钢如 15、20 钢，其心部组织为铁素体＋珠光体，硬度相当于 10～15HRC；对于低碳合金钢如 20CrMnTi，其心部组织为回火低碳马氏体＋铁素体，硬度为 35～45HRC。

渗碳工件的一般工艺路线为：锻造→正火→机械加工→渗碳→淬火＋低温回火→精加工。

对于不允许渗碳的部位可采用镀铜的方法来防止渗碳或采取多留加工余量渗碳后去除该部分的渗碳层。

(2) 钢的渗氮

渗氮是指在一定温度下（一般在 Ac_1 温度以下）使活性氮原子渗入工件表面的化学热处理工艺。其目的是提高工件表面硬度、耐磨性、疲劳性能、耐蚀性及热硬性。目前应用较多的有气体渗氮和离子渗氮。

① 气体渗氮　在气体介质中进行渗氮的工艺称为气体渗氮。其工艺过程为：在渗氮炉内通入氨气，在 380℃以上氨分解出活性氮原子：

$$2NH_3 \longrightarrow 3H_2 + 2[N]$$

活性氮原子被工件表面吸收并溶入表面，在保温过程中向里扩散，形成渗氮层。

气体渗氮的工艺特点如下。

a. 温度低。常用 550～570℃，远低于渗碳温度。这是由于氮在铁素体中有一定的溶解能力，无需加热到高温。

b. 时间长。一般为 20～50h，氮化层深度为 0.4～0.6mm。

c. 需进行调质预处理。目的是改善机加工性能和获得均匀的回火索氏体组织，保证较高的强度和韧性。

渗氮工件的性能特点如下。

a. 高硬度、高耐磨性。这是由于钢经渗氮后表面形成一层极硬的合金氮化物层，使渗氮层的硬度高达 1000～1100HV，而且在 600～650℃下保持不下降。

b. 疲劳强度高。这是由于渗氮层的体积增大造成工件表面产生残余压应力，使疲劳极限提高达 15%～35%。

c. 良好的抗咬合性及耐蚀性。渗氮后的零件在短时间缺乏润滑或过热的条件下，不容易发生卡死或擦伤损坏，具有良好的抗咬合性。并且由于渗氮层表面由致密的、耐蚀的氮化物组成，抵抗大气、过热的蒸汽、弱碱性溶液等腐蚀能力强，具有良好的耐蚀性。

d. 变形很小。这是由于渗氮温度低，且渗氮后又不需进行任何其他热处理，一般只需精磨或研磨、抛光即可。

由于渗氮零件的这些性能特点，它主要应用于在交变载荷下工作并要求耐磨的重要结构零件，如高速传动的精密齿轮、高速柴油机曲轴、高精度机床主轴及在高温下工作的耐热、耐蚀、耐磨零件，如齿轮套、阀门、排气阀等。

为保证渗氮零件的质量，渗氮零件需选用含与氮亲和力大的 Al、Cr、Mo、Ti、V 等合金元素的合金钢，如 38CrMoAlA、35CrAlA、38CrMo 等。

渗氮零件的一般工艺路线为：锻造→正火或退火→粗加工→调质→精加工→去应力→粗磨→氮化→精磨或研磨。

② 离子渗氮　在低真空（<2000Pa）含氮气氛中，利用工件（阴极）和阳极之间产生的辉光放电进行渗氮的工艺称为离子渗氮。其工艺过程为：将工件置于真空度抽到 1.33×10^2～1.33×10^3Pa 的离子渗氮炉中，慢慢通入氨气，以工件为阴极，炉壁为阳极，通过 400～750V 高压电，氨气被电离成氮和氢的正离子和电子，这时阴极（工件）表面形成一层紫色辉光，具有高能量的氮离子以很大的速度轰击工件表面，由动能转变为热能，使工件表面温度升高到所需的渗氮温度（450～650℃）；同时氮离子在阴极上夺取电子后，还原成氮原子而渗入工件表面，并向里扩散形成渗氮层。另外，氮离子轰击工件表面时，还能产生阴极溅射效应而溅射出铁离子，铁离子形成氮化铁（FeN）附着在工件表面，并依次分解为 Fe_2N、Fe_3N、Fe_4N 释放出氮原子向工件内部扩散，形成渗氮层。

与气体渗氮相比，离子渗氮的主要工艺特点如下。

a. 渗氮速度快、生产周期短。以38CrMoAlA渗氮为例。要达到0.53～0.7mm深的渗层，可由气体渗氮法的50h缩短为15～20h。

b. 渗氮层质量高。由于阴极溅射有抑制生成脆性层的作用，所以明显地提高了渗氮层的韧性和疲劳性质。

c. 工件变形小。由于阴极溅射效应使工件尺寸略有减小，可抵消氮化物形成而引起的尺寸增大。故适用于处理精密零件和复杂零件，如38CrMoAlA钢制成的长900～1000mm、外径27mm的螺杆，渗氮后其弯曲变形小于5μm。

d. 对材料的适应性强。渗氮用钢、碳钢、合金钢和铸铁都能进行离子渗氮，但专用渗氮钢（如38CrMoAlA）效果最佳。

但离子渗氮存在投资高、温度分布不均匀、测温困难和操作要求严格等局限，使适用性受到限制。

③ 钢的气体碳氮共渗　在气体介质中将碳和氮同时渗入工件表层，并以渗碳为主的化学热处理工艺称为气体碳氮共渗。其工艺过程与气体渗碳类似，它是将工件置于密封的炉内，加热到820～860℃共渗温度，然后通入渗碳剂（如煤油等）和氨气，使其分解出活性碳原子和氮原子，并被零件表面吸收，向内部扩散而形成一定深度的共渗层。

气体碳氮共渗时由于氮的渗入加快了渗碳的速度，从而使共渗的温度降低和时间缩短。一般共渗时间为1～2h，共渗层的深度为0.2～0.5mm。气体碳氮共渗后需进行淬火和低温回火，得到含氮的高碳回火马氏体组织，渗层表面的硬度可达58～63HRC。研究表明，在渗层碳含量相同的情况下，共渗件表面的硬度、耐磨性、疲劳强度和耐腐蚀性都比渗碳件高。此外，共渗工艺与渗碳相比，具有时间短、生产效率高、变形小等优点，但共渗层较薄，主要用于形状复杂、要求变形小的小型耐磨零件，如汽车、机床的各种齿轮、蜗轮、蜗杆和轴类零件。碳氮共渗除用于低碳合金钢外，还可用于中碳钢和中碳合金钢。

④ 钢的气体氮碳共渗　在气体介质中对工件同时渗入氮和碳，并以渗氮为主的化学热处理工艺称为气体氮碳共渗。一般加热到500～570℃的共渗温度，在含有活性氮、碳原子的气氛中进行。

常用的共渗介质有尿素、甲酰胺等。它们受热分解产生活性氮、碳原子。如尿素在500℃以上时的分解式为：

$$(NH_2)_2CO \longrightarrow CO + 2H_2 + 2[N]$$

$$2CO \longrightarrow CO_2 + [C]$$

由于温度低，所以主要以渗氮为主。氮碳共渗在钢件的铁素体状态下进行，共渗时间一般为1～4h。共渗层由10～20μm的化合物外表层和0.5～0.8mm的扩散层组成。其表层硬度一般可达500～900HV，硬度高而不脆，能显著提高零件的耐磨性、耐疲劳、抗咬合、抗腐蚀等能力，而且适用于碳钢、合金钢、铸铁、粉末冶金制品等多种材料。此外，氮碳共渗处理温度低，时间短，故工件的变形小。因此，气体氮碳共渗已广泛用于模具、量具、高速钢刀具、曲轴、齿轮、汽缸套等耐磨工件的热处理，并能显著延长它们的使用寿命。但是气体氮碳共渗后的渗层较薄，而且共渗层的硬度梯度较大，故零件不宜在重载条件下工作。

4.1.3 先进热处理技术

先进热处理技术是指通过采用新的加热方法、新的冷却方法以及新的对加热及冷却过程的控制方法而开发出的现代热处理工艺技术。

4.1.3.1　真空热处理

真空热处理是指金属工件在压力为 $1.333\times10^{-1}\sim1.333$Pa 或 $1.333\sim1.333\times10$Pa 的真空度加热的热处理工艺。

(1) 真空加热的作用

① 防止氧化作用　除了金和铂以外的所有金属材料，在大气中加热，由于大气中的氧、水蒸气以及二氧化碳等的作用都会被氧化，钢材还会脱碳。随着加热温度升高，氧化与脱碳现象尤为严重。而在真空中加热，金属表面氧化物（MO）被升华分解（$2MO \longrightarrow 2M + O_2\uparrow$），形成的氧气被真空泵吸除因而使金属表面净化，因此可获得净化光亮的表面。

② 脱气作用　金属和合金在真空中加热时可以释放出内部有害气体，使材料表面纯度提高，有利于提高零件的质量，提高材料的疲劳强度、塑性和韧性，提高耐腐蚀性。

③ 脱脂作用　金属零件在热处理之前，表面总因为前道工序留下某些油污。真空中加热的热处理可以免去脱脂工序，因为油脂一类物质是碳、氢、氧的化合物，其蒸气压高，在真空中能迅速分解成气体而被真空泵吸除。

(2) 真空热处理的应用

① 真空退火　采用真空退火的主要目的是使零件在退火的同时表面具有一定的光亮度。除了钢、铁、铜及其合金外，还可用于处理一些与气体亲和力较强的金属，如钛、钽、铌、锆等。

② 真空淬火　采用真空淬火的主要目的是实现零件的光洁淬火。零件的淬火冷却在真空炉内进行，淬火介质主要是气（如惰性气体）、水和真空淬火油等。真空淬火已大量应用于各种渗碳钢、合金工具钢、高速钢和不锈钢的淬火，以及各种时效合金、硬磁合金的固溶处理。

③ 真空渗碳　真空渗碳是近年来在高温渗碳和真空淬火基础上发展起来的一种新工艺。它是将工件入炉后先抽真空随即通电加热升温至渗碳温度（1030～1050℃）。工件经脱气、净化并均热保温后通入渗碳剂进行渗碳，渗碳结束后将工件进行油淬。与普通渗碳相比，真空渗碳由于渗碳温度高，渗碳炉中无氧化性气体等其他不纯物质，零件表面无吸附的气体，因而表面活性大，通入渗碳气体后，渗碳速度快，渗碳时间约为气体渗碳的 1/3；渗层均匀且碳浓度梯度平缓，渗层深度易精确控制，无反常组织和晶间氧化产生，工件表面光洁，渗碳质量好；改善了劳动条件，减少了环境污染。

4.1.3.2　可控气氛热处理

为了一定的目的，向热处理炉内通入某种经过制备的气体介质，称为可控气氛。工件在可控气氛中进行的各种热处理称为可控气氛热处理。

(1) 可控气氛的组成及性质

常用的可控气氛主要由一氧化碳（CO）、氢（H_2）、氮（N_2）及微量的二氧化碳（CO_2）、水分（H_2O）和甲烷（CH_4）等气体及氩、氦等惰性气体组成。根据这些气体与钢铁发生化学反应的性质，可将它们分为四类。

① 具有氧化和脱碳作用的气体　除了 O_2 是强烈氧化和脱碳性气体外，CO_2 和水蒸气同样使钢铁零件在高温下产生氧化和脱碳。因此，必须严格控制气氛中的这两种气体。

② 具有还原性的气体　H_2 和 CO 不仅能够保护钢在高温下不氧化，而且还具有将氧化铁还原成铁的作用。CO 还是一种增碳性气体。

③ 具有强烈渗碳作用的气体　甲烷是一种强渗碳性气体，在高温下能分解出大量活性

碳原子，渗入钢的表层，使之增碳。

④ 中性气体　氩、氦、氮气等高温下与钢铁零件既不发生氧化和脱碳也不还原，也无渗碳作用。

实际使用的炉内可控气氛常为多种气体的混合气体。通过控制混合气体中各种气体的相对含量（体积分数），使加热炉内分别获得渗碳性、还原性和中性气氛，在“可以控制”的气氛中加热进行各种热处理。

（2）可控气氛的类型及应用

若根据气体制备的特点，可分为吸热式气氛、放热式气氛、氨分解气氛以及氮气和惰性气体等。前两种是可控气氛的主要类型。

① 吸热式气氛　燃料气（如丙烷或丁烷、甲烷等）与一定比例（较放热式气氛为低）的少量空气混合后，通入发生器进行加热，在催化剂的作用下，经吸热反应而制成的气体称为吸热式气氛。气氛中的主要成分是 N_2、H_2、CO 及少量 CH_4，几乎不含 CO_2 和 H_2O，可以保护中碳钢和高碳钢在热处理时不氧化不脱碳。

吸热式气氛的用途较广，可用于各种碳钢的光亮热处理，作为渗碳或碳氮共渗的稀释气体还可以进行钢板的穿透渗碳或进行对脱碳钢的复碳处理，以及作为粉末冶金烧结或工件钎焊时的保护气。

② 放热式气氛　燃料气（如甲烷或丙烷、丁烷等）与一定比例的空气混合后通入发生器，靠自身的放热燃烧反应而制成的气体，称为放热式气氛，这是可控气氛中最便宜的一种。气氛中除大量 N_2 和部分 CO_2、H_2 及微量 CH_4 外，尚有部分 CO 和微量 H_2O，只能用作防止氧化的保护气氛，而不能作为防止脱碳的气氛。

放热式气氛适用于低、中碳钢的光亮退火、正火、回火，铜的光亮退火，钎焊及粉末冶金烧结时的保护等。

③ 氨分解气氛　是指由氨气（NH_3）分解成的 75%H_2 和 25%N_2 的混合气体。氨分解气氛可用于各种金属的光亮处理，适于含铬较高的钢和不锈钢的光亮退火、光亮淬火及钎焊等。此外，还用于硬质合金的粉末冶金烧结处理。如果在分解氨气体中加些水蒸气则具有强烈的脱碳作用，可用于硅钢片的脱碳退火。分解氨的制备较简单，原料价廉，储运方便，但需专用设备，目前在中小型厂家应用较广。

（3）可控气氛热处理的优点

① 减轻或避免钢件加热过程中的氧化和脱碳，改善热处理后的表面质量，提高零件的耐磨性、抗疲劳性和使用寿命，达到光亮热处理的目的。

② 可进行钢件的渗碳或碳氮共渗处理，使表面碳含量控制在合理范围内，确保产品质量。

③ 对于某些形状复杂且要求高弹性或高强度的薄形工件，若用高碳钢制造，则加工不便，可选用低碳钢冲压成形，然后进行穿透渗碳，以代替高碳钢，大大节省加工程序。

④ 所需设备较真空热处理简单，成本较低，易于推广。

4.1.3.3　形变热处理技术

形变热处理就是将塑性变形与热处理相互结合，使材料发生形变强化和相变强化的一种综合强化工艺。不仅能获得由单一强化方法难以达到的良好强韧化效果，而且还可简化工艺流程、节省能耗、实现连续化生产。适用于各类金属材料，以下仅简要介绍钢的形变热处理。

形变热处理的方法很多，其典型的工艺有高温形变热处理和中温形变热处理。

(1) 高温形变热处理

高温形变热处理是将钢加热到奥氏体化温度区域，进行塑性变形，随后立即进行淬火和回火的综合工艺。这种工艺的要点是，形变后应立即进行快速冷却，以保留形变强化的效果，防止奥氏体发生再结晶。

与普通热处理相比，高温形变热处理能在一定程度上提高钢的强度（约提高10%～30%）的同时，非常显著地改善钢的塑性和韧性，减小了回火脆性，降低了缺口敏感性。此外，高温形变热处理的变形抗力小，不要求大功率的设备，工艺上容易实现。

高温形变热处理多用于调质钢及加工量不大的锻、轧材，如连杆、曲轴、叶片、弹簧等。

(2) 中温形变热处理

中温形变热处理是将钢在过冷奥氏体孕育期最长的温度范围（约500～600℃），进行变形度达70%～90%的大量塑性变形，然后淬火及中温或低温回火。

中温形变热处理与普通热处理相比，能较大地提高钢的抗拉强度（可提高300～1000MPa）和显著地提高疲劳强度，而不降低钢的塑性和韧性。但是其工艺实施较困难，目前仅在刀具、飞机起落架、弹簧、钢丝上得到应用。

4.1.3.4　计算机在热处理技术中的应用

由于热处理工业生产技术要求的多样化和生产管理的需求，计算机技术的应用，使热处理过程控制中出现了以下几种不同的形式。

(1) 热处理工艺过程控制系统

将常用的热处理工艺过程工序先存入微机存储器中，当选定某项热处理工艺程序后，微机就自动控制热处理工序逐条执行。如井式渗碳炉分布式计算机控制系统，气体渗碳过程控制系统，微型计算机氮势动态控制，微机控制调质热处理生产线，锚环热处理计算机模拟与过程控制自动生产线等。

(2) 适时热处理控制系统（just in time）

这是一种优化的热处理控制管理系统，其特点是将热处理中和热处理与其他工序间的生产控制连接起来，使生产中的间歇时间趋向于零。如矿山机器厂的大型工件热处理生产控制与管理系统。

(3) 统计过程控制（SK）技术

统计过程控制技术是首先建立含各参数定量关系的过程数学模型，然后根据统计分析方法决定各参数的控制范围，并利用传感器和微机对各参数进行精确监控，从而对工艺过程进行控制。如渗碳统计过程控制，在深入了解渗碳过程物理本质的基础上，把渗碳过程各影响因素综合在一个能正确反映该过程物理本质定量关系的数学模型。利用高精度和性能良好的传感器以及微机对主要控制参量进行监测和控制，从而对渗碳工艺过程进行控制。

(4) 柔性热处理技术(flexible heat treatment technology，FHT)

柔性热处理技术是适应热处理生产中多品种、高质量，小批量生产和管理需求而出现的一种柔性加工热处理过程控制系统。其主要特点是：能源控制多功能化；传感系统多样化，以适应工艺优化和复合化；控制系统柔性化和相互协调；生产技术管理集成化。上述特点综合构成了柔性热处理过程控制系统对产品和工艺控制的多功能化，技术与生产的高度集成，工艺技术的优化和柔性化以及整个生产系统的高度自动化。如齿轮厂气体渗碳采用 Furnace Minder TM 监控系统，可对热处理过程的状态和各种变形进行控制，并可存储和处理过程信息和数据进行统计分析及打印报告。可用于连续作业或周期式生产，无论是可控气氛炉、真空热处理炉还是感应加热热处理设备均可适用，并可方便地和中央计算机联网，成为工厂自动化（网络）的重要部分。

4.2 金属材料的固溶处理和时效强化

如图 4-14 所示，合金在平衡状态图上有固溶度的变化，并且固溶度随温度降低而减小，如果将 C_0 成分的合金自单相 α 固溶体状态缓慢冷却到固溶度线（MN）以下温度（如 T_3）保温时，β 相将从 α 相固溶体中脱溶析出，α 相的成分将沿固溶度线变化为平衡浓度 C_1，这种转变可表示为 $\alpha(C_0)\rightarrow\alpha(C_1)+\beta$，反应产物为呈平衡状态的（α+β）双相组织。将这种双相组织加热到固溶度线以上某一温度（如 T_1）保温足够时间，将获得均匀的单相固溶体 α 相，然后速冷，抑制 α 相分解，获得在室温下过饱和的 α 相固溶体，这种处理称为固溶处理。由于这种处理与前述的淬火处理相似，故有时也称为淬火，但与淬火有本质的区别。

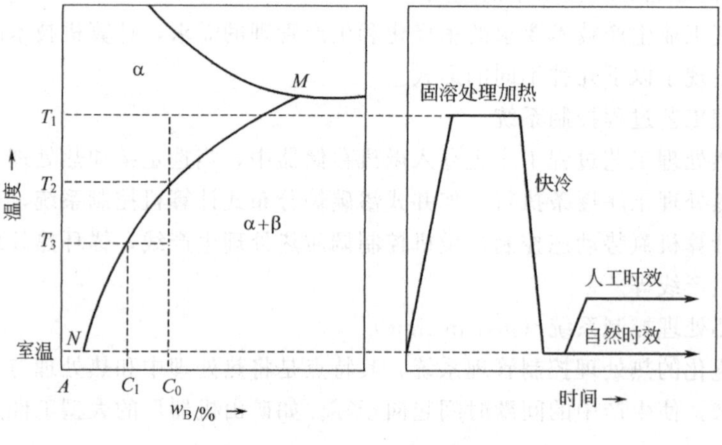

图 4-14　固溶处理和时效处理的工艺过程示意图

固溶处理获得的过饱和固溶体在室温或较高温度下等温保持时，溶质原子会在固溶体晶格中的一定区域内聚集或组成第二相，这种现象称为析出。在析出过程中，合金的力学性能、物理性能和化学性能等随之发生变化，这种现象称为时效。室温下产生的时效称为自然时效，高于室温的时效称为人工时效。由于第二相的析出，使合金的强度和硬度升高的现象称为时效强化，是强化合金材料的重要途径之一。

能够发生时效现象的合金称为时效合金，成为这种合金的条件是能够形成有限固溶体且其固溶度随温度的降低而减小。

固溶时效强化处理主要用于沉淀硬化不锈钢及非铁合金如 Al-Cu-Mg 系合金、复杂青铜中。

奥氏体锰钢或高铬高镍钢这类奥氏体钢常用固溶处理来抑制缓冷过程中碳化物的析出，以保证钢的耐磨性或耐蚀性，方法是将钢加热到 1050～1100℃保温后在水中冷却。

4.3 金属的形变改性

金属经塑性变形后，不仅改变了外形和尺寸，内部组织和结构也发生了变化，其性能也随之发生变化，因此，塑性变形也是改善金属材料性能的一种重要手段。

4.3.1 塑性变形机理

4.3.1.1 单晶体的塑性变形

单晶体塑性变形的最主要机理是滑移，当滑移难以进行时则以孪生机理进行。

滑移是晶体的一部分相对于另一部分沿一定晶面和晶向发生的相对滑动。滑移变形的特点如下。

① 滑移只能在切应力的作用下发生。如图 4-15 所示，在切应力的作用下，晶格中沿一定晶面滑移的两侧晶体所产生的相对滑动距离不小于一个原子间距时晶体便产生了塑性变形。晶体中许多晶面滑移的总和，就产生了宏观的塑性变形。单晶体开始滑移时，外力在滑移面上的切应力沿滑移方向上的分量必须达到一定值，即临界切应力，用 τ_k 表示。τ_k 的大小主要取决于金属的本性，同时受其纯度、变形温度和速度的影响。

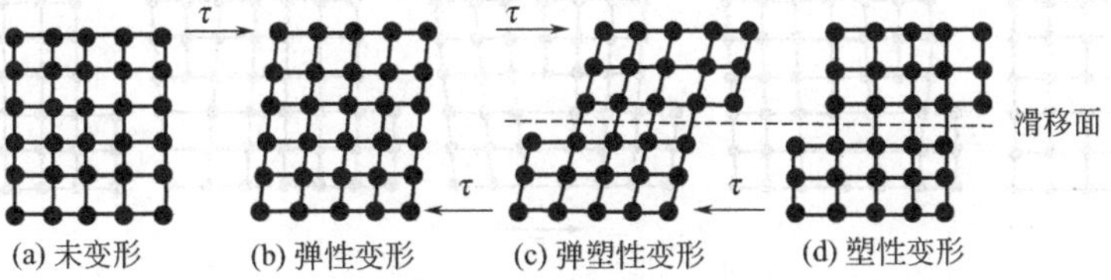

图 4-15 单晶体塑性变形过程

② 滑移总是沿着晶体中原子排列最紧密的晶面和晶向发生。这是由于原子密度最大的晶面或晶向间的距离最大，原子间的结合力最弱，在较小的切应力作用下即可发生滑移。产生滑移的晶面和晶向，分别称为滑移面和滑移方向。一个滑移面与其上的一个滑移方向构成一个滑移系。在其他条件相同时，滑移系越多，金属晶体发生滑移的可能性越大，金属的塑性便越好。三种典型金属晶格的滑移系见表 4-2，由于滑移系中的滑移方向比滑移面对塑性的贡献更大，所以，金属的塑性以面心立方为最好，体心立方次之，密排六方最差。

表 4-2 三种典型金属晶格的滑移系

晶格类型	体心立方	面心立方	密排六方
滑移面	包含两相交体对角线的晶面×6	包含三邻面对角线相交的晶面×4	六方底面×1
滑移方向	体对角线方向×2	面对角线方向×3	底面对角线×3
简图	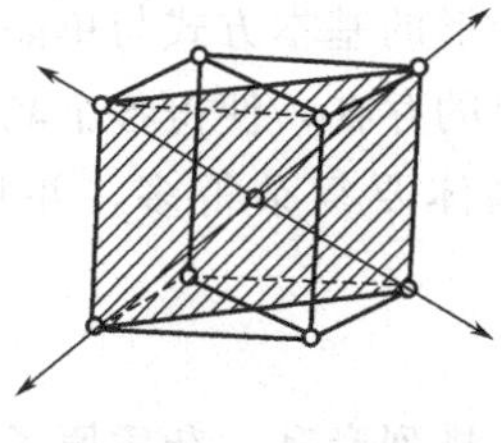	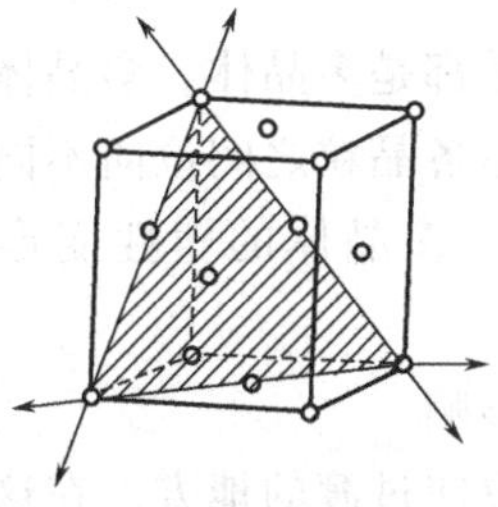	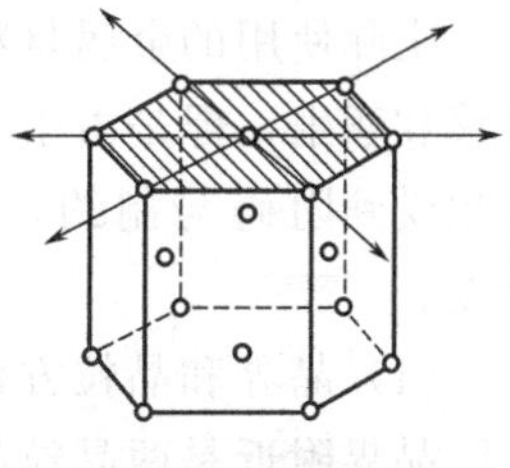
滑移系	6×2=12	4×3=12	1×3=3

③ 滑移量即滑移时晶体一部分相对于另一部分沿着滑移方向移动的距离为原子间距的整数倍。滑移的结果会在金属表面造成台阶。每一滑移台阶对应一条滑移线，滑移线只有在电子显微镜下才能看见。许多滑移线组成了一条在一般显微镜下可观察到的滑移带。

④ 滑移的同时伴随有晶体的转动。

⑤ 滑移的实质是在切应力的作用下，位错沿滑移面运动的结果。

最初人们设想滑移是晶体的一部分相对于另一部分作整体的、刚性的移动，即滑移面的上一层原子相对于另一层原子同时移动。按此模型计算出滑移所需的临界切应力 τ_k 与实测出的结果相差很大，例如铜，其理论计算的 $\tau_k=1500\text{MPa}$，而实测出的 $\tau_k=0.98\text{MPa}$。显然，滑移并非晶体的整体刚性移动。经研究证明，滑移是通过位错在切应力的作用下沿着滑移面逐步移动的结果，图 4-16 所示为晶体通过刃型位错造成滑移。当一条位错线在切应力作用下，从左向右移到晶体表面时，便在晶体表面留下一个原子间距的滑移台阶，造成晶体的塑性变形；如果有大量位错重复按此方式滑过晶体，就会在晶体表面形成显微镜下能观察到的滑移痕迹，宏观上即产生塑性变形。

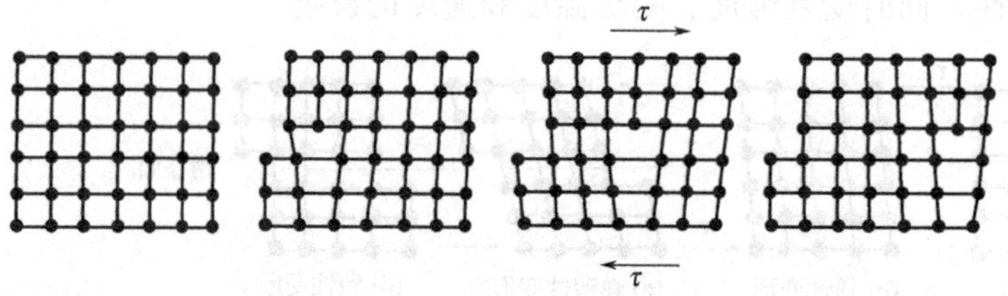

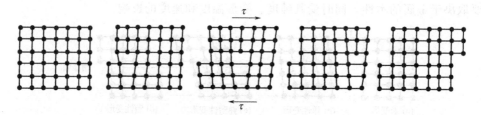

图 4-16　晶体通过刃型位错造成滑移示意图

可见，晶体在滑移时并不是滑移面上的原子整体一起移动，而是位错中心的原子逐一递进，由一个平衡位置转移到另一个平衡位置，如图 4-17 所示，图中的实线(半原子面 PQ)表示位错原来的位置，虚线($P'Q'$)表示位错移动了一个原子间距后的位置。此时位错虽然移动了一个原子间距，但实际上只需位错中心附近的少数原子作远小于一个原子间距的弹性偏移，况且离位错中心越远的原子需作的弹性偏移又越小。显然，这种方式的位错运动，也就是说使这些少数原子产生这样的弹性偏移，只需要一个很小的切应力就可以了。

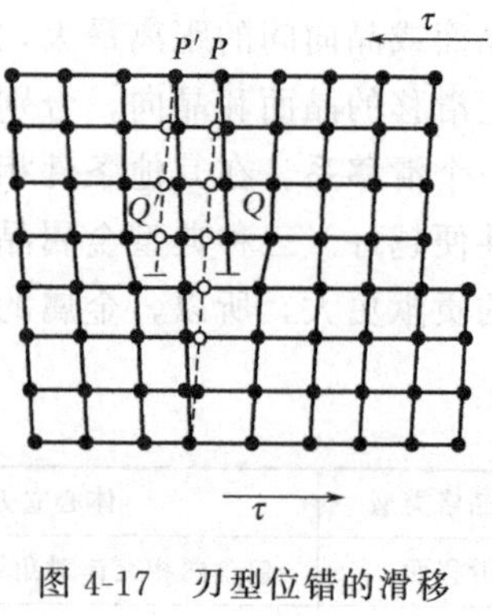

图 4-17　刃型位错的滑移

无论是刃型位错，还是螺型位错，它们的运动都可以产生晶体的滑移，从而导致晶体的塑性变形。

4.3.1.2　多晶体的塑性变形

实际使用的金属材料几乎都是多晶体。多晶体塑性变形的基本方式与单晶体一样，也是滑移和孪生，但是由于多晶体各晶粒之间位向不同和晶界的存在，使得各个晶粒的塑性变形互相受到阻碍与制约，所以，多晶体的塑性变形比单晶体要复杂得多，并具有一些新的特点。

(1) 晶界和晶粒方位的影响

晶界附近是两晶粒晶格位向过渡的地方。在这里原子排列紊乱，杂质原子较多，增大了其晶格的畸变，因而在该处滑移时位错运动受到的阻力较大，难以发生变形，具有较高的塑性变形抗力。图 4-18 所示为两晶粒的试样变形前后的形状，经拉伸变形后，因晶界处不易变形使试样呈竹节状。

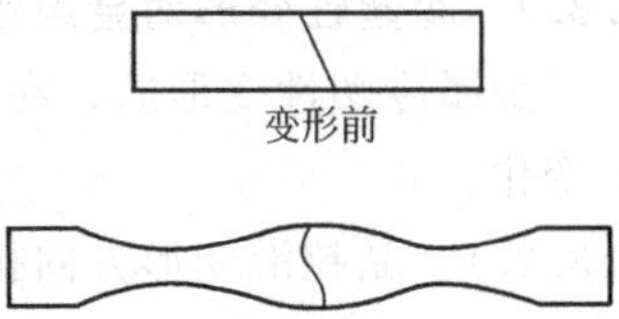

图 4-18　两晶粒的试样拉伸变形示意图

各晶粒晶格位向不同时，因其中任一晶粒的滑移都必然会受到它周围不同位向晶粒的约束和阻碍。各晶粒必须相互协调，才能发生塑性变形，因而也会增大其滑移的抗力。多晶体的滑移必须克服较大的阻力，因而使多晶体材料的强度增高。金属晶粒越细小，晶界面积越大，每个晶粒周围具有不同取向的晶粒数目也越多，其塑性变形的抗力（即强度、硬度）就越高。用细化晶粒提高金属强度的方法称为细晶强化。

细晶粒金属不仅强度、硬度高，而且塑性、韧性也好。因为晶粒越细，在一定体积内的晶粒数目越多，则在同样变形量下，变形分散在更多晶粒内进行，同时每个晶粒内的变形也比较均匀，而不会产生应力过分集中现象。同时，因晶界的影响较大，晶粒内部与晶界附近的变形量差减小，晶粒的变形也会比较均匀，减少了应力集中，推迟了裂纹的形成与扩展，使金属在断裂之前可发生较大的塑性变形。综上所述，细晶粒金属的强度、硬度较高，塑性较好，断裂时需消耗较大的功，即韧性也较好。因此，工程上通常希望获得细小而均匀的晶粒组织，从而具有较高的综合力学性能。

（2）多晶体塑性变形的特点

① 塑性变形的不同时性　多晶体中各个晶粒的位向不同，在一定外力作用下不同晶粒的各滑移系的分切应力值相差很大，那些受最大或接近最大分切应力位向的晶粒，即处于“软位向”的晶粒首先达到临界分切应力，率先开始滑移，滑移面上的位错沿着滑移面进行活动。而与其相邻处于“硬位向”的晶粒，滑移系中的分切应力尚未达到临界值，这些晶粒仍处在弹性变形状态（图 4-19），导致位错不能越过晶界，滑移不能直接延续到相邻晶粒。于是位错在到达晶界时受阻并逐渐堆积。位错的堆积致使前沿附近区域造成很大的应力集中，随着外力的增加，应力集中也随之增大，这一应力集中值与外力相叠加，最终使相邻的那些“硬位向”晶粒的某些滑移系中的分切应力达到临界值，进而位错被激发而开始运动，并产生了相应的滑移。与此同时，已变形晶粒发生转动，由原软位向转至较硬位向，而不能继续滑移。这样塑性变形便从一个晶粒传递到另一个晶粒，一批批晶粒如此传递下去，便使整个试样产生了宏观的塑性变形。

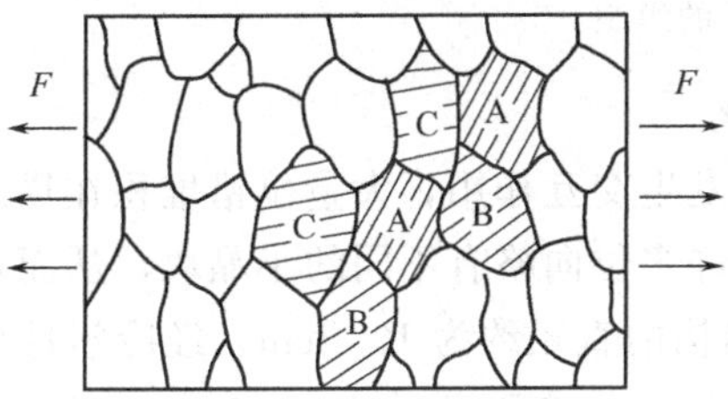

图 4-19　多晶体塑性变形的不同时性示意图

② 塑性变形的协调性　由于多晶体的每个晶粒都处于其他晶粒的包围之中，因此，它的变形必须要与其邻近晶粒的变形相互协调，否则就不能保持晶粒之间的连续性而导致材料的断裂。这就要求相邻晶粒中取向不利的滑移系也参与变形。多晶体的塑性变形是通过各晶粒的多系滑移来保证相互协调性。根据理论推算，每个晶粒至少需要有五个独立滑移系。因此，滑移系较多的面心立方和体心立方金属表现出良好的塑性，而密排六方金属的滑移系少，晶粒之间的变形协调性很差，故塑性变形能力低。

③ 塑性变形的不均匀性　由多晶体中各个晶粒之间变形的不同时性可知，每个晶粒的变形量各不相同，而且由于晶界的强度高于晶内，使得每一个晶粒内部的变形也是不均匀的。一般来说，晶粒中心区域变形量较大，晶界及附近区域变形量较小。

4.3.2 冷塑性变形对金属组织和性能的影响

金属冷塑性变形后，在改变其外形和尺寸的同时，其内部组织、结构以及各种性能也发生变化。

4.3.2.1 晶粒沿变形方向拉长，性能趋于各向异性

金属经冷塑性变形后，显微组织发生明显的改变；随着金属外形的变化，其内部晶粒的形状也会发生变化。如在轧制时，随着变形量的增加，原来的等轴晶粒沿轧制方向逐渐伸长，晶粒由多边形变为扁平形或长条形。变形量越大，晶粒伸长的程度也越显著。当变形量很大时，晶界变得模糊不清，各晶粒难以分辨，而呈现形如纤维状的条纹，通常称为纤维组织，如图 4-20 所示。纤维的分布方向即是金属流变伸展的方向。当金属中有夹杂存在时，塑性杂质沿变形方向被拉长为细条状，脆性杂质破碎，沿变形方向呈链状分布。纤维组织使金属的性能具有明显的方向性，其纵向的强度和塑性高于横向。

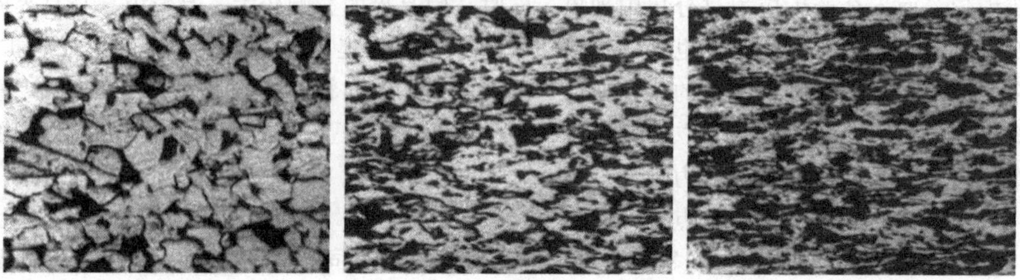

(a) 冷变形量30%　(b) 冷变形量50%　(c) 冷变形量70%

图 4-20　低碳钢冷塑性变形后的组织

4.3.2.2 亚结构细化，位错密度增大，产生冷变形强化

金属经大量的冷塑性变形后，由于位错密度增大和发生交互作用，大量位错堆积在局部区域，并相互缠结，形成不均匀的分布，使晶粒分化成许多位向略有不同的小晶块，从而在晶粒内产生亚晶粒，如图 4-21 所示。在铸态金属中亚结构的直径约为 10^{-2}cm。经冷塑性变形后，亚结构的直径将细化至 $10^{-6}\sim10^{-4}$cm。位错密度可由变形前的 $10^{6}\sim10^{7}cm^{-2}$（退火态）增加到 $10^{12}\sim10^{13}cm^{-2}$。随着位错密度的增加，位错间距越来越小，晶格畸变程度也急剧增大，加之位错的交互作用加剧，从而使位错运动的阻力增大，引起变形抗力增加，使金属的强度、硬度显著升高，而塑性、韧性显著下降，这一现象称为冷变形强化，如图 4-22 所示。

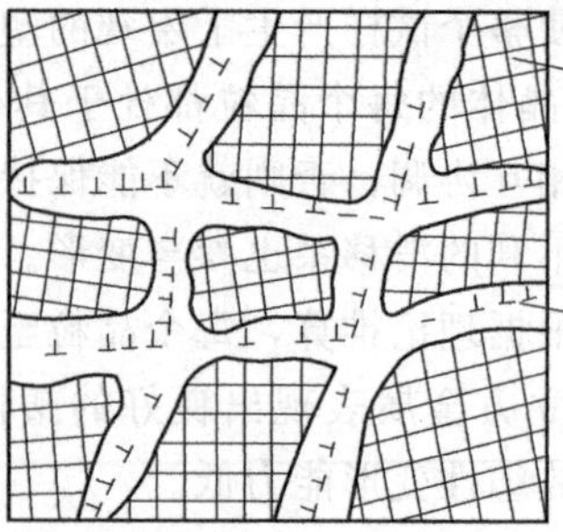

图 4-21　金属变形后的亚结构

冷变形强化现象在金属材料的生产与使用过程中有重要的工程意义。

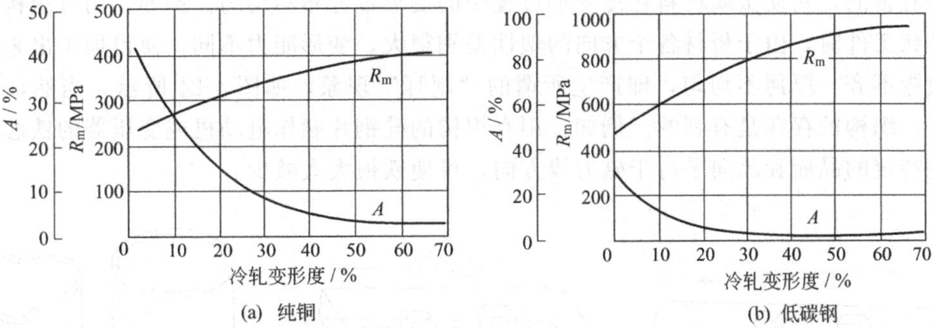

图 4-22 金属的冷变形强化现象

① 它是一种非常重要的强化手段，可用来提高金属的强度，特别是对那些无法用热处理强化的合金（如铝合金、铜合金、某些不锈钢等）尤其重要。汽轮发电机的无磁钢护环就是通过冷锻成形以提高其强度。如奥氏体不锈钢，变形前 $R_{p0.2}=200\text{MPa}$，$R_m=600\text{MPa}$，经 40%轧制后 $R_{p0.2}=800\sim1000\text{MPa}$，$R_m=1200\text{MPa}$。

② 冷变形强化是某些工件或半成品能够拉伸或冷冲压加工成形的重要基础，有利于金属均匀变形。冷拔钢丝时，当钢丝拉过模孔后，其断面尺寸相应减小，单位面积上所受的力自然增加，如果金属不产生冷变形强化使强度提高，那么钢丝将会被拉断。正是由于钢丝经冷塑性变形后产生了冷变形强化，尽管钢丝断面尺寸减小，但由于其强度显著增加，因而不再继续变形，从而使变形转移到尚未拉拔的部分，这样，钢丝可以持续地、均匀地经拉拔而成形。金属薄板在冲压时也是利用冷变形强化现象保证得到厚薄均匀的冲压件。

③ 冷变形强化可提高金属零件在使用过程中的安全性。即使经最精确的设计和最精密的加工生产出来的零件，在使用过程中各部位的受力也是不均匀的，何况还有偶然过载等意想不到的情况，往往会在局部出现应力集中和过载。但由于冷变形强化特性，这些局部地区的变形会自行停止，应力集中也可自行减弱，从而提高了零件的安全性。但是冷变形强化也会给金属材料的生产和使用带来不利的影响。因为金属冷加工到一定程度后，变形抗力会增加，继续变形越来越困难，欲进一步变形就必须加大设备功率、增加动力消耗及设备损耗，同时因屈服强度和抗拉强度差值减小，载荷控制要求严格，生产操作相对困难；那些已进行了深度冷变形加工的材料，塑性、韧性大大降低，若直接投入使用，会因无塑性储备而处于较脆的危险状态。为此，要消除冷变形强化，使金属重新恢复变形的能力，以便于继续进行塑性加工或使其处于韧性的安全状态，就必须对其适时进行退火，但生产成本提高、生产周期加长了。

4.3.2.3 产生变形织构

在塑性变形过程中，随着变形程度的增加，各个晶粒的滑移面和滑移方向逐渐向外力方向转动。当变形量很大（如 70%～80%）时，各晶粒的取向会大致趋于一致，从而破坏了多晶体中各晶粒取向的无序性，形成特殊的择优取向，变形金属中这种有序化的结构称为变形织构。变形织构一般分为两种：一是拉拔时形成的织构，称为丝织构，其主要特征是各个晶粒的某一晶向大致与拉拔方向平行，如图 4-23（a）所示；二是轧制时形成的织构，称为板织构，其主要特征是各个晶粒的某一晶面与轧制平面平行，而某一晶向与轧制时的主变形方向平行，如图 4-23（b）所示。

变形织构使金属呈现明显的各向异性，对材料的性能和加工工艺都有很大影响，有些情况下是有害的，它使金属材料在冷变形过程中的变形量分布不均匀。例如，用有织构的板材冲制杯状工件时，由于板材各个方向的塑性差别很大，变形能力不同，使得加工出来的工件杯口边缘不齐、厚薄不均匀，即产生所谓的“制耳”现象，如图 4-24 所示。当然，在某些情况下，织构的存在是有利的。例如，用有织构的硅钢片制作电动机或变压器的铁芯时，有意地使特定的晶面和晶向平行于磁力线方向，可使铁损大大减少。

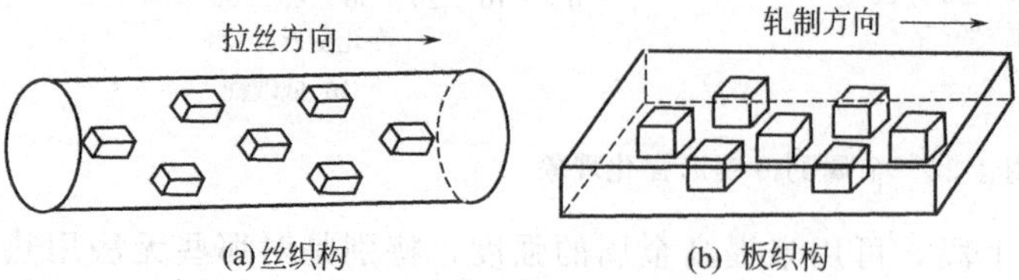

图 4-23　变形织构示意图

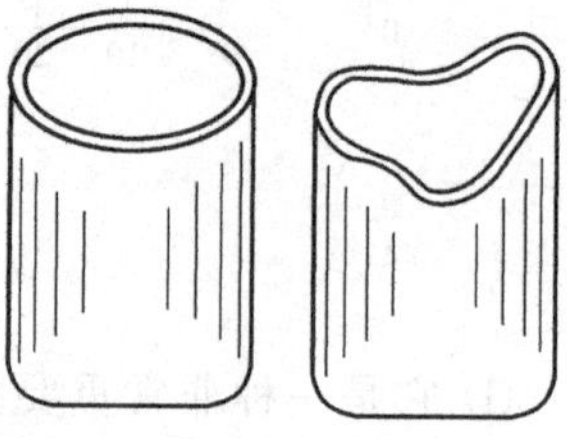

图 4-24　各向异性导致的“制耳”

4.3.2.4　产生残余应力

塑性变形时外力所做功的绝大部分转化为热能而耗散，而由于金属内部的变形不均匀及晶格畸变，还有不到 10% 的功保留在金属内部，转化为残余应力，并使金属内能增加。

由于金属工件或材料各部分间的宏观变形不均匀而引起的内应力，称为宏观内应力（第一类内应力），其平衡范围是物体的整个体积。

宏观残余应力与外应力（如工作应力）叠加常降低工件的承载能力。此外，在工件的加工或使用过程中，常因宏观残余应力的变化，使其平衡状态受到破坏而引起工件的变形。因此宏观残余应力通常是有害的，应予以消除。但是生产上也常有意识地保留宏观残余应力，并控制它的方向，使其与工作应力方向相反，以提高工件的承载能力。例如，工件采用滚压或喷丸等方法处理后，将在工件表层产生残余压应力，使其疲劳强度显著提高。

由于各晶粒或各亚晶粒之间的变形不均匀而产生的内应力，称为微观内应力（第二类内应力），其平衡范围为几个晶粒或几个亚晶粒。虽然这种内应力所占的比例不大（约占全部内应力的 1%～2%），但在某些局部区域有时内应力很大，会使工件在不大的外力作用下产生显微裂纹，可能导致工件断裂，同时它促使金属产生应力腐蚀。

由于金属在塑性变形中产生大量晶体缺陷（如位错、空位、间隙原子等），使晶体中的部分原子偏离了原来的平衡位置，造成了晶格畸变。晶格畸变所引起的附加内应力，称为晶格畸变应力，又称为第三类内应力。它的作用范围更小，在几百到几千个原子范围内维持平衡。在塑性变形时由外力转化为残余内应力所做的功中，第三类内应力占绝大多数（90% 以上）。因此它提高了变形金属晶体的内能，使金属晶体处于不稳定的状态，有着自发地向变形前稳定的低内能状态转化的趋势。晶格畸变应力使金属的强度、硬度升高，而塑性和耐蚀能力下降，某些理化性能发生变化。

4.3.3　塑性变形金属在加热时组织与性能的变化

金属材料经冷塑性变形后，由于晶体缺陷增多，增加了晶体的畸变能，使内能升高，处于热力学上不稳定的状态，如果升高温度使原子获得足够的活性，材料将自发地恢复到稳定状态。冷塑性变形后的金属加热时，随加热温度升高，会发生回复、再结晶和晶粒长大等过程，如图 4-25 所示。

4.3.3.1 回复

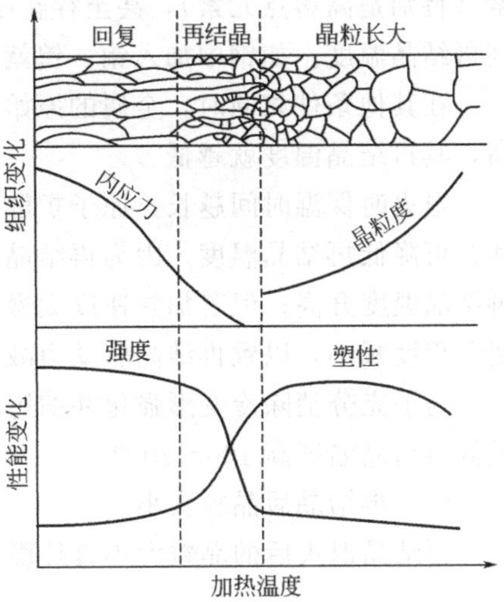

图 4-25 冷变形金属在加热时组织与性能的变化

回复是指经冷塑性变形的金属材料加热时，在显微组织发生改变前所产生的某些亚结构和性能的变化过程。

当加热温度不太高时，点缺陷产生运动，通过空位与间隙原子结合等方式，使点缺陷数目明显减少。当加热温度稍高时，位错产生运动，使得原来在变形晶粒中杂乱分布的位错逐渐集中并重新排列，从而使晶格畸变减弱。在此过程中，显微组织（晶粒的外形）尚无变化，而电阻率和残余内应力显著降低，耐蚀性得到改善。但由于晶粒外形未变，位错密度降低很少，所以力学性能变化不大，冷变形强化状态基本保留，如图 4-25 所示。

工业上对冷变形金属应用的去应力退火即属回复处理，就是利用回复过程使冷加工的金属件降低内应力、稳定工件尺寸并减小应力腐蚀倾向，但仍保留冷变形强化效果。例如，经冷冲压的黄铜件，存在很大的内应力，在潮湿空气中有应力腐蚀倾向，须在 190～260℃进行去应力退火，可以显著降低内应力，而又基本上保持原来的强度和硬度。

4.3.3.2 再结晶

（1）再结晶概念

再结晶通常是指冷变形的金属材料加热到足够高的温度时，通过新晶核的形成及长大，最终形成无应变的新晶粒组织的过程。由于原子扩散能力增大，变形金属的显微组织彻底改组，被拉长、破碎的晶粒转变为均匀、细小的等轴晶粒。新晶粒位向与变形晶粒（即旧晶粒）不同，但晶格类型相同，故称为“再结晶”。同时，位错等晶体缺陷大大减少，再结晶后金属的强度、硬度显著下降，而塑性、韧性大大提高，即冷变形强化效应消失，内应力基本消除，金属的性能又重新恢复到冷变形前的高塑性和低强度状态。因此包含再结晶过程的退火即再结晶退火广泛用作金属冷变形加工的中间工序，使材料能承受进一步的冷变形。此外，当要求冷变形后的金属恢复到冷变形前的性能时，也采用再结晶退火。

（2）再结晶温度

开始产生再结晶现象的最低温度称为再结晶温度。工业上通常以大变形量（>70%）的金属，经 1h 保温能完成再结晶的最低退火温度作为材料的再结晶温度。再结晶温度并不是一个物理常数，而是一个自某一温度开始的温度范围。金属冷变形程度越大，产生的位错等晶体缺陷便越多，内能越高，组织越不稳定，再结晶温度便越低。当变形量达到一定程度后，再结晶温度将趋于某一极限值，称为最低再结晶温度。研究表明，许多工业纯金属的最低再结晶温度 T_Z 与其熔点 T_m 按热力学温度（K）存在如下经验关系：

$$T_Z \approx 0.4T_m$$

显然，金属的熔点越高，其最低再结晶温度也越高。

最低再结晶温度除受预先变形程度和金属的熔点影响外，还与金属的纯度和退火工艺有关。

一般来说，金属的纯度越高，其再结晶温度就越低。如果金属中存在微量杂质和合金元素（特别是高熔点元素），甚至存在第二相杂质，就会阻碍原子扩散和晶界迁移，可显著提高再结晶温度。如钢中加入钼、钨就可提高再结晶温度。

在其他条件相同时，金属的原始晶粒越细，变形抗力越大，冷变形后金属储存的能量越高，其再结晶温度就越低。

退火时保温时间越长，原子扩散移动越能充分地进行，故增加退火保温时间对再结晶有利，可降低再结晶温度。因为再结晶过程需要一定的时间才能完成，所以提高加热速度会使再结晶温度升高；但若加热速度太慢，由于变形金属有足够的时间进行回复，使储存能和冷变形程度减小，以致再结晶驱动力减小，也会使再结晶温度升高。

为了充分消除冷变形强化并缩短再结晶周期，生产中实际采用的再结晶退火温度，要比最低再结晶温度高100～200℃。

(3) 再结晶后晶粒大小

再结晶退火后的晶粒大小直接影响金属的力学性能，因此生产上非常重视控制再结晶后的晶粒度，特别是针对那些无相变的钢和合金。影响再结晶晶粒大小的因素主要有变形程度和退火温度。

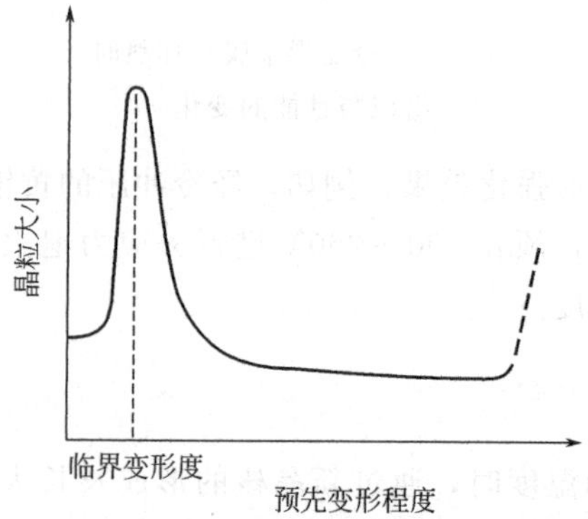

图 4-26　变形程度对再结晶晶粒大小的影响

变形程度的影响主要与金属的变形量及均匀度有关，如图 4-26 所示。变形越不均匀，再结晶退火后的晶粒越粗大。当变形量很小时，不足以引起再结晶，晶粒不变；当变形度达 2%～10%时，金属中少数晶粒变形，变形分布很不均匀，形成的再结晶核心少，而生长速度却很快，非常有利于晶粒发生吞并过程而急剧长大，得到极粗大的晶粒。我们将使晶粒发生异常长大的变形度称为临界变形度。生产上一般应避免在临界变形度范围内进行加工。超过临界变形度之后，随变形度的增大，晶粒的变形愈益强烈和均匀，再结晶的核心越来越多，再结晶后的晶粒越来越细小。当变形度达到一定程度后，再结晶后晶粒大小基本保持不变。

4.3.3.3　晶粒长大

冷变形金属在再结晶刚完成时，一般得到细小而均匀的等轴晶粒组织。如果继续提高加热温度或延长保温时间，等轴晶粒将长大，最后得到粗大晶粒的组织，使金属的力学性能显著降低。因此，要尽量避免发生晶粒长大的现象。

晶粒长大是个自发过程，它能减少晶界的总面积，从而降低总的界面能，使组织变得稳定。晶粒长大的驱动力是晶粒长大前后总的界面能差。晶粒长大是通过晶界的迁移、由晶粒的互相吞并来实现的，如图 4-27 所示。也就是说，晶界由某些大晶粒向一些较小晶粒推进，而使大晶粒逐渐吞并小晶粒，晶界本身趋于平直化，且三个晶粒的晶界的交角趋于120°，使晶界处于平衡状态，从而实现晶粒均匀长大，即正常晶粒长大。

值得注意的是，第二相微粒的存在会影响正常晶粒长大。当正常晶粒长大受阻时，可能由于某种原因（例如温度升高导致第二相微粒聚集长大，甚至固溶入基体），消除了阻碍因素，会有少数大晶粒急剧长大，将周围的小晶粒全部吞并掉。这种异常的晶粒长大称为二次再结晶，而前面讨论的再结晶称为一次再结晶。二次再结晶使得晶粒特别粗大，导致金属的力学性能（如强度、塑性和韧性）显著降低，并恶化材料冷变形后的表面粗糙度，对一般结

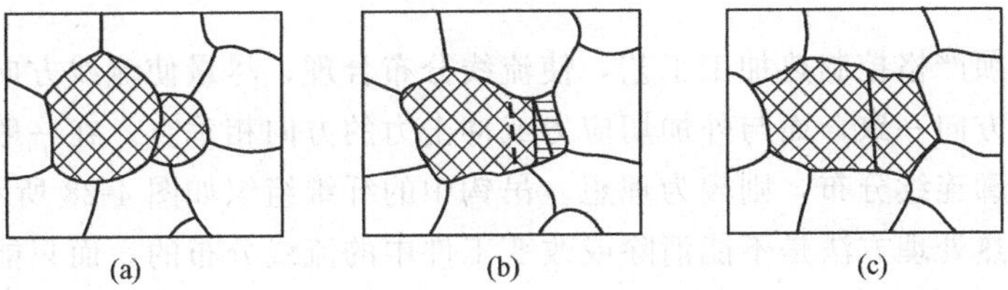

图 4-27　晶粒长大示意图

构材料应予避免。但对于某些软磁合金，如硅钢片等，却可以利用二次再结晶获得粗大的晶粒，进而获得所希望的晶粒择优取向，使其磁性最佳。

4.3.4　金属的热塑性变形

4.3.4.1　金属热加工的概念

从金属学角度看，区分热加工与冷加工的界限不是金属是否加热，而是金属的再结晶温度。在再结晶温度以上进行的塑性变形称为热加工；在再结晶温度以下进行的塑性变形称为冷加工。例如，铅、锡等低熔点金属的再结晶温度低于室温，它们在室温下的变形已属于热加工；钨的再结晶温度为1210℃，即便在1000℃拉制钨丝仍属于冷加工；铁的再结晶温度为450℃，那么，对铁在450℃以下的变形加工都属于冷加工。

在热加工过程中，位错增殖导致的冷变形强化能被变形过程中发生的动态再结晶软化过程所抵消，宏观上不表现出冷变形强化现象。所谓动态再结晶是指在热加工过程中发生的再结晶，而前一节中所述的塑性变形终止后加热时发生的再结晶，则称为静态再结晶。在动态再结晶过程中，通过不断形成位错密度很低的再结晶晶粒，使位错密度降低，从而使材料软化。

在热加工过程中，由于冷变形强化被动态的软化过程所抵消，金属始终保持着高塑性，可以持续地进行大变形量的加工；而且在高温下金属的强度低、变形阻力小，有利于减少动力消耗。因此，除一些铸件和烧结件外，几乎所有的金属在制成产品的过程中都要进行热加工，其中一部分作为最终产品，直接以热加工状态形成的组织使用，如一些锻件；另一部分作为中间产品，或称半成品，如各种型材。不论是半成品，还是最终产品，它们的组织和性能都会不同程度地受到热加工的影响。

4.3.4.2　热加工对金属组织和性能的影响

(1) 改善铸锭和钢坯的组织和性能

通过热加工可使钢中的组织缺陷得到明显改善，如气孔和疏松被焊合，使金属材料的致密度增加；使铸态组织中粗大的柱状晶和树枝晶被破碎、改造成细小而均匀的等轴晶粒，甚至像高速钢这样的合金钢中大块初晶或共晶碳化物被打碎并呈均匀分布，粗大的夹杂物或脆性相也被击碎并重新分布。由于在温度和压力作用下原子扩散速度加快，可使偏析部分消除，从而使化学成分比较均匀。这些变化都使金属材料的性能有明显提高。

(2) 形成纤维组织（加工流线）

在热加工过程中，铸态金属的偏析、夹杂物、第二相、晶界等逐渐沿变形方向延伸，其中硅酸盐、氧化物、碳化物等脆性杂质与第二相被打碎，呈碎粒状或链状分布，塑性夹杂物（如 MnS 等）则变成带状、线状或条状，形成所谓热加工“纤维组织”，在宏观检验中常称为“流线”。热加工后金属中纤维组织的形成将使其力学性能显示一定的方向性，即各向异性，顺流线方向力学性能较佳，而垂直于流线方向力学性能较差，塑性和冲击韧度尤其如此。

在生产中必须严格控制热加工工艺，使流线分布合理，尽量使流线方向与零件工作时所受的最大拉应力方向一致，而与外加切应力或冲击力的方向相垂直。在一般情况下，流线如能沿工件外形轮廓连续分布，则较为理想。吊钩中的纤维组织如图 4-28 所示。

必须指出，热处理方法是不能消除或改变工件中的流线分布的，而只能依靠适当的塑性变形来改善流线的分布。在某些场合下，并不希望金属材料中出现各向异性，此时就必须采用不同方向的变形（如锻造时采用镦粗与拔长交替进行）以打乱流线的方向性。

(3) 形成带状组织

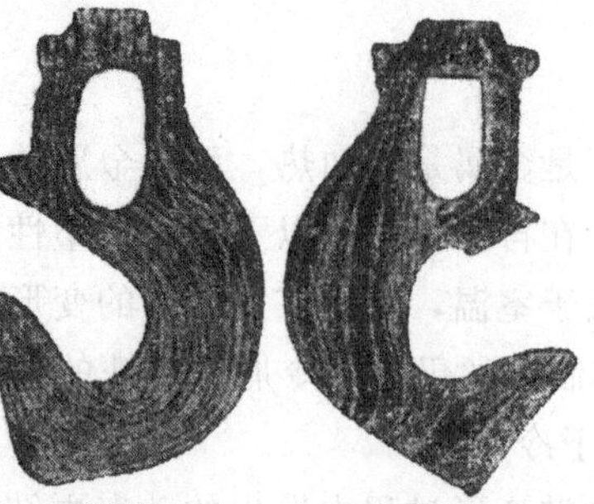

(a) 模锻钩　　(b) 切削加工钩

图 4-28　吊钩中的纤维组织

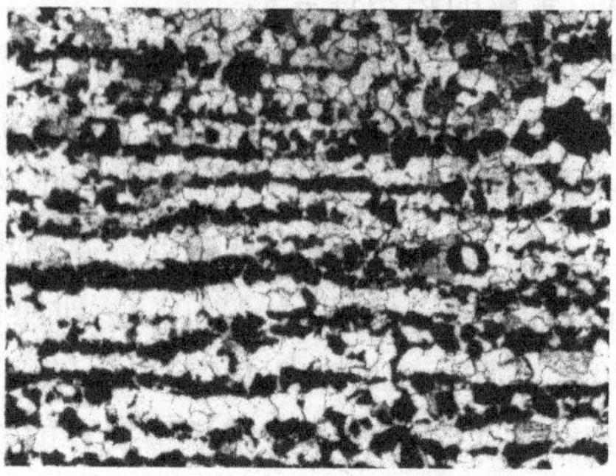

图 4-29　低碳钢热轧带状组织

若钢在铸态下存在严重的偏析和夹杂物或热变形加工时的温度过低，则在热加工后钢中常出现沿变形方向呈带状或层状分布的显微组织，称为带状组织，如图 4-29 所示。例如，在低碳钢热加工时，由于枝晶偏析，当奥氏体冷却时，其偏析区域（如富磷贫碳区域），首先析出先共析铁素体，并形成铁素体带；而随后铁素体带两侧的奥氏体区再转变成珠光体，直至发展为珠光体带，最终形成条带状的铁素体加珠光体的混合物，即形成了带状组织。若此钢中存在较多的夹杂物（如 MnS）时，经热加工后被变形拉成带状，在随后冷却时先共析铁素体通常依附于它们之上而析出，也会形成带状组织。对于高碳高合金钢，由于存在较多的共晶碳化物，在热加工时碳化物颗粒也能呈带状分布，通常称为碳化物带。

与纤维组织一样，带状组织也使金属材料的力学性能产生方向性，特别是横向的塑性和韧性明显降低，使材料的切削性能恶化。随热加工变形量的增加，无论是纤维组织，还是带状组织，其各向异性表现更明显。

与纤维组织不同的是，带状组织一般可用热处理方法加以消除。对于高温下能获得单相组织的材料，带状组织有时可用正火来消除。

4.4 钢的合金化改性

习惯上称为碳钢的非合金钢因加工容易、成本低廉，成为工程上应用最广、使用量约占钢总产量 90% 的重要金属材料。但由于碳钢的性能主要取决于其碳含量和热处理状态，且在热处理性能上存在着淬透性不高、耐回火性较差的缺点，因而不能满足更高的力学性能要求或耐热、耐蚀等特殊性能的要求，限制了它的使用。为克服碳钢使用性能的不足，在钢中有意加入某些合金元素而发展起来的合金钢，改善了钢的性能，成为制造高强度、大尺寸零件以及某些特殊场合下使用的重要材料。

此外，钢在其冶炼生产过程中，因其原料带入或产生但又不可能完全除尽的少量硅、锰、硫、磷等常存杂质元素的存在，会影响到钢的性能。

4.4.1 钢中常存杂质元素对钢性能的影响

4.4.1.1 硅

钢中的硅来自炼钢时的生铁和脱氧剂硅铁。

硅的脱氧能力比锰强，能清除 FeO 等有害杂质对钢的不良影响。硅还能溶入铁素体，提高钢的强度和硬度，但同时显著地降低钢的塑性和韧性；另外，硅与氧容易生成脆性夹杂物 SiO_2，也对钢的性能不利，因此钢中硅作为杂质元素存在时，其含量通常控制在小于0.40%，此时是有益元素。

4.4.1.2 锰

钢中的锰来源于炼钢时的生铁和脱氧剂锰铁。

锰能脱氧，去除 FeO，改善钢的品质，降低钢的脆性。它还能清除钢中硫的有害作用，与硫化合成 MnS，改善了钢的热加工性能。此外，锰大部分溶入铁素体，固溶强化铁素体，提高了钢的强度和硬度，故是有益元素。锰作为杂质元素存在时在碳钢中含量一般小于0.80%，对碳钢性能的影响不显著，适当提高到 0.90%～1.20%时，可起到一定的强化作用。

4.4.1.3 硫

钢中的硫来源于炼钢时的生铁和燃料。

硫不溶于铁，而与铁生成熔点为 1190℃左右的 FeS，且 FeS 常与 Fe 一起形成低熔点（约 989℃）的共晶体，分布在奥氏体晶界上；当钢进行热加工时（如在 900～1200℃锻造或轧制、焊接等），共晶体将熔化，使钢的强度尤其是韧性大大下降而产生脆性开裂，这种现象称为热脆。因此，必须严格控制钢中的硫含量。热脆的减轻或防止措施有两个：其一是采用精炼方法降低钢中的硫含量，但此举会增加钢的生产成本；其二是通过适当增加钢中的锰含量，使 S 与 Mn 优先生成高熔点（约 1620℃）的 MnS，从而避免热脆，这是降低硫的有害作用的主要手段。

4.4.1.4 磷

钢中的磷来源于炼钢时的生铁。

磷主要溶于铁素体中，它虽然有明显的提高强度、硬度的作用，但也剧烈地降低了钢的塑性、韧性，尤其是低温韧性，并使冷脆转化温度升高；此外，过多的磷也会生成极脆的 Fe_3P 化合物，且易偏析于晶界上而增加脆性，这种现象称为冷脆。因此，必须严格控制钢中磷含量。

4.4.2 合金元素在钢中的主要作用

4.4.2.1 合金元素的存在形式

根据合金元素与碳的作用不同，可将合金元素分为两大类：一类是碳化物形成元素，它们比 Fe 具有更强的亲碳能力，在钢中将优先形成碳化物，依其强弱顺序为 Zr、Ti、Nb、V、W、Mo、Cr、Mn 等，它们大多是过渡族元素，在周期表上均位于 Fe 的左侧；另一类是非碳化物形成元素，主要包括 Ni、Si、Co、Al 等，它们与碳一般不生成碳化物而固溶于固溶体中，或生成其他化合物（如 AlN），一般位于周期表的右侧。合金元素在钢中的存在形式对钢的性能有着显著的影响，根据合金元素的种类、特征、含量和钢的冶炼方法、热处理工艺不同，合金元素的存在形式主要有三种：固溶态、化合态和游离态。

(1) 固溶态

合金元素溶入钢中的铁素体、奥氏体和马氏体中，形成合金铁素体、合金奥氏体和合金马氏体。此时，合金元素的直接作用是固溶强化。

(2) 化合态

合金元素与钢中的碳、其他合金元素及常存杂质元素之间可以形成各种化合物，化合物类型有碳化物、金属间化合物和非金属夹杂物。

碳化物的主要形式有合金渗碳体［如 $(Fe, Mn)_3C$ 等］和特殊碳化物（如 VC、TiC、WC、MoC、Cr_7C_3、$Cr_{23}C_6$ 等）。碳化物一般具有硬而脆的特点，合金元素的亲碳能力越强，则所形成的碳化物就越稳定，并具有高硬度、高熔点、高分解温度；碳化物稳定性由弱到强的顺序是：Fe_3C、$M_{23}C_6$、M_6C、MC（M 代表碳化物形成元素）。合金元素形成碳化物的直接作用主要是弥散强化，并有可能获得某些特殊性能（如高温热强性）。

在某些高合金钢中，金属元素之间还可能形成金属化合物，如 FeSi、FeCr、Fe_2W、Ni_3Al、Ni_3Ti 等，它们在钢中的作用类似于碳化物。

合金元素与钢中常存杂质元素（O、N、S、P 等）所形成的化合物，如 Al_2O_3、SiO_2、TiO_2 等，属于非金属夹杂物；它们在大多数情况下是有害的，主要降低了钢的强度，尤其是韧性与疲劳性能，故应严格控制钢中夹杂物的级别。

(3) 游离态

钢中有些元素如 Pb、Cu 等既难溶于铁，也不易生成化合物，而是以游离状态存在；在某些条件下钢中的碳也可能以自由状态（石墨）存在。在通常情况下，游离态元素将对钢的性能产生不利影响，但对改善钢切削加工性能有利。

4.4.2.2 合金元素对铁碳平衡相图的影响

(1) 对临界温度的影响

① 降低临界温度 A_1、A_3　Ni、Mn、Co、N 等元素的加入可使钢的 A_1、A_3 点降低，使奥氏体相区扩大。当这些元素在钢中的含量足够高时，将使 A_3 温度降至室温以下，此时钢具有单相奥氏体组织，即为奥氏体钢。这类钢具有某些特殊的性能，如 ZG100Mn13 具有高耐磨性，12Cr18Ni9 奥氏体不锈钢具有耐蚀性、耐高温性、耐低温性，并具有抗磁、无冷脆等特性。

② 提高临界温度 A_1、A_3　Si、Cr、W、Mo、V、Ti 等元素的加入可使钢的 A_1、A_3 点升高，使铁素体相区扩大。若钢中这些元素含量足够高时，钢的组织在高温及室温时均为单相铁素体。

(2) 对 E、S 点位置的影响

E 点是钢与铸铁的分界点，碳含量超过此点（碳钢 E 点成分为 $w_C=2.11\%$），将出现共晶莱氏体组织，必然对钢的性能（主要是强韧性）和其加工工艺（如锻造）产生影响。几乎所有的合金元素均使 E 点左移，其中强碳化物形成元素如 W、Ti、V、Nb 的作用最强烈，对高合金钢 W18Cr4V（$w_C=0.7\%\sim0.8\%$）、Cr12MoV（$w_C=1.4\%\sim1.7\%$）等，铸态组织中有莱氏体存在，故称莱氏体钢。

在大多数情况下，几乎所有的合金元素也将使 S 点左移，故像 40Cr13、3Cr2W8V 等钢的 w_C 虽小于 0.77%，但都已属过共析钢。在退火或正火处理时，碳含量相同的合金钢组织中比碳钢具有更多的珠光体，故其硬度和强度较高。

4.4.2.3　合金元素对钢热处理的影响

（1）对钢加热时奥氏体形成过程的影响

① 对奥氏体化的影响　绝大多数合金元素（尤其是碳化物形成元素）对非奥氏体组织转变为奥氏体时的形核与长大、残余碳化物的溶解、奥氏体成分均匀化都有不同程度的阻碍与延缓作用。因此大多数合金钢热处理时一般应有较高的加热温度和较长的保温时间，但对一些需要较多未溶碳化物的高碳合金工具钢，则不应采用过高的加热温度和过长的保温时间。

② 对奥氏体晶粒度的影响　合金元素对奥氏体晶粒长大倾向的影响各不相同：Ti、V、Zr、Nb 等强碳化物形成元素可强烈阻止奥氏体晶粒长大，起细化晶粒的作用；W、Mo、Cr 等元素的阻止作用中等；非碳化物形成元素如 Ni、Si、Cu 等的作用微弱，可不予考虑；而 Mn、P 则提高了奥氏体晶粒的长大倾向，因此含 Mn 钢（如 65Mn、60Si2Mn）加热时应严格控制加热温度和保温时间，否则将会得到粗大的晶粒而降低钢的强韧性，即过热缺陷。

（2）对钢冷却时过冷奥氏体转变过程的影响

除 Co 外，固溶于奥氏体中的所有合金元素都将使 C 曲线右移，降低了钢的临界冷却速度，提高了淬透性。合金元素对钢淬透性的影响取决于该元素的作用强度和可溶解量。据此，钢中以提高淬透性为主要作用的常用元素有 Cr、Ni 、Si、Mn、B 五种。Mo、W 元素虽对淬透性提高程度明显，但因其价格较高而一般不单纯作为淬透性元素使用；V、Ti、Nb 等强碳化物形成元素在钢加热时一般不溶入奥氏体中而以碳化物的形式存在，此时不但不能提高，反而降低了钢的淬透性。

除 Co、Al 外，固溶于奥氏体中的合金元素均可使马氏体转变时的 M_s、M_f 下降，增加钢淬火后的残留奥氏体量，某些高碳高合金钢（如 W18Cr4V）淬火后残留奥氏体量高达 30%～40%（体积分数），这显然会对钢的性能产生不利影响，如硬度降低、疲劳性能下降。为了将残留奥氏体量控制在适当范围内，可通过淬火后冷处理和回火处理来实现。

（3）对淬火钢回火过程的影响

① 提高钢的回火稳定性（回火抗力）　回火稳定性是指淬火钢对回火时所发生的组织转变和硬度下降的抗力，绝大多数合金元素均有此作用。表现较明显的有强碳化物形成元素（V、Nb、W、Mo、Cr）和 Si 元素，当钢中这类元素较多时，可使回火马氏体组织维持在相当高的温度（500～600℃）。回火稳定性高表明钢在较高温度下的强度和硬度也较高；或者在达到相同硬度、强度的条件下，可在更高的温度下回火，故钢的韧性可进一步改善。所以合金钢与碳钢相比，具有更好的综合力学性能。

② 产生二次硬化　当钢中含有较多量中强或强碳化物形成元素 Cr、W、Mo、V 等，并在 450～600℃温度范围内回火时，因组织中析出了细小弥散分布的特殊合金碳化物（如 W_2C、Mo_2C、VC 等），这些碳化物硬度极高、热稳定性高且不易长大，此时，钢的硬度与强度不但不降低，反而会明显升高（甚至比淬火钢硬度还高），这就是“二次硬化”现象，如图 4-30 所示。二次硬化使钢在高温下能保持较高的硬度，这对工具钢极为重要，如高速钢（W18Cr4V、W6Mo5Cr4V2 等）的热硬性就与其二次硬化特性有关。

③ 产生高温回火脆性　含有 Cr、Mn、Ni 等元素的合金钢，淬火后在 450～650℃高温范围内回火并缓慢冷却后，出现如图 4-31 所示的冲击韧度急剧下降现象，这就是高温回火脆性（又称为第二类回火脆性）。这种脆性可通过高于脆化温度的再次回火后快冷予以消除，消除后如再次在脆化温度区回火，或经更高温度回火后缓慢冷却通过脆化温度区，则重复出

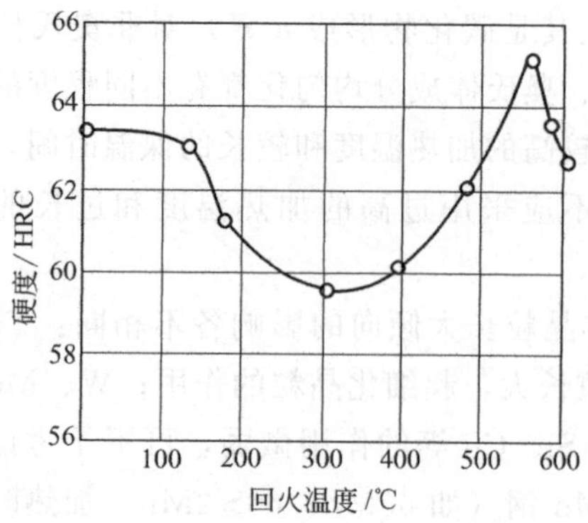

图 4-30　W18Cr4V 钢回火时的二次硬化

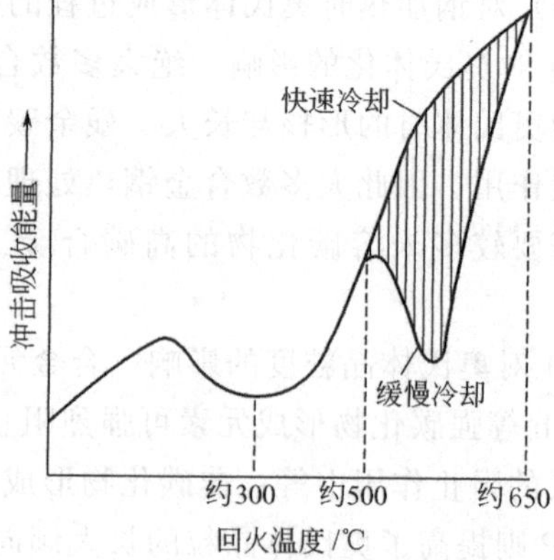

图 4-31　合金钢的回火脆性

现，所以又称为可逆回火脆性。产生的原因一般为 Sb、Sn、P 等杂质元素在原奥氏体晶界上偏聚，钢中 Ni、Cr 等合金元素促进杂质的这种偏聚，而且本身也向晶界偏聚，从而增大了产生回火脆性的倾向。防止的方法是：尽量减少钢中杂质元素的含量，或者加入 Mo 等能抑制晶界偏聚的元素。对中、小型工件，可通过回火后快冷来抑制回火脆性，但快冷后应再补充一次较低温度的回火来消除因快冷造成的内应力。对大截面工件，由于很难实现真正的快冷或不允许快冷，则应选用含 Mo 或 W 的钢来防止高温回火脆性（如 40CrNiMo 钢）。

需引起注意的是，合金元素在钢中的作用可能是多样的，不同的合金元素在钢中的作用既可能不同（如 9Mn2V 钢中 Mn 主要提高淬透性，V 则细化晶粒、提高耐磨性），也有可能相同（如 40CrNiMo 钢中 Cr、Ni 的主要作用均是提高淬透性）；同一合金元素在不同的钢中作用也可能不同，如 Cr 元素在 40Cr 钢中主要起提高淬透性作用，而在不锈钢中则是起提高耐蚀性的作用。

4.5 高分子材料的改性

为了克服高分子材料力学性能低、易老化和耐高温性能差等缺点，提高高分子材料的性能，可对高分子材料进行改性。高分子材料的改性可分为两类：物理改性和化学改性。

4.5.1 物理改性

物理改性可分为填充改性、共混改性、增强改性等。

4.5.1.1 填充改性

填充改性是指在聚合物基体中添加与基体在组成和结构上不同的固体添加物来改变高分子材料的力学性能，以弥补高分子材料本身性能的不足，从而改善高分子材料性能的一种物理改性方法。

填料在填充改性聚合物中起增量、增强、赋予功能的作用。由于填料一般较高分子材料便宜，填充改性方法同时也能使高分子工程材料制品的成本大幅度下降。高分子材料本身较为广泛存在的缺点是较低的耐热性，低强度，低弹性模量，热膨胀系数高，易吸水，易蠕变，易老化等，不同填料的加入均可得到不同程度的克服或改善。填充材料种类很多，一些功能性填料的加入，可改善高分子材料某些力学性能或赋予新的功能。例如，以石墨和

MoS_2 等作填料，可提高高聚物的耐磨损、摩擦特性；以各种纤维填充高聚物制得的高分子工程材料，可得到轻质、高强度、高弹性模量、耐高温、耐腐蚀等优异性能；加入导电性填料石墨、铜粉、银粉等可增加导热、导电性能等。

4.5.1.2 共混改性

将两种或两种以上的高聚物加以混合与混炼，使其性能发生变化，形成一种新的表观均匀的聚合物体系，这种混合过程称为聚合物的共混改性，所得到的新的聚合物体系称为聚合物共混物。与共聚物不同，共混物中各高聚物组分之间主要依靠物理结合，而共聚物中各基本组成部分间是以化学键相结合的。聚合物共混物（或共混改性）通常都是以一种聚合物为基体，掺混另一种或多种小组分的聚合物，以后者改性前者。

目前，广泛应用的共混改性的方法有机械（物理）共混法和新型聚合物共混体系（英文代号 IPN，IPN 是相互贯穿聚合物网络英文的缩写）两种。机械共混法是将不同种类高聚物在混合（或混炼）设备中实现共混的方法。混合的目的是将共混体系各组分相互分散，以获得组分均匀的物料。其优点是简单、方便。新型聚合物共混体系是聚合物共混改性技术发展的新领域，它是由两种交联的聚合物相互贯穿而形成的宏观交织网络态的均匀的共混物，它为制备特殊性能的高聚物材料开拓崭新的途径。例如，聚苯乙烯（PS）的冲击韧度 α_K 为 $1.85kJ/m^2$，而新型聚合物共混体系（IPN）（其中 PS 含量为 85.6%）的 α_K 为 $27.5kJ/m^2$，大约提高 15 倍。

4.5.1.3 增强改性

增强改性是指在高分子材料中填充各种增强材料以改进高分子材料力学性能的一种改性方法。例如，聚对苯二甲酸丁二醇酯可用玻璃纤维增强，从而大大增强其强度、弹性模量等主要力学性能，提高了使用温度与使用寿命，可在140℃下作为结构材料长期使用。增强材料按其物理形态主要有纤维增强材料和粒子增强材料两大类。它们除了能起增强其强度、弹性模量等力学性能外，粒子增强材料能起功能复合作用，如用银粉可制成导电高分子工程材料等。

4.5.2 化学改性

化学改性又称结构改性，主要包括共聚改性和交联改性。

4.5.2.1 共聚改性

共聚改性是指由两种或两种以上的单体通过共聚反应（缩聚或加聚）而制得共聚物大分子。因为由两种或多种单体单元组成的共聚物大分子链，不同于由一种单体形成的均聚物，它能把两种或多种均聚物的固有特性综合到共聚物中来。因此通过共聚改性能够把不同均聚物所固有的优越性能，有效地综合到同一共聚物中来。因此人们常常把共聚反应比喻成高聚物的冶金，而把共聚物称为“高聚物合金”。例如，最常见的 ABS 工程塑料，就是由丙烯腈、丁二烯和苯乙烯共聚得到的三元共聚物。因此 ABS 塑料具有三种组元的特性。

4.5.2.2 交联改性

交联改性是指使线型高分子或支链型高分子间彼此交联起来形成空间网状结构，使高分子的性能得到改善的方法。线型高分子经过适度交联后，其力学性能、尺寸稳定性、耐溶剂性或化学稳定性等方面均有改善。例如，在橡胶中加入硫化剂可使生胶分子在硫化处理中产生适度交联而形成网状结构，从而大大提高橡胶的强度、耐磨性和刚性，使橡胶具有既不溶解，也不熔融的性质，克服了橡胶因温度上升而变软发黏的缺点。

交联的方法可以是一般的化学交联，如缩聚交联、共聚交联、交联剂交联等，也可以是通过机械方法（如辊压、捏合）与放射性同位素或高能电子射线辐照进行的物理交联。

4.6 材料表面改性技术

表面改性技术的主要目的就在于通过表面处理使材料表面按人们希望的性能进行改质，具体来说，表面改性技术是在不改变基体材料的成分、不削弱基体材料的强度（或削弱基体材料强度而不影响其使用）的条件下，通过某些物理手段（包括机械手段）或化学手段赋予材料表面以特殊的性能，从而满足工程上对材料提出的要求的技术。前述表面淬火和化学热处理根据其工艺特点也可归入此类。

4.6.1 高能束表面技术

高能束表面处理技术是指将具有高能量密度的能源，施加到材料表面，使之发生物理、化学变化，获得特殊性能的方法。其特点有：能量作用集中在一定的范围和深度，可对工件表面进行选择性的表面处理，能量利用率高；加热速度快，工件表面至内部温度梯度大，可以很快的速度自冷淬火；工件变形小，生产效率高。

高能量密度能源通常指激光、电子束和离子束，即所谓的三束，它们都能获得高达 $10^{12}\sim10^{13}\,W/m^2$ 的能量密度。作为一种表面工程技术，其中以激光表面改性技术应用最广、发展最快。

4.6.2 气相沉积技术

气相沉积是将含有形成沉积元素的气相物质，通过各种手段和反应，在工件表面形成沉积层（薄膜）的工艺方法。它可赋予基体材料表面各种优良性能（如强化、保护、装饰和电、磁、光等特殊功能），也可用来制备具有更加优异性能的新型材料（如晶须、单晶、多晶或非晶薄膜）。这种新技术的应用有着十分广阔的前景，尤其是在高新科技领域潜力巨大。

4.6.3 电镀、电刷镀和化学镀

电镀是一种用电化学方法在镀件表面上沉积所需形态的金属覆层工艺。其目的是改善材料的外观，提高材料的各种物理化学性能，赋予材料表面特殊的耐蚀性、耐磨性、装饰性、焊接性及电学、磁学、光学性能等。电镀时将零件作为阴极放在含有欲镀金属的盐类电解质溶液中，通过电解作用而在阴极(即零件)上发生电沉积现象形成电镀层。镀层材料可以是金属、合金、半导体等，基体材料主要是金属，也可以是陶瓷、高分子材料。

电刷镀是依靠一个与阳极接触的垫或刷，在被镀的阴极上移动，从而将镀液刷到工件（阴极）上的一种电镀方法。其广泛应用于表面修复、表面强化、表面改性等。

化学镀是一种不使用外电源，而是利用还原剂使溶液中的金属离子在基体表面还原沉积的化学处理方法。化学镀层一般具有良好的耐蚀性、耐磨性、钎焊性及其他特殊的电学或磁学等性能。不同成分的镀层，其性能变化很大，因此在电子、石油、化工、航空航天、核能、汽车、印刷、纺织、机械等工业中获得广泛的应用。化学镀镀覆的金属和合金种类较多，其中应用最广的是化学镀镍和化学镀铜。

4.6.4 热喷涂技术

热喷涂是采用气体、液体、燃料或电弧、等离子弧、激光等作热源，使金属、合金、金属陶瓷、氧化物、碳化物、塑料以及它们的复合材料等喷涂材料加热到熔融或半熔融态，通过高速气流使其雾化，然后喷射、沉积到经过预处理的工件表面，从而形成附着牢固的表面层的加工方法。若将喷涂层再加热重熔，则产生冶金结合。这种方法称为热喷涂方法。

热喷涂技术具有以下特点。

① 适用范围广。金属、合金、陶瓷、水泥、塑料、石膏、木材等几乎所有固体材料都可作基体材料或喷涂材料，喷涂材料的形态也可以是线材、棒材、管材和粉末等各种形状。用复合粉末喷成的复合涂层可以把金属和塑料或陶瓷结合起来，获得其他方法难以达到的综合性能。

② 工艺灵活。施工对象小到10mm内孔，大到桥梁、铁塔等大型结构。

③ 喷涂层的厚度可调范围大。涂层厚度可从几十微米到几毫米，表面光滑，加工量少。

④ 工件受热程度可以控制。除喷熔外，工件受热程度均不超过250℃，工件不会发生畸变，不改变工件的金相组织。

⑤ 生产率高。多数工艺的生产率可达每小时数千克喷涂材料，有些工艺可达50kg/h以上。

4.6.5 化学转化膜技术

通过化学或电化学手段，使金属表面形成稳定的化合物膜层的方法即称化学转化膜技术。

形成化学转化膜的方法很多，主要包括氧化膜或发蓝技术、磷酸盐膜技术、铬酸盐膜技术、草酸盐膜技术以及阳极氧化膜技术等。常用的有钢铁的氧化（发蓝）、钢铁的磷化以及铝及其合金的氧化这三方面的技术。

钢铁的氧化又称发蓝。它采用含有氧化剂与氢氧化钠的混合溶液，在一定的温度下进行氧化处理一定的时间，使氢氧化钠、亚硝酸钠以及硝酸钠与铁作用，生成亚铁酸钠（Na_2FeO_2）和铁酸钠（$Na_2Fe_2O_4$），再由亚铁酸钠与铁酸钠相互作用生成四氧化三铁（Fe_3O_4），即氧化膜。钢铁氧化处理广泛用于机械零件、电子设备、精密光学仪器及武器装备等防护或装饰方面。

钢铁零件在含有磷酸盐的溶液中，生成一层难溶于水的磷酸盐保护膜的过程称为磷化。钢铁零件的磷化膜厚度一般在1～50μm之间，呈多孔结构，表现出吸附、耐蚀、减摩等特性。主要应用于表面防护、涂装漆底层、冷加工润滑、减摩、电绝缘等场合。

铝及铝合金的氧化是化学或电化学过程使铝及铝合金的制品表面形成氧化膜的方法。其广泛应用于航空、电气、电子、机械制造、轻工以及建筑业中。

4.6.6 表面形变强化

目前常用的有喷丸、滚压和内孔挤压等表面形变强化工艺。以喷丸强化为例，它是将高速运动的弹丸流（ϕ0.2～1.2mm的铸铁丸、钢丸或玻璃丸、硬质合金丸）喷射到零件表面上，犹如无数的小锤反复击打金属表面。由此，金属零件表面将产生极为强烈的（相当于最大程度的压应力加工所产生的）塑性变形。这种变形使零件表面产生一定厚度的存在残余压应力的冷变形强化层，称为表面喷丸强化层，此强化层会显著地提高零件在室温和高温下工作的疲劳强度。

表面形变强化工艺已广泛用于弹簧、齿轮、链条、叶片、火车车轴、飞机零件等，特别适用于有缺口的零件、零件的截面变化处、圆角、沟槽及焊缝区等部位的强化。

习　　题

4-1 确定下列钢件的退火方法，并指出退火的目的及退火后的组织：

（1）经冷轧后的15钢钢板，要求降低硬度；

(2) ZG270-500 的铸造齿轮；

(3) 锻造过热的 60 钢锻坯；

(4) 具有片状渗碳体的 T12 钢钢坯。

4-2 指出下列钢件正火的主要目的及正火后的显微组织：

(1) 20 钢齿轮；(2) 45 钢小轴；(3) T12 钢锉刀。

4-3 某零件的金相组织是在黑色的针状马氏体基体上分布有少量的球状渗碳体，问此零件经过了什么热处理工序？为什么？

4-4 将 ϕ5mm 的 T8 钢加热至 760℃并保温足够时间，问采用什么样的冷却工艺可得到如下组织：珠光体、索氏体、托氏体、下贝氏体、托氏体＋马氏体、马氏体＋少量残留奥氏体。请在 C 曲线上描出工艺曲线示意图。

4-5 生产热轧低碳钢板，有时因碳含量偏低强度不够，为提高强度，采用热轧后吹风甚至喷雾冷却。试解释其原因。

4-6 有两个 T10 钢小试样 A 和 B，A 试样加热到 750℃，B 试样加热到 850℃，均充分保温后在水中冷却，哪个试样的硬度高？为什么？

4-7 将碳含量为 1.0%和 1.2%的碳钢同时加热到 780℃进行淬火，问：

(1) 淬火后各得到什么组织？

(2) 淬火马氏体的碳含量是否相同？为什么？

(3) 哪一种钢淬火后的耐磨性更好些？为什么？

4-8 用 45 钢制车床主轴，要求轴颈部位硬度为 56～58HRC，其余地方为 20～24HRC，其加工工艺路线为：锻造→正火→粗机械加工→调质→精机械加工→轴颈表面淬火→低温回火→磨加工。请说明：

(1) 正火的目的及大致热处理工艺参数；

(2) 表面淬火及低温回火的目的；

(3) 使用状态下轴颈及其他部位的组织。

4-9 现需制造一汽车传动齿轮，要求表面具有高的硬度、耐磨性和高的接触疲劳强度，心部具有良好的韧性，应采用以下哪种材料及工艺：

(1) T10 钢经淬火＋低温回火；

(2) 45 钢经调质处理；

(3) 20 钢经渗碳＋淬火＋低温回火。

4-10 45 钢经调质处理后要求硬度为 217～255HBW，但热处理后发现硬度偏高，问能否依靠减慢回火时的冷却速度使其硬度降低？若热处理后硬度偏低，能否靠降低回火时的温度，使其硬度提高？请说明其原因。

4-11 有一批 35 钢制成的螺钉，要求其头部在处理后硬度为 35～40HRC。现在材料中混入少量 T10 钢和 10 钢。问由 T10 钢和 10 钢制成的螺钉若仍按 35 钢进行淬火处理时，能否达到要求？为什么？

4-12 金属铸件能否通过再结晶退火来细化晶粒？为什么？

4-13 在室温下对铅板进行弯折，越弯越硬，而稍隔一段时间后再进行弯折，铅板又像最初一样柔软，试分析其原因。

4-14 钨在 1000℃变形加工，锡在室温下变形加工，请说明它们是热加工还是冷加工（钨熔点是 3410℃，锡熔点是 232℃)？

4-15 用下列三种方法制造齿轮，哪一种比较理想？为什么？

(1) 用厚钢板切成圆板，再加工成齿轮；

(2) 用粗钢棒切下圆板，再加工成齿轮；

(3) 将圆棒钢材加热，锻打成圆饼，再加工成齿轮。

4-16 简述强化金属材料的途径。

第5章 金属材料

金属材料是目前使用最为广泛的工程材料，特别是钢铁材料更是占据了材料消费的主导地位，非铁金属材料中的铝及其合金、铜及其合金和轴承合金同样有很重要的应用。

5.1 工业用钢

钢是指以铁为主要元素，碳含量一般在2%以下，并含有其他元素的材料。

5.1.1 钢的分类与牌号

5.1.1.1 钢的分类

我国国家标准GB/T 13304—2008《钢分类》，参照采用国际标准，对钢的分类作了具体的规定。标准第一部分规定了按照化学成分对钢进行分类的基本原则，将钢分为非合金钢、低合金钢和合金钢三大类，并且规定了这三大类钢中合金元素含量的基本界限值；标准第二部分规定了非合金钢、低合金钢和合金钢按主要质量等级、主要性能及使用特性分类的基本原则和要求。

根据分类目的的不同，可以按照不同的方法对钢进行分类。常用的分类方法有以下几种。

(1) 按化学成分分类

按照化学成分分类，可以把钢分为非合金钢、低合金钢和合金钢。

非合金钢是铁-碳合金，其中含有少量有害杂质元素（如硫、磷等）和在脱氧过程中引进的一些元素（如硅、锰等）。这类钢习惯上称为碳素钢。

低合金钢是在碳素结构钢的基础上加入少量合金元素（一般 $w_{Me}<3.5\%$），用以提高钢的性能。

合金钢是为了改善钢的某些性能而特意加入一定量合金元素的钢。根据钢中所含合金元素，合金钢又可分为锰钢、铬钢、硅锰钢、铬锰钢、铬锰钼钢等很多类。

(2) 按冶金方法分类

根据冶炼方法和冶炼设备的不同，钢可以分为电炉钢和转炉钢两大类。

按照脱氧程度和浇注制度的不同，可分为沸腾钢、半镇静钢、镇静钢和特殊镇静钢。

(3) 按冶金质量分类

按照冶金质量分类，钢可以分为优质钢、高级优质钢、特级优质钢。

(4) 按用途分类

按照用途不同，可以把钢分为结构钢、工具钢和特殊性能钢三大类，或者进一步细分为碳素结构钢、优质碳素结构钢、低合金高强度结构钢、合金结构钢、弹簧钢、轴承钢、碳素工具钢、合金工具钢、高速工具钢、不锈耐酸钢、耐热钢和电工用硅钢十二大类。

5.1.1.2 钢的牌号

我国现行有两个钢铁产品牌号表示方法标准，即GB/T 221—2008《钢铁产品牌号表示法》和GB/T 17616—1998《钢铁及合金牌号统一数字代号体系》。这两种表示方法在现行国家标准和行业标准中并列使用，两者均有效。本节根据 GB/T 221—2008 标准介绍钢铁产品牌号表示方法。

① 产品牌号的表示一般采用汉语拼音字母、化学元素符号和阿拉伯数字相结合的形式。

② 采用汉语拼音字母表示产品名称、用途、特性和工艺方法时，一般情况下从代表产品名称的汉字的汉语拼音中选取第一个字母。当这样选取的字母与另一个产品所取的字母重复时，改取第二个字母或第三个字母，或同时选取两个汉字的第一个拼音字母。采用汉语拼音字母表示，原则上字母数只取一个，不超过两个。暂时没有可采用的汉字及汉语拼音的，采用符号为英文字母。

③ 按钢的冶金质量等级分类的优质钢不另加表示符号；高级优质钢分为 A、B、C、D 四个质量等级；“E”表示特级优质钢。等级间的区别为：碳含量范围；硫、磷及残余元素的含量；钢的纯净度和钢的力学性能及工艺性能的保证程度。

常用钢材的牌号表示方法见表 5-1。

表 5-1 常用钢材的牌号表示方法

产品名称		牌号举例	表示方法说明
结构钢	碳素结构钢 低合金结构钢	Q235A・F Q390E	Q 代表钢的屈服强度，其后数字表示屈服强度值(MPa)，必要时数字后标出质量等级(A、B、C、D、E)和脱氧方法(F、b、Z、TZ)
结构钢	碳素铸钢	ZG200-400	ZG 代表铸钢，第一组数字代表屈服强度值(MPa)，第二组数字代表抗拉强度值(MPa)
结构钢	优质碳素结构钢	08F,45,40Mn 20G	钢号头两位数字代表平均碳含量的万分之几；锰含量较高（$w_{Mn}=0.70\%\sim1.20\%$）的钢在数字后标出“Mn”，脱氧方法或专业用钢也应在数字后标出(如 G 表示锅炉用钢)
结构钢	合金结构钢	20Cr 40CrNiMoA 60Si2Mn	钢号头两位数字代表平均碳含量的万分之几；其后为钢中主要合金元素符号，它的含量以百分之几数字标出，若其含量＜1.5％不标，当其含量≥1.5％，≥2.5％…则相应数字为 2,3…若为高级优质钢或特级优质钢，则在钢号最后标“A”或“E”
结构钢	滚动轴承钢	GCr15 GCr15SiMn	G 代表滚动轴承钢，碳含量不标出，铬含量以千分之几数字标出，其他合金元素及其含量表示同合金结构钢
结构钢	易切削钢	Y15Pb	Y 代表易切削钢，阿拉伯数字表示平均碳含量的万分之几，钢中锰含量较高(≥1.20％)，或含易切削元素铅、钙、锡时，在牌号后分别加注符号 Mn、Pb、Ca、Sn
工具钢	碳素工具钢	T8,T8Mn,T8A	T 代表碳素工具钢，其后数字代表平均碳含量的千分之几，锰含量较高者在数字后标出“Mn”，高级优质钢标出“A”
工具钢	合金工具钢	9SiCr CrWMn	当平均碳含量≥1.0％时不标；平均碳含量＜1.0％时，以千分之几数字标出，合金元素及含量表示方法基本上与合金结构钢相同。低铬($w_{Cr}<1\%$)合金工具钢，在铬含量(以千分之几计)前加数字 0
工具钢	高速工具钢	W6Mo5Cr4V2	钢号中一般不标出碳含量，只标合金元素及含量，方法与合金结构钢相同
不锈钢和耐热钢		12Cr18Ni9 20Cr13 022Cr17Ni7	钢号头两位或三位阿拉伯数字表示碳含量的万分之几或十万分之几。只规定碳含量上限者，当含量≤0.10％时，以其上限的 3/4 表示碳含量，当含量＞0.10％时，以其上限的 4/5 表示碳含量；规定碳含量上、下限者，用平均碳含量×100 表示；当碳含量≤0.030％时，用三位阿拉伯数字表示，合金元素及含量表示方法同合金结构钢

5.1.2 结构钢

5.1.2.1 碳素结构钢

碳素结构钢约占钢总产量的 70％，其碳含量较低（平均 $w_C=0.06\%\sim0.38\%$），对性能要求及硫、磷和其他残余元素含量的限制较宽。碳素结构钢一般在热轧空冷状态下供应和使用。其中 Q215、Q235 牌号中质量等级为 A 级的碳素结构钢，保证力学性能，但只保证部分化学成分。其余牌号和质量等级的碳素结构钢，它们的力学性能和化学成分都予以保证。因此，上述两个牌号的 A 级钢，一般用于不经锻压和热处理的普通工程结构件、机器中受力不大的普通零件及不重要的渗碳件。其余牌号和质量等级的碳素结构钢，必要时可以锻造和通过热处理调整其力学性能。它们可用于制造较为重要的机器零件和船用钢板，代替相应碳含量的优质碳素结构钢，以降低成本。

根据现行的国家标准 GB/T 700—2006，碳素结构钢的牌号、化学成分、力学性能与应用见表 5-2。

表 5-2　碳素结构钢的牌号、化学成分、力学性能与应用

牌号	等级	化学成分/% ≤			脱氧方法	力学性能			应用举例
		w_C	w_S	w_P		R_{eH} /MPa ≥	R_m /MPa	A /% ≥	
Q195	—	0.12	0.040	0.035	F、Z	195	315～430	33	塑性好。用于承载不大的桥梁、建筑等金属构件，也在机械制造中用作铆钉、螺钉、垫圈、地脚螺栓、冲压件及焊接件等
Q215	A	0.15	0.050	0.045	F、Z	215	335～450	31	
	B		0.045						
Q235	A	0.22	0.050	0.045	F、Z	235	370～500	26	强度较高，塑性也较好。用于承载较大的金属结构件等，也可制作转轴、心轴、拉杆、摇杆、吊钩、螺栓、螺母等。Q235C、D 可用作重要焊接结构件
	B	0.20	0.045						
	C	0.17	0.040	0.040	Z				
	D		0.035	0.035	TZ				
Q275	A	0.24	0.050	0.045	F、Z	275	410～540	22	强度更高。可制作链、销、转轴、轧辊、主轴、链轮等承受中等载荷的零件
	B	0.21	0.045	0.045	Z				
	C	0.20	0.040	0.040	Z				
	D		0.035	0.035	TZ				

5.1.2.2　优质碳素结构钢

优质碳素结构钢必须同时保证化学成分和力学性能，其牌号体现化学成分。它的硫、磷含量较低（w_S、w_P 均≤0.035%），夹杂物也较少，综合力学性能优于碳素结构钢，主要作为机械制造用钢。为了充分发挥其性能潜力，一般都须经热处理后使用。

优质碳素结构钢的牌号、推荐热处理温度和力学性能见表 5-3。

在国家标准 GB/T 699—1999 中，共列有 31 种优质碳素结构钢，其基本性能和应用范围主要取决于钢的碳含量，另外，钢中残余锰含量也有一定的影响。根据锰含量不同，分为普通锰含量钢（w_{Mn}=0.25%～0.80%）和较高锰含量钢（w_{Mn}=0.70%～1.20%）两组，由于锰能改善钢的淬透性、强化固溶体及抑制硫的热脆作用，因此较高锰含量钢的强度、硬度、耐磨性及淬透性较优，而其塑性、韧性几乎不受影响。

低碳优质碳素结构钢（w_C<0.25%）主要轧制成薄板、钢带、型钢及拉制成丝等供货。由于强度低，塑性、韧性好，易于冲压与焊接，一般用于制造受力不大的零件，如螺栓、螺母、垫圈、小轴、销子、链等。经过渗碳处理可用于制作表面要求耐磨、心部要求塑性、韧性好的机械零件。其中碳含量较低的钢 08F 多用于制造各种冲压件，如搪瓷制品、汽车外

壳零件等；而碳含量较高的钢 15、20、20Mn 是常用的渗碳钢，可用于制造对心部强度要求不高的渗碳零件，如机械、汽车和拖拉机的齿轮、凸轮、活塞销等。

中碳优质碳素结构钢（w_C=0.25%~0.60%）多轧制成型钢供货。与低碳优质碳素结构钢相比，中碳优质碳素结构钢强度较高，而塑性、韧性稍低，即具有较好的综合力学性能。此外，切削加工性较好，但焊接性能较差。多在调质或正火状态下使用，还可在表面淬火处理后提高零件的疲劳性能和表面耐磨性。该钢种用于制造受力较大或受力情况较复杂的零件，如主轴、曲轴、齿轮、连杆、套筒、活塞销等零件。其中 45 钢是应用最广泛的中碳优质碳素结构钢。

高碳优质碳素结构钢（w_C>0.60%）多以型钢供货。它具有较高的强度、硬度、弹性和耐磨性，而塑性、韧性较低，切削加工性中等，焊接性能不佳，淬火开裂倾向较大，主要用于制造耐磨零件、弹簧和钢丝绳等，如凸轮、轧机轧辊及减振弹簧、坐垫弹簧等，其中 65 钢是一种常用的弹簧钢。

表 5-3　优质碳素结构钢的牌号、推荐热处理温度和力学性能

牌　号	推荐热处理温度/℃			力　学　性　能				
	正火	淬火	回火	$R_{p0.2}$/MPa ≥	R_m/MPa ≥	A/% ≥	Z/% ≥	KU_2/J ≥
08F	930			175	295	35	60	
08	930			195	325	33	60	
10F	930			185	315	33	55	
10	930	—	—	205	335	31	55	—
15F	920			205	355	29	55	
15	920			225	375	27	55	
20	910			245	410	25	55	
25	900	870		275	450	23	50	71
30	880	860		295	490	21	50	63
35	870	850		315	530	20	45	55
40	860	840	600	335	570	19	45	47
45	850	840		355	600	16	40	39
50	830	830		375	630	14	40	31
55	820	820		380	645	13	35	
60	810			400	675	12	35	
65	810	—	—	410	695	10	30	
70	790			420	715	9	30	
75				880	1080	7	30	—
80	—	820（油冷）	480	930	1080	6	30	
85				980	1130	6	30	
15Mn	920	—	—	245	410	26	55	
20Mn	910			275	450	24	50	
25Mn	900	870		295	490	22	50	71
30Mn	880	860		315	540	20	45	63
35Mn	870	850	600	335	560	19	45	55
40Mn	860	840		355	590	17	45	47
45Mn	850	840		375	620	15	40	39
50Mn	830	830		390	645	13	40	31
60Mn	810			410	695	11	35	
65Mn	810	—	—	430	735	9	30	—
70Mn	790			450	785	8	30	

注：表中 KU_2 为调质处理值，其他力学性能多为正火处理值，试样毛坯尺寸为 25mm。

5.1.2.3 低合金高强度钢

低合金高强度钢 HSLA（high strength low alloy steel）是在低碳碳素结构钢（w_C=0.10%～0.20%）基础上加入少量的合金元素（w_{Me}≤3%）而得到的。其主要用于制造压力容器、桥梁、机车车辆、房屋、输油管道、锅炉等工程构件。采用低合金高强度钢代替碳素结构钢可减薄截面、减轻重量、节约能源、节省工时、降低成本和提高服役寿命等。同时往往还具有制造工艺简单、提高工程质量和提高产品性能等优点。

（1）成分特点

① 低碳　碳含量 w_C≤0.2%，以满足塑性、韧性、焊接性和冷塑性加工性能的要求。

② 低合金　主加合金元素为锰（w_{Mn}=0.80%～1.70%），Mn 具有明显的固溶强化作用，细化了铁素体和珠光体尺寸，增加了珠光体的相对量，并抑制了硫的有害作用，故 Mn 既是强化元素，又是韧化元素。辅加合金元素为 V、Nb、Ti、Cr、Ni、Cu、P 和稀土元素等。V、Nb、Ti、Al 等在钢中形成细小弥散的合金碳化物，起细化晶粒和弥散强化的作用，Cr、Ni 起固溶强化作用，并能使钢在正火状态下得到贝氏体，适量的 Cu、P 可以提高耐蚀能力，微量稀土元素 RE 可起到脱硫、去气、改善夹杂物形态与分布的作用，从而进一步提高钢的力学性能和改善工艺性能。

（2）性能特点

① 较高的强度、屈强比和足够的塑性、韧性及低温韧性　屈服强度一般在 300MPa 以上，比相同碳含量的碳素钢高 25%～150%；断后伸长率 A=15%～23%；室温冲击吸收能量 KV_2≥27～55J，−40℃时 KV_2≥31J。

② 良好的焊接性和冷、热塑性加工性能　由于碳含量低，合金元素少，低合金高强度钢塑性好，不易在焊缝处出现淬火组织或裂纹。变形抗力小，压力加工后不易产生裂纹。

③ 具有一定的耐蚀性能　由于 Al、Cr、Cu、P 等元素的作用，低合金高强度结构钢比碳素结构钢具有更高的在各种大气条件下的耐蚀性能。

（3）热处理特点

低合金高强度钢大多在热轧空冷状态下使用，其室温组织为铁素体＋索氏体（F＋S）。考虑到零件加工特点，有时也可在正火、正火＋高温回火或冷塑性变形状态使用。对于厚度超过 20mm 的钢板，为使组织和性能稳定，最好进行正火处理。

（4）常用低合金高强度结构钢

低合金高强度钢生产过程简单，成本低，在钢的生产中比例越来越大。自 1957 年我国开始试制第一种低合金钢 16Mn 以来，它在机器制造、交通运输、通信、能源、高层建筑等行业的应用越来越广泛。典型的钢号有 Q345（16Mn）和 Q420（15MnVN）等，与普通碳素结构钢 Q235 相比，屈服强度分别提高到 345MPa 和 420MPa，可使结构自重减轻、使用可靠性提高。如武汉长江大桥采用 Q235 制造，其主跨跨度为 128m；南京长江大桥采用 Q345 制造，其主跨跨度增加到 160m；而九江长江大桥采用 Q420 制造，其主跨跨度提高到 216m。

根据现行的国家标准 GB/T 1591—2008，常用低合金高强度钢的牌号、性能及用途见表 5-4。

5.1.2.4 渗碳钢

渗碳钢是用于制造渗碳零件的钢种。

表 5-4　常用低合金高强度钢的牌号、性能及用途

牌号	厚度或直径 /mm	力学性能				用　途
		R_{eL} /MPa	R_m /MPa	A /%	KV_2 /J	
Q345(A～E)	＜16 16～40 40～63 63～80 80～100	≥345 ≥335 ≥325 ≥315 ≥305	470～630	21～22	34	船舶、铁路车辆、桥梁、管道锅炉、压力容器、石油储罐、起重机械、矿山机械、电站设备、厂房钢架等
Q390(A～E)	＜16 16～40 40～63 63～80 80～100	≥390 ≥370 ≥350 ≥330 ≥330	490～650	19～20	34	中高压锅炉汽包、中高压石油化工容器、大型船舶、桥梁、起重机械及其他较高载荷的焊接结构构件等
Q420(A～E)	＜16 16～40 40～63 63～80 80～100	≥420 ≥400 ≥380 ≥360 ≥360	520～680	18～19	34	大型船舶、桥梁、电站设备、起重机械、机车车辆、中高压锅炉及容器及其大型焊接结构构件等
Q460(C、D、E)	＜16 16～40 40～63 63～80 80～100	≥460 ≥440 ≥420 ≥400 ≥400	580～720	17	34	中温高压容器(＜120℃)、锅炉、化工、石油高压厚壁容器(＜100℃)、可淬火加回火后用于大型挖掘机、起重运输机械、钻井平台等

(1) 性能要求

许多零件在工作过程中，不但承受冲击载荷、交变应力，而且表面又受到强烈的磨损，例如机床变速箱齿轮、拖拉机滑动齿轮、活塞销、花键轴等零件。对这些零件的性能要求如下。

① 表层高硬度（≥58HRC）、高耐磨性和高疲劳强度。

② 心部有足够的强度，较高的韧性和塑性。

③ 优良的热处理工艺性能，如较好的淬透性，以保证渗碳件的心部性能，在高的渗碳温度（一般 930℃）和长的渗碳时间下奥氏体晶粒长大倾向小以便于渗碳后直接淬火。

(2) 成分特点

① 低碳　一般为 $w_C=0.1\%\sim0.25\%$ 的低碳钢，以保证零件心部具有足够的塑性和韧性。

② 合金元素　主加合金元素为 Cr($w_{Cr}<2.0\%$)、Mn($w_{Mn}<2.0\%$)、B($w_B<0.004\%$)、Ni($w_{Ni}<4.5\%$)，它们的主要作用是固溶强化铁素体（除 B 以外），提高钢的淬透性，使心部得到马氏体组织，提高强度，Ni 同时还能提高钢的韧性，从而具有足够的心部强度；辅加合金元素为微量的 Mo($w_{Mo}<0.6\%$)、W($w_W<1.2\%$)、V($w_V<0.2\%$)、Ti($w_{Ti}\approx0.1\%$) 等强碳化物形成元素，以形成细小稳定的特殊合金碳化物阻止渗碳时奥氏体晶粒长大。

(3) 热处理特点

为了改善锻造组织，改善切削性能，合金元素含量较低的渗碳钢一般以正火作为预备热处理，处理后的硬度值在 170～210HBW 范围内。而对于合金元素含量较高的渗碳钢，由于淬透性很高，空冷后，出现硬度高的马氏体组织，因此对于这类钢，生产中常采用空冷后再进行 650～680℃的高温回火，作为预备热处理得到回火索氏体组织。

渗碳钢的最终热处理一般是在渗碳后进行淬火＋低温回火。渗碳后，零件表层的碳含量较高（w_C＝0.85%～1.05%），渗碳件热处理后其表层组织为细针状回火马氏体＋粒状碳化物＋少量残留奥氏体，硬度一般为 58～64HRC；心部的组织与淬透性有关，如果全部淬透，则组织为低碳马氏体，硬度可达 40～48HRC，如不能完全淬透，则心部组织为托氏体＋少量马氏体及铁素体，硬度为 25～40HRC。从而达到“表硬里韧”要求。具体的工艺规范因渗碳钢的化学成分及零件的性能要求而有一些不同。由于渗碳工艺的温度高、时间长，故渗碳件的变形较大，零件尺寸精度要求高时应进行磨削精加工。

热处理应用举例：20CrMnTi 钢制变速器齿轮。

其技术要求为：渗碳层深度 0.8～1.2mm，渗碳层浓度 w_C＝0.8%～1.0%；齿表面硬度 58～60HRC，心部硬度30～45HRC。

齿轮的生产工艺路线为：下料→锻造→正火→加工齿形→渗碳→预冷淬火→低温回火→喷丸→精磨。

正火工艺为：(960±10)℃空冷，在井式气体渗碳炉中进行的渗碳、淬火及回火工艺如图 5-1 所示。

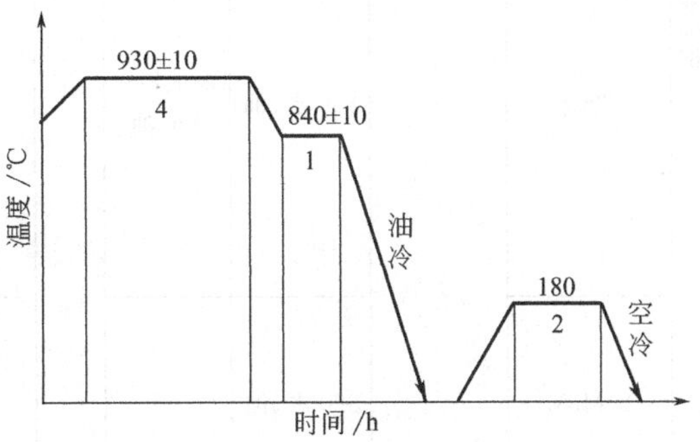

图 5-1 20CrMnTi 钢制齿轮的渗碳、淬火及回火工艺

（4）常用渗碳钢

常用主要渗碳钢的牌号、热处理温度、力学性能和用途见表 5-5（其成分详见 GB/T 699—1999、GB/T 3077—1999），按其淬透性（或强度等级）不同，渗碳钢可分为以下三大类。

① 低淬透性渗碳钢　即低强度渗碳钢（强度级别 R_m＜800MPa），这类钢的合金元素含量总量 w_{Me}＜2%，水淬临界直径一般不超过 20～35mm，典型钢号有 20、20Mn2、20MnV、20CrMo 等。只适合于制造对心部性能要求不高的、承受轻载的小尺寸耐磨件，如小齿轮、活塞销、链条等。

② 中淬透性渗碳钢　即中强度渗碳钢（强度级别 R_m＝800～1200MPa），这类钢的合金元素含量总量 w_{Me}＝2%～5%，油淬临界直径约为 25～60mm，典型钢号为 20CrMnTi、20CrMnMo 等。由于淬透性较高、力学性能和工艺性能良好，故大量用于制造承受高速中载、冲击和剧烈摩擦条件下工作的零件，如汽车与拖拉机变速齿轮、离合器轴等。

③ 高淬透性渗碳钢　即高强度渗碳钢（强度级别 R_m＞1200MPa），这类钢的合金元素含量总量 w_{Me}＝5%～7%，油淬临界直径在 100mm 以上，典型钢号有 12Cr2Ni4、18Cr2Ni4WA、20Cr2Ni4A。此类钢由于合金元素多，渗碳淬火后表层残留奥氏体量多、硬度不够，故应在渗碳空冷后进行高温回火，得到回火索氏体组织，再加热到 Ac_1～Ac_3 之间淬火，使表层组织为马氏体＋碳化物＋少量残留奥氏体。主要用于制造负荷大、磨损剧烈的大型零件，如内燃机的主动牵引齿轮，精密机床上控制进刀的蜗轮，飞机、坦克的曲轴与齿轮等。

12Cr2Ni4 也可经淬火加低温回火后应用，18Cr2Ni4WA、20Cr2Ni4A 可调质后使用，制造高强度、高韧性的机械零件。

表 5-5 常用渗碳钢的牌号、热处理温度、力学性能和用途

种类	牌号	热处理温度/℃				力学性能					用途举例
		渗碳	第1次淬火	第2次淬火	回火	$R_{p0.2}$/MPa ≥	R_m/MPa ≥	A/% ≥	Z/% ≥	KU_2/J ≥	
低淬透性渗碳钢	15	900～950	约920空气	—	200 空气	225	375	27	55	—	用于制造形状简单、受力小的小型渗碳件
	20		约900空气	—		245	410	25	55	—	
	20Mn2		850水、油	—	200 水、空气	590	785	10	40	47	代替20Cr,用于制造表面和心部性能要求不高,直径＜50mm的渗碳件,如小齿轮、小轴、柴油机套筒等
	15Cr		880水、油	780水～820油		490	735	11	45	55	用于制造船舶主机螺钉、活塞销、凸轮、机车小零件及心部韧性高的渗碳零件
	20Cr		880水、油	780水～820油		540	835	10	40	47	用于制造小截面(直径＜30mm)、形状简单、较高转速、载荷较小的各种渗碳零件,如小齿轮、小轴、阀、活塞销、衬套棘轮、托盘、凸轮、蜗杆、爪形离合器等,也可作调质钢用于制造低速、中载(冲击)的零件
	20MnV		880水、油	—		590	785	10	40	55	代替20Cr,用于制造高压容器、锅炉、大型高压管道等的焊接构件,还用于制造冷轧、冷拉、冷冲压件
中淬透性渗碳钢	20CrMnTi		880油	870油		853	1080	10	45	55	用于制造承受中载荷或重载荷、冲击和摩擦且高速的各种重要零件,如齿轮轴、齿轮、蜗杆
	12CrNi3		860油	780油		685	930	11	50	71	用于制造主轴、大齿轮、油泵转子、活塞胀圈、万向联轴器十字头
	20CrMnMo		850油	—		885	1175	10	45	55	代替含镍较高的渗碳钢制作大型拖拉机齿轮、活塞销等大截面渗碳件
	20MnVB		860油	—		885	1080	10	45	55	代替20CrMnTi、20CrNi
高淬透性渗碳钢	12Cr2Ni4		860油	780油		835	1080	10	50	71	用于制造高载荷的大型渗碳件,如齿轮、蜗轮等,也可经淬火及低温回火之后使用,制造高强度、高韧性的机械构件
	20Cr2Ni4		880油	780油		1080	1175	10	45	63	用于制造要求高于12Cr2Ni4性能的大型渗碳齿轮、轴及飞机发动机齿轮
	18Cr2Ni4WA		950空气	850空气		835	1175	10	45	78	

5.1.2.5 调质钢

调质钢是调质处理后使用的钢种。

(1) 性能要求

调质钢常用于制造汽车、机床上的重要零件，如机床主轴、汽车和拖拉机后桥半轴、发动机曲轴、连杆、高强度螺栓等，这些零件都是在多种应力负荷下工作的，受力较复杂，有时还受到冲击载荷作用，在轴颈或花键等部位还存在较剧烈摩擦，为保证零件工作时能承受较大的工作应力，防止由于突然过载等偶然原因造成的破坏，因此，要求调质钢具有以下特点。

① 良好的综合力学性能　即既要有高强度，又要求良好的塑性、韧性和高的疲劳强度。

② 良好的工艺性能　主要是淬透性，以保证零件截面力学性能的均匀。

(2) 成分特点

① 中碳　碳含量在 $w_C=0.25\%\sim0.5\%$ 的中碳范围内，多在 0.4%左右。若碳含量过低，则淬回火后强度、硬度不能满足性能要求，而碳含量过高，则钢的塑性、韧性过低。对一些要求以强度为主的调质钢，用上限的碳含量；对一些以塑性为主的调质钢，用下限的碳含量。

② 合金元素　主加元素为 Mn($w_{Mn}<2\%$)、Si($w_{Si}<2\%$)、Cr($w_{Cr}<2\%$)、Ni($w_{Ni}<4.5\%$)、B($w_B<0.004\%$) 等，其主要的目的是提高淬透性，如 40 钢的水淬临界直径仅为 10～15mm，而 40CrNiMo 钢的油淬临界直径则超过了 70mm；次要作用是除了 B 以外能溶入固溶体（铁素体）起固溶强化作用，Ni 还能提高钢的韧性。辅加元素为 Mo、W、V、Ti 等强碳化物形成元素，其中 Mo、W 的主要作用是抑制含 Cr、Ni、Mn、Si 等合金调质钢的高温回火脆性，次要作用是进一步提高了淬透性；V、Ti 的主要作用是形成碳化物阻碍奥氏体晶粒长大，起细晶强韧化和弥散强化作用。几乎所有的合金元素均提高了调质钢的回火稳定性。

(3) 热处理特点

① 预备热处理　调质钢预备热处理的主要目的是保证零件的切削加工性能，可依据其碳含量和合金元素的种类、数量不同选择预备热处理。合金元素含量低的调质钢，预备热处理一般采用正火（碳及合金元素含量较低，如 40 钢）或退火（碳及合金元素含量较高，如 42CrMo)，细化锻造组织，改善切削性能。合金元素含量高的调质钢（如 40CrNiMo）空冷后得到马氏体组织，硬度高，不利于切削，需在空冷后再进行 650～700℃的高温回火，得到回火索氏体组织，使硬度降至 200HBW 左右。

② 最终热处理　最终热处理为淬火＋高温回火，具体的工艺规范视不同的成分及使用要求有些区别。淬火介质和淬火方法根据钢的淬透性和零件的形状、尺寸选择确定。回火温度的选择取决于调质零件的硬度要求，由于零件硬度可间接反映强度与韧性，故技术文件上一般仅规定硬度数值，只有很重要的零件才规定其他力学性能指标；调质硬度的确定应考虑到零件的工作条件、制造工艺要求、生产批量特点及形状、尺寸等因素。当调质零件还有高耐磨性要求，并希望进一步提高疲劳性能时，可在调质处理后进行渗氮处理、表面淬火强化和表面形变强化（如曲轴轴颈的滚压强化）。

调质后组织为回火索氏体，比同样硬度的片状珠光体的塑性、韧性更好。组织中如出现游离的铁素体，则强度和疲劳寿命会大大下降。如某厂柴油机气泵的偏心轴，材料用 45 钢，由于淬透性不足，组织中存在较多的游离铁素体，经常发生断裂，后改用 40Cr 钢，才未出现断裂现象。

对某些钢（如 40Cr）回火后应快冷（以水为冷却介质），以防止产生第二类回火脆性。快冷后再补以“去应力退火”。

热处理应用举例：35CrMo 钢制汽缸螺栓。

其性能要求为：$R_m \geqslant 900MPa$，$R_{p0.2} \geqslant 700MPa$，$A \geqslant 12\%$，$Z \geqslant 45\%$，$KU_2 \geqslant 63J$，硬度 300～341HBW。

工艺路线为：下料→锻造→退火→粗机加工→调质→精机加工→喷丸。

锻后退火工艺为：(830±10)℃炉冷，硬度≤229HBW。

调质工艺如图 5-2 所示，回火后油冷是为了防止第二类回火脆性。

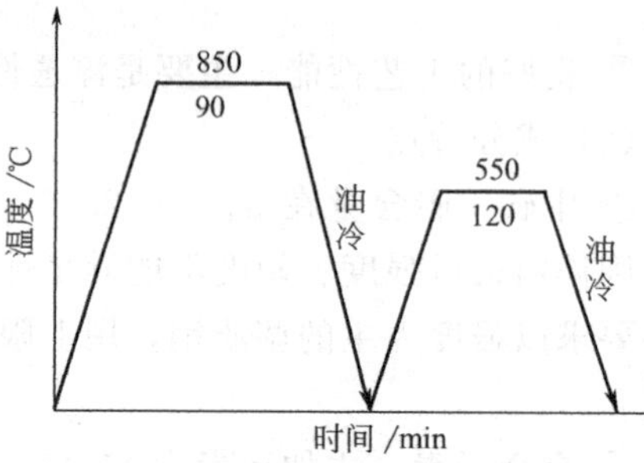

图 5-2　35CrMo 钢制螺栓的调质工艺

(4) 常用调质钢

常用调质钢的牌号、热处理温度、力学性能和用途见表 5-6（成分见相应国家标准）。

合金调质钢按其淬透性不同，可分为以下三大类。

① 低淬透性调质钢　这类钢合金元素含量低。常用的钢号有 40Cr、40MnB、35SiMn 等。油淬临界淬透直径为 20～40mm，调质后 $R_m = 800 \sim 1000MPa$，$R_{p0.2} = 600 \sim 800MPa$，$KU_2 = 48 \sim 72J$。主要用于制造中等负荷、中等速度工作条件下的零件，如汽车的转向节，机床的齿轮、轴、蜗杆等。

② 中淬透性调质钢　这类钢合金元素含量较多。常用的钢号有 40CrNi、40CrMn、40CrMnTi、35CrMo 等。油淬临界淬透直径为 40～60mm，调质后 $R_m = 900 \sim 1000MPa$，$R_{p0.2} = 700 \sim 900MPa$，$KU_2 = 40 \sim 64J$。主要用于制造截面较大、承受重载荷的零件，如大型电动机轴、汽车发动机主轴、大截面齿轮等。

③ 高淬透性调质钢　这类钢合金元素含量高。常用的钢号有 40CrMnMo、30CrNi3、45CrNiMoV 等。油淬临界淬透直径在 60～100mm 以上，调质后 $R_m = 1000 \sim 1200MPa$，$R_{p0.2} = 800 \sim 1000MPa$，$KU_2 = 48 \sim 96J$。主要用于制作承受冲击载荷的高强度大截面零件，如卧式锻压机的传动偏心轴、锻压机的曲轴、高强度连接螺栓等。

5.1.2.6　弹簧钢

弹簧钢是用来制造弹簧等弹性元件的钢种。

(1) 性能要求

弹簧在工作时产生大量的弹性变形，在各种机械中起缓和冲击、吸收振动的作用，并可利用其储存的能量，使构件完成规定的动作，通常是在长期的交变应力下承受拉压、扭转、弯曲和冲击条件下工作。因此，要求弹簧钢具有下列特性。

① 高的弹性极限和屈强比以保证足够的弹性性能，即吸收大量的弹性能而不产生塑性变形。

② 高的疲劳强度　疲劳是弹簧的最主要破坏形式之一，疲劳性能除与钢的成分和结构有关以外，还受钢的冶金质量（如非金属夹杂物）和弹簧表面质量（如脱碳）的影响。

③ 足够的塑性和韧性　以防止受冲击断裂。

表 5-6　常用调质钢的牌号、热处理温度、力学性能和用途

种类	牌号	热处理温度		力学性能					用途举例
		淬火/℃	回火/℃	$R_{p0.2}$/MPa ≥	R_m/MPa ≥	A/% ≥	Z/% ≥	KU_2/J ≥	
低淬透性调质钢	45	840 水	600 空气	335	600	16	40	39	用于制造形状简单、尺寸较小、中等韧性零件，如主轴、曲轴、齿轮
	40Mn	840 水	600 水、油	355	590	15	45	47	用于制造比 45 钢强韧性要求稍高的调质件
	40Cr	850 油	520 水、油	785	980	9	45	47	用于制造中载中速机械零件，如轴类、连杆螺栓、齿轮
	45Mn2	840 油	550 水、油	735	885	10	45	47	代替 40Cr 制作 $\phi<50$mm 的重要调质件
	40MnB	850 油	500 水、油	785	980	10	45	47	
	40MnVB	850 油	520 水、油	785	980	10	45	47	可代替 40Cr 及部分代替 40CrNi
	35SiMn	900 水	570 水、油	735	885	15	45	47	除低温韧性稍差外，可代替 40Cr 和部分代替 40CrNi
中淬透性调质钢	40CrNi	820 油	520 水、油	785	980	10	45	55	制作较大截面和重要的曲轴、主轴、连杆
	40CrMn	840 油	550 水、油	835	980	9	45	47	代替 40CrNi 制作冲击载荷不大零件
	35CrMo	850 油	550 水、油	835	980	12	45	63	代替 40CrNi 制作大截面重要零件
	30CrMnSi	880 油	520 水、油	885	1080	10	45	39	高强度钢，制作高速载荷轴、齿轮
	38CrMoAlA	940 水、油	640 水、油	835	980	14	50	71	高级氮化钢，制作重要丝杆、镗杆、蜗杆、高压阀门
高淬透性调质钢	37CrNi3	820 油	500 水、油	980	1130	10	50	47	用于制造高强韧性的大型重要零件
	25Cr2Ni4WA	850 油	550 水	930	1080	11	45	71	用于制造受冲击载荷的高强度大型重要零件，也可作高级渗碳钢
	40CrNiMoA	850 油	600 水、油	835	980	12	55	78	用于制造高强韧性大型重要零件，如飞机起落架、航空发动机轴
	40CrMnMo	850 油	600 水、油	785	980	10	45	63	40CrNiMoA 的代用钢

④ 其他性能　如良好的热处理（一定的淬透性和低的脱碳敏感性）和塑性加工性能，特殊条件下工件的耐热性或耐蚀性要求等。

(2) 成分特点

① 中、高碳　碳素弹簧钢的碳含量为 0.60%～0.90%，合金弹簧钢的碳含量为 0.40%～0.70%，属中、高碳钢，以保证钢具有高的弹性极限和疲劳强度。

② 低合金　普通用途的合金弹簧钢一般为低合金钢，主加合金元素为 Si($w_{Si}<3\%$)、Mn($w_{Mn}<1.3\%$)、Cr($w_{Cr}\approx1\%$)，它们的主要作用是提高钢的淬透性，固溶强化铁素体，提高弹性极限，Si 的加入可使屈强比提高。辅加合金元素有 Mo、W、V，它们的主要作用是提高钢的回火稳定性，细化晶粒，防止 Si 引起的脱碳缺陷、Mn 引起的过热缺陷，Mo 还能消除第二类回火脆性。

(3) 弹簧的成形及热处理特点

弹簧材料的品种很多，制成的弹簧形状各异，成形工艺方法不同，故最终的热处理工艺亦有不同的特点。

一般弹簧成形工艺分为热成形和冷成形两类。当弹簧材料截面尺寸较大（弹簧丝直径或弹簧钢板厚度大于10～15mm），需将材料加热后加工成形的工艺称为热成形；当弹簧材料截面尺寸较小（弹簧丝直径小于8～10mm），在常温下加工成形的工艺称为冷成形。

① 冷成形弹簧

a. 以退火状态供应的弹簧钢丝　在退火状态下，弹簧钢的组织是片状珠光体和铁素体，在常温下加工成形后，进行淬火和中温回火，获得具有高弹性极限的回火托氏体组织。

b. 铅浴等温淬火冷拉钢丝　铅浴等温淬火是将盘条坯料直接通电加热及奥氏体化之后，在500～550℃后的铅浴中等温分解成托氏体组织的工艺，弹簧钢丝经这样处理后，再经多次冷拉至所需直径，然后冷卷成弹簧。此时材料的组织和性能已满足要求，故只需进行一次200～300℃的去应力退火，以消除应力，稳定尺寸。虽然铅浴等温淬火冷拉钢丝的强度很高，但是由于其性能（如抗拉强度）不均匀，只适用于中小尺寸的弹簧和不重要的大弹簧（如沙发弹簧）。

c. 油淬强化的弹簧钢丝　对冷拔的钢丝先进行油淬及中温回火，获得托氏体组织，弹簧绕制后只需进行去应力退火。这类弹簧钢丝的抗拉强度比铅浴等温淬火冷拉钢丝低，但它的性能（如抗拉强度）比较均匀，因此它广泛用于制造各种动力机械的阀门弹簧、柴油发动机的喷油嘴弹簧等。

② 热成形弹簧　热成形弹簧所用的材料一般为热轧或退火状态下供货的弹簧钢。

此类弹簧成形时，先将坯料加热至950～980℃，然后压弯或热卷成形，热成形后利用余热立即进行淬火，然后进行中温回火处理，得到回火托氏体组织，保证较高的弹性极限。回火后的硬度一般螺旋弹簧为45～50HRC，钢板弹簧为42～47HRC，工作应力较高的弹簧应为48～53HRC。

为了提高疲劳强度，弹簧热处理后要进行喷丸处理，提高表面质量，并在表面形成残余压应力。

弹簧成形及热处理应用举例：60Si2Mn钢制汽车板弹簧。

工艺路线为：扁钢下料→加热压弯成形→淬火→中温回火→喷丸。

成形及淬火、回火工艺如图5-3所示。

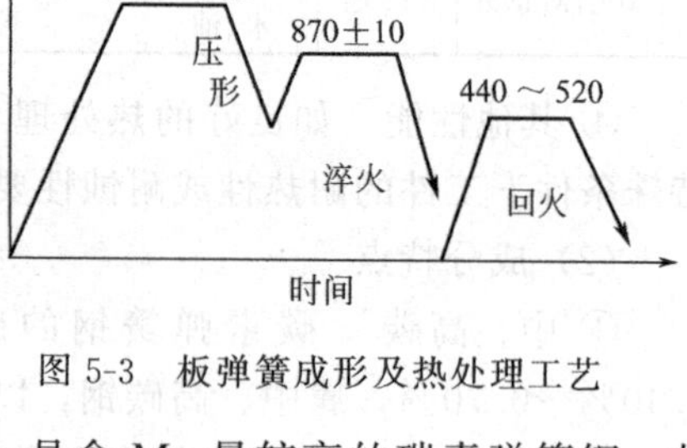

图5-3　板弹簧成形及热处理工艺

(4) 常用的弹簧钢

根据现行的国家标准GB/T 1222—2007，常用弹簧钢的成分、热处理、性能及用途见表5-7。

① 碳素弹簧钢　碳素弹簧钢有65、70、85、65Mn等，其强度较高，性能较好，价格较便宜。70、85钢淬透性低，直径或板厚大于12mm的不能用油淬透，故适合于制作不受冲击载荷的小弹簧。65Mn是含Mn量较高的碳素弹簧钢，其淬透性和弹性极限较高，故可制作截面尺寸不大于15mm的弹簧。

② 合金弹簧钢

a. 硅锰弹簧钢　常用钢号为60Si2Mn。这是应用最广的弹簧钢，用于制造汽车、拖拉机和铁路车辆上在高应力工作条件下的螺旋弹簧和板弹簧。其油淬淬透性直径为ϕ20～30mm，弹性极限高达1200MPa，屈强比为0.9，疲劳极限高，工作温度在230℃以下。

b. 铬钒弹簧钢　常用钢号为50CrVA。这是一种应用广泛的弹簧钢，晶粒细小，回火稳定性好，工作温度在300℃以下，其油淬临界直径为ϕ30～50mm，适合制作大截面、大负荷的活塞弹簧等。

表 5-7 常用弹簧钢的成分、热处理、性能及用途

牌号	屈服强度 $R_{p0.2}$/MPa ≥	抗拉强度 R_m/MPa ≥	硬度 /HBW ≤	用途
65 70 85	800 835 980	980 1030 1130	285① 285① 302①	用于制造汽车、机车车辆、拖拉机的板弹簧及螺旋弹簧，还可制造U形卡簧、轧辊、凸轮等
55CrVA	1130	1275	321①	高温性能稳定，适于制造大截面、高应力螺旋弹簧及工作温度低于300℃的耐热弹簧
65Mn	780	980	302①	适于制造较大尺寸的扁弹簧、冷卷簧、气门簧、发条弹簧等
60Si2Mn 60Si2MnA	1180 1375	1275 1570	321① 321①	适于制造汽车、拖拉机的板弹簧、螺旋弹簧、安全阀及止回阀用弹簧、耐热弹簧等
60Si2CrA 60Si2CrVA	1570 1665	1765 1860	321② 321②	适于制造高负荷、耐冲击的重要弹簧及工作温度低于250℃的耐热弹簧，如高压水泵碟形弹簧等
55CrMnA 60CrMnA	1100 1100	1250 1250	321① 321①	适于制造汽车、拖拉机中大载荷的板弹簧和大尺寸的螺旋弹簧
30W4Cr2VA	1325	1470	321②	适于制造540℃蒸汽电站用弹簧及锅炉安全阀用弹簧

① 热轧交货状态硬度。

② 热轧＋热处理交货状态硬度。

5.1.2.7 滚动轴承钢

滚动轴承钢简称轴承钢，是主要用于制作滚动轴承的内外套圈及滚动体的钢种。

(1) 性能要求

滚动轴承工作时，滚动体和套圈呈点或线接触，承受高达3000～5000MPa的交变接触应力和极大的摩擦力，还可能受到大气、水及润滑剂的侵蚀，其主要损坏形式有接触疲劳(麻点剥落)、磨损和腐蚀等。故对滚动轴承钢的主要性能有以下几个要求。

① 高的接触疲劳强度和弹性极限。

② 高的硬度和耐磨性。

③ 对于制造承受冲击载荷如汽车、矿山机械的轴承的材料应有足够的强度和冲击韧度。

④ 一定的耐蚀性。

(2) 成分特点

① 高碳 常用的轴承钢碳含量一般为w_C＝0.95%～1.15%，以保证热处理后钢的高硬度和高耐磨性。

② 低合金 常用的轴承钢一般是低合金钢，主加合金元素是铬，且w_{Cr}＝0.40%～1.65%，它的主要作用是增加钢的淬透性，形成合金渗碳体 $(Fe, Cr)_3C$，细化奥氏体晶粒，淬火后得到隐晶马氏体组织，提高接触疲劳强度和耐磨性，但当w_{Cr}＞1.65%时，会增加残留奥氏体量，降低强度和硬度。辅加合金元素是Si、Mn、Mo等，能进一步提高淬透性，其中Si还能提高回火稳定性，用于制造大型轴承的材料；对无铬轴承钢还应加入V、RE等元素，形成VC以保证耐磨性，并细化钢基体晶粒。

(3) 热处理特点

① 预备热处理 滚动轴承零件一般采用球化退火作为预备热处理。滚动轴承钢属过共

析钢，球化退火的目的有两个。一个是使锻造组织中片状的碳化物球化，降低钢的硬度（180～207HBW），改善切削性能。如锻造后的珠光体片厚度大或存在网状渗碳体，则在球化退火之前进行一次正火来消除网状碳化物。另一个是为最终热处理做好组织准备。

② 最终热处理　滚动轴承零件的最终热处理为淬火＋低温回火。淬火温度在 Ac_1 和 Ac_{cm}之间，即不完全奥氏体化，保证获得的淬火组织为隐晶马氏体＋细小均匀的球状碳化物＋少量残留奥氏体。其硬度为 64～66HRC。

低温回火需在淬火后及时进行，回火温度为 150～160℃，目的是稳定组织，消除淬火应力。回火组织为回火马氏体＋均匀分布的细小球状碳化物＋少量残留奥氏体，硬度为 61～65HRC。

由于低温回火不能彻底消除内应力及残留奥氏体，在长期使用中会发生应力松弛和组织转变，引起尺寸变化，所以对于精密轴承零件，在淬火后应立即进行一次冷处理（－80～－60℃），并分别在低温回火和磨削加工后再进行 120～130℃保温 5～10h 的低温时效处理，以进一步减少残留奥氏体和消除内应力，保证尺寸稳定。

一般滚动轴承的加工工艺路线为：轧制或锻造→球化退火→机加工→淬火→低温回火→磨削→成品。

精密轴承的加工工艺路线为：轧制或锻造→球化退火→机加工→淬火→冷处理→低温回火→时效处理→磨削→时效处理→成品。

热处理应用举例：某 GCr15 钢制精密微型轴承要求硬度≥62HRC，其热处理工艺如图 5-4 所示。

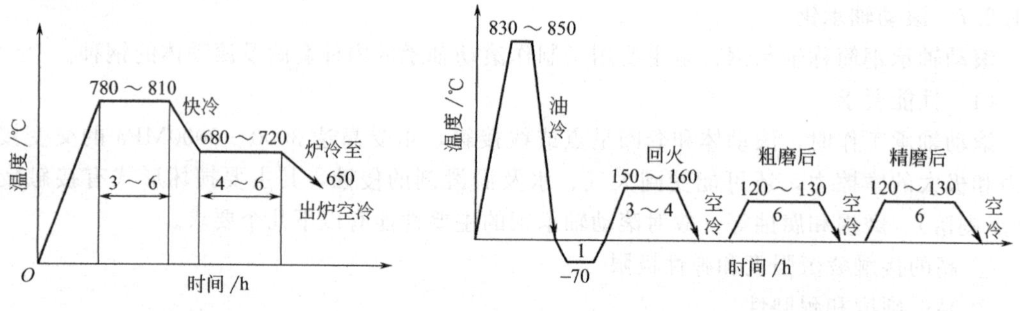

(a) 球化退火　　(b) 淬火、回火及时效处理

图 5-4　精密微型轴承的热处理工艺

（4）常用滚动轴承钢

主要是高碳铬轴承钢。这类钢具有良好的使用性能和良好的工艺性能及较低价格，同时，其冶炼工艺及热处理等加工工艺均比较成熟，是制造套圈和滚动体的首选钢种。适用于工作温度低于 200℃的轴承。列入 GB/T 18254—2002 中的牌号有 GCr4、GCr15、GCr15SiMn、GCr15SiMo、GCr18Mo 等，主要差别是淬透性，其他性能差别不大，其中 GCr15 是我国应用最广泛的轴承钢。对于尺寸较大的轴承（如铁路轴承）可采用铬锰硅钢，如 GCr15SiMn 钢等。为提高轴承的冲击韧度和断裂韧度、尺寸稳定性、延长接触疲劳寿命、减小淬火变形可采用贝氏体等温淬火。GCr4 为新研制的限制淬透性轴承钢，用于制造工作温度低于 100℃，壁厚大于 14mm，承受较大冲击负荷的轴承套圈。

顺便指出，由于 GCr15 与低铬工具钢在化学成分上相近，因此它也可作为工具钢，用于制造形状复杂的刃具、精密量具、冷冲模及某些精密零件（如精密丝杠等）。

常用高碳铬轴承钢的牌号、热处理温度、性能及应用范围见表 5-8。

表 5-8 常用高碳铬轴承钢的牌号、热处理温度、性能及应用范围

牌号	热处理温度/℃		回火后硬度/HRC	用途
	淬火	回火		
GCr4	850～870 表面淬火	150 自回火	表面 60～66 心部 35～45	用于制造承受高冲击载荷条件下工作的铁路轴承内套、轧机轴承等
GCr15	825～845	150～170	62～66	用于制造高转速、高载荷大型机械用轴承的钢球、套圈；也可制造精密量具、冷冲模和一般刃具等
GCr15SiMn	820～840	150～180	≥62	
GCr15SiMo	850～860	170～190	≥62	用于制造特大型轴承套圈
GCr18Mo	850～865	160～200	≥63	用于制造尺寸较大如高速列车轴承、轧机轴承的套圈、滚动体

5.1.2.8 铸钢

铸钢是冶炼后直接铸造成形而不需锻轧成形的钢种。工程上，一些形状复杂、综合力学性能要求较高的大型零件，难以用锻轧方法成形，此时通常用铸钢制造。考虑到对铸钢铸造性能、焊接性能和切削加工性能的要求，铸钢的碳含量一般为 $w_C=0.15\%\sim0.60\%$，为提高其性能，也可进行热处理（主要是退火、正火，小型铸钢件还可进行淬火、回火）。常用的铸钢主要有碳素铸钢和低合金铸钢两大类。

根据现行的国家标准 GB/T 11352—2009，碳素铸钢的牌号、性能与用途见表 5-9。

表 5-9 碳素铸钢的牌号、性能与用途

钢号	对应旧钢号	力学性能					用途举例
		R_m/MPa ≥	$R_{p0.2}$/MPa ≥	A/% ≥	Z/% ≥	KV_2/J ≥	
ZG200-400	ZG15	400	200	25	40	30	良好的塑性、韧性、焊接性能，用于制造受力不大、要求高韧性的零件
ZG230-450	ZG25	450	230	22	32	25	一定的强度和较好韧性、焊接性能，用于制造受力不大、要求高韧性的零件
ZG270-500	ZG35	500	270	18	25	22	较高的强韧性，用于制造受力较大且有一定韧性要求的零件，如连杆、曲轴
ZG310-570	ZG45	570	310	15	21	15	较高的强度和较低的韧性，用于制造载荷较高的零件，如大齿轮、制动轮
ZG340-640	ZG55	640	340	10	18	10	高的强度、硬度和耐磨性，用于制造齿轮、棘轮、联轴器、叉头等

注：表中力学性能是在正火（或退火）＋回火状态下测定的。

低合金铸钢是在碳素铸钢基础上，适当提高 Mn、Si 含量，以发挥其合金化的作用，另外还可添加低含量的 Cr、Mo 等合金元素，常用牌号有 ZG40Cr、ZG40Mn、ZG35SiMn、ZG35CrMo 和 ZG35CrMnSi 等。低合金铸钢的综合力学性能明显优于碳素铸钢，大多用于承受较重载荷、冲击和摩擦的机械零件，如各种高强度齿轮、水压机工作缸、高速列车车钩等。为充分发挥合金元素作用以提高低合金铸钢的性能，通常应对其进行热处理，如退火、正火、调质和各种表面热处理。

5.1.2.9 易切削钢

在钢中加入一种或几种元素，利用其本身或与其他元素形成一种对切削加工有利的夹杂物来改善钢的切削加工性能，这类钢称为易切削钢。随着切削加工的自动化、高速化与精密化，要求钢材具有良好的易切削性是非常重要的，这类钢主要用于自动切削机床上加工。

（1）化学成分特点

为了改善钢的切削加工性能，最常用的合金元素有S、Pb、Ca、P等，其一般作用如下所述。

S在钢中与Mn和Fe形成（Mn，Fe）S夹杂物，它能中断基体的连续性，使切屑易于脆断，减少切屑与刀具的接触面积。S还能起减摩作用，使切屑不易黏附在刀刃上。但过量的S易使钢产生热脆，所以S含量一般控制在w_S＝0.08%～0.30%，并适当提高Mn含量与其配合。

Pb在钢中基本不溶而形成细小颗粒（2～3μm）均匀分布在基体中。在切削过程中所产生的热量达到Pb颗粒的熔点时，它即呈熔化状态，在刀具与切屑以及刀具与钢材被加工面之间产生润滑作用，使摩擦因数降低，刀具温度下降，磨损减少，从而改善钢的切削性能。Pb的用量通常在w_{Pb}＝0.10%～0.35%。

Ca能形成高熔点（约1300～1600℃）的Ca-Si-Al的复合氧化物（钙铝硅酸盐）附着在刀具上，形成具有减摩作用的薄保护膜，防止刀具磨损。Ca的加入量通常在w_{Ca}＝0.001%～0.005%。

P能形成Fe-P化合物，性能硬而脆，有利于切屑折断，但有冷脆倾向。P的加入量为w_P＝0.05%～0.10%。

（2）常用易切削钢

自动机床加工的零件，大多用低碳碳素易切削钢。

例如，Y40CrSCa表示附加S、Ca复合的易切削40Cr调质钢，它广泛用于各种高速切削自动机床；YT10Pb表示碳含量为1.0%的附加易切削元素Pb的易切削碳素工具钢，它常用于精密仪表行业中，如制作手表、照相机的齿轮轴等。

在易切削钢的使用中应注意的是，为防止损害钢的切削加工性，一般不进行预备热处理，但可进行最终热处理；由于易切削钢的冶金工艺要求高于普通钢，成本较高，故只有对大批量生产的零件，在必须改善钢材的切削加工性时，才是经济的。

5.1.3 工具钢

用于制造各种刃具、模具和量具等工具的钢材，称为工具钢。作为工具钢对高硬度、高耐磨性和足够的强度、塑性及一定的冲击韧度的要求是一致的，因此，在实际应用时，区分并不绝对。但各类工具钢工作条件不同，对某些性能的要求相应地也有所区别。所以，各种工具钢的成分、热处理工艺有各自的特点。

5.1.3.1 刃具钢

（1）性能要求

刃具钢主要用于制作如车刀、铣刀、钻头等各种切削刃具。在切削过程中刃具直接与工件及切屑相接触，承受很大的切削压力、冲击振动，并受到工件及切屑的剧烈摩擦，产生很高的温升，可达500～600℃。刃具切削部分在高温、高压、剧烈摩擦甚至冲击振动的条件下工作，容易发生磨损、崩刃和热裂等形式的失效，因此，要求刃具材料具备以下性能。

① 高硬度 刃具材料的硬度必须高于被加工材料的硬度，否则就不能在切削过程中保持使刃具锋利的几何形状。研究表明，刃具的硬度至少应为工件硬度的4.5倍，因此切削金属的刃具其硬度都应在60HRC以上。刃具的硬度主要取决于碳含量，因此，刃具钢的碳含量大于0.6%。

② 高耐磨性 耐磨性越好，刃具在切削过程中越能保持锋利，耐磨性的好坏决定了刃

具的使用寿命。钢的硬度，碳化物的硬度、数量、大小和分布情况，对耐磨性的影响很大，一般来说，细小弥散分布在马氏体基体上的高硬度碳化物对提高钢的耐磨性有很大的作用。

③ 高热硬性　所谓热硬性或称红硬性是指刃具刃部在切削热的作用下，仍然能保持高硬度（>60HRC）的一种特性，通常用高温硬度来衡量。热硬性决定了高速切削时刃具的使用性能，刃具材料的高温硬度越高，表示耐热性越好，允许的切削速度和切削量也就越大，切削加工的生产率也就可以得到提高。热硬性的高低与材料的回火稳定性和碳化物弥散分布等有关，加入 W、V、Nb 等合金元素，可显著提高钢的热硬性。

④ 足够的强度、塑性和韧性　刃具在切削过程中受到弯曲、扭转和振动等载荷，尤其是细长形状的刃具往往不是磨损而是断裂，因此需要刃具材料具有在使用时不断裂（崩刃）的性能。通常用刃具材料的抗弯强度表示强度的大小，用冲击韧度或断裂韧度表示韧性的大小。其数值越高，刃具承受切削抗力和抵抗冲击振动的能力越强。

当然，刃具的类型、被切削的材料、加工条件等变化时，刃具所需具有的主要性能也将发生变化。例如，加工钢铁材料时，车刀的热硬性是第一位的，而麻花钻头的强韧性最为重要。还有的尚要考虑其他特殊要求。

(2) 碳素工具钢

碳素工具钢的碳含量一般为 0.65%～1.35%，随着碳含量的增加（从 T7 到 T13），钢的硬度无明显变化，但耐磨性增加而韧性下降。根据现行的国家标准 GB/T 1298—2008，碳素工具钢的牌号、成分及用途见表 5-10。

碳素工具钢的预备热处理一般为球化退火，其目的是降低硬度（<217HBW）便于切削加工，并为淬火做组织准备；但若锻造组织中存在网状碳化物缺陷，则应在球化退火之前先进行正火处理，以消除网状碳化物。其最终热处理为淬火＋低温回火（回火温度一般为 180～200℃），正常组织为隐晶回火马氏体＋细粒状渗碳体及少量残留奥氏体。

碳素工具钢的优点是：成本低，冷热加工工艺性能好，在手用工具和机用低速切削工具上有较广泛的应用；但碳素工具钢的淬透性低、组织稳定性差且无热硬性、综合力学性能（如耐磨性）欠佳，故一般只用作尺寸不大、形状简单、要求不高的低速切削工具。

(3) 低合金刃具钢

低合金刃具钢的成分特点是高碳、低合金。碳含量在 0.9%～1.5%之间，以保证淬火、回火后马氏体的碳含量，并能形成碳化物，保证足够的硬度和耐磨性。低合金工具钢的合金元素总量一般在 5%以下，常用的合金元素有 Si、Cr、Mn，主要目的是提高淬透性，Si 还能提高回火稳定性，使钢在 230～250℃之间回火时，硬度仍保持 60HRC 以上，保证一定的热硬性。强碳化物元素 W、V 的加入，在钢中形成高硬度、高熔点的弥散分布的合金碳化物，提高钢的硬度、耐磨性及热硬性。

GB/T 1299—2000 中，合金刃具钢的牌号、性能及用途见表 5-11。常用的有 9SiCr、CrWMn、Cr06 等。

低合金刃具钢的热处理特点基本上与碳素工具钢相同，只是由于合金元素的影响，其加热温度、保温时间、冷却方式等工艺参数有所变化。

低合金刃具钢属于过共析钢，采用球化退火作为预备热处理，降低硬度，改善切削性能。最终热处理为淬火及低温回火。合金元素的加入，使其淬透性优于碳素工具钢，可以用较低的冷却速度冷却，淬火应力及变形小，因此，在生产中低合金刃具钢（如 9SiCr）得到了广泛的应用，特别是制造各种薄刃刃具，如板牙、丝锥、钻头、铰刀、冷冲模等。

表 5-10　碳素工具钢的牌号、成分及用途

牌号	化学成分(w)			硬度			用途举例
	C/%	Si/%	Mn/%	退火状态/HBW≤	淬火后/HRC	试样淬火工艺	
T7 T7A	0.65～0.74	≤0.35	≤0.40	187	≥62	800～820℃ 水	适于制作要求适当硬度、能承受冲击负荷并具有较好韧性的各种工具,如凿子、钻子、钢印、石钻、铆钉模、打印皮革印模、改锥、机床顶尖、剪铁皮用剪子等。还可用作大、小锤子、瓦工用镘刀、木工工具、矿山凿岩钎子等
T8 T8A	0.75～0.84					780～800℃ 水	适于制作要求较高硬度、耐磨、承受冲击负荷不大的各种工具,如冲头、虎钳牙、穿孔工具、锉刀、锯条、剪刀、车刀、矿用凿、石工用凿等,其他用途与 T7 钢大体相同。T8Mn 和 T8MnA 淬透性较大,可制造断面较大的工具
T8Mn T8MnA	0.80～0.90		0.40～0.60				
T9 T9A	0.85～0.94		≤0.40	192		760～780℃ 水	适于制作较高硬度且有一定韧性的工具,如锉刀、丝锥、板牙、凿岩工具等
T10 T10A	0.95～1.04			197			适于制作要求耐磨、刃口锋利且稍有韧性的工具,如车刀、刨刀、铣刀、铰刀、切纸刀、切烟叶刀、钻头、改锥、冲模、冷镦模、拉丝模、货币压模、丝锥、板牙、锉刀、锯条、金属及石材加工工具等
T11 T11A	1.05～1.14			207			适于制作工作时切削刃口不易变热的工具,如丝锥、锉刀、扩孔铰刀、板牙、刮刀、量规、切烟叶刀、尺寸不大的冷冲模及切边模等
T12 T12A	1.15～1.24						适于制作不受冲击、切削速度不高、切削刃口不变热的工具,如车刀、铣刀、刮刀、铰刀、锉刀、切烟叶刀、钻头、丝锥、板牙及小断面的冲孔模等
T13 T13A	1.25～1.35			217			适于制作硬金属切削工具、剃刀、刮刀、锉刀、拉丝工具、刻纹用工具、硬石加工工具、雕刻用工具等

低合金刃具钢的淬透性和综合力学性能优于碳素工具钢，故可用于制造尺寸较大、形状较复杂、受力要求较高的各种刃具；但由于其所含的合金元素主要是淬透性元素，而不是含较多的强碳化物形成元素（W、Mo、V 等），故仍不具备热硬性特点，刃具刃部的工作温度一般不超过 250℃，否则硬度和耐磨性迅速下降，甚至丧失切削能力，因此这类钢仍然属于低速切削刃具钢。

热处理应用举例：9SiCr 钢制 M12 圆板牙，要求硬度为 60～63HRC。

工艺路线为：下料→球化退火→机加工→淬火→低温回火→磨平面→抛槽→开口。

热处理工艺如图 5-5 所示，预备热处理采用等温退火，退火后硬度在 197～241HBW 范围内适宜于机加工。

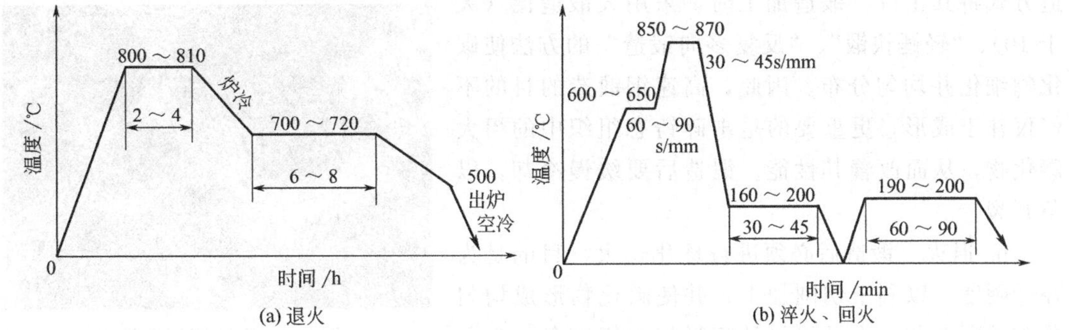

图 5-5 9SiCr 钢制圆板牙热处理工艺

表 5-11 合金刃具钢的牌号、性能及用途

牌 号	硬度			用 途
	退火状态/HBW	淬火后/HRC ≥	试样淬火工艺	
9SiCr	197～241	62	830～860℃ 油	适于制造耐磨性高、切削负荷不大、要求变形小的刃具,如丝锥、板牙、拉刀、铰刀、钻头、齿轮铣刀等
8MnSi	≤229	60	800～820℃ 油	适于制造木工工具、凿子、锯条,也可制造盘锯、镶片刃具的刀体等
Cr06	187～241	64	780～810℃ 水	制造低载荷又要求锋利刃口的刃具,如外科手术刀、剃须刀片、刮刀、雕刻刀、羊毛剪刀、锉刀或机动刃具等
Cr2	179～229	62	830～860℃ 油	用于制造低速、小进给量、加工较软材料的刃具,也可制作样板、卡板、量规、块规、环规、螺纹塞规、冷轧辊等
W	187～229	62	800～830℃ 水	制造工作温度不高的低速刃具,如小钻头、切削速度不高的丝锥、板牙、手用铰刀、锯条等

(4) 高速钢

高速钢是一种适于制造尺寸大、形状复杂、负荷重、工作温度高的各种高速切削刃具的高碳高合金工具钢。

① 性能特点

a. 高的热硬性，刃部温度上升到600℃，其硬度仍然维持在55～60HRC。

b. 高硬度和高耐磨性，从而使切削时刀刃保持锋利（故也称“锋钢”）。

c. 淬透性优良，甚至在空气中冷却也可得到马氏体组织（故又称“风钢”）。

② 化学成分

a. 高碳 w_C=0.70%～1.65%，以保证淬火后马氏体的碳含量及合金碳化物量。

b. 高合金 Cr(w_{Cr}=3.5%～5.0%) 的主要作用是提高淬透性。W(w_W=5.5%～19.0%) 和 Mo(w_{Mo}=2.7%～10.0%) 作用相似，大约1%Mo能代替2%W，它们一部分以碳化物形式存在于钢中，可阻止加热时奥氏体晶粒长大，细化淬火后的马氏体组织；另一部分溶于马氏体中，回火时产生“二次硬化”。V(w_V=0.8%～2.75%) 的主要作用是形成合金碳化物，细化晶粒，回火时产生“二次硬化”，提高热硬性。Co(w_{Co}=4.25%～9.50%) 能极大地提高钢的硬度和热硬性。

③ 锻造及热处理

a. 锻造 高速钢是一种莱氏体钢，铸态组织中含有大量如图5-6所示的共晶莱氏体，共晶碳化物呈鱼骨状，粗大且分布很不均匀，脆性很大，很难用热处理方法消除。只能采用锻造方式将其击碎。锻造加工时，采用大锻造比（大于10）、“轻锤快锻”、“反复多向锻造”的方法使碳化物细化并均匀分布。因此，高速钢锻造的目的不仅仅在于成形，更重要的是击碎铸态组织中的粗大碳化物，从而改善其性能。锻造后要缓慢冷却，以免开裂。

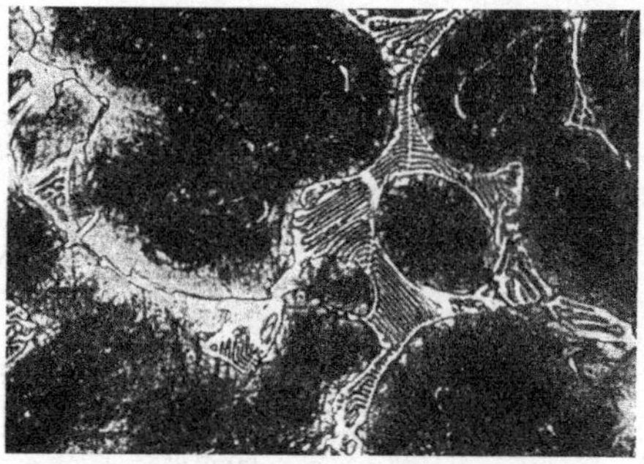

图 5-6 高速钢铸态组织

b. 退火 锻造后必须进行球化退火，目的是为降低硬度，以利于切削加工，并使碳化物形成均匀分布的颗粒状，为最终热处理做好组织准备。为了缩短时间，提高生产率，一般采用等温退火工艺。球化退火后的组织为索氏体（基体）＋未溶粒状碳化物，硬度大多≤255HBW。

c. 淬火及回火 只有通过正确的淬火及回火工艺才能发挥出高速钢的优良性能。高速钢的最终热处理为高温淬火＋高温回火。由于高速钢的导热性较差，淬火加热时应预热1～2次（这对尺寸较大、形状复杂的工具尤为重要）。淬火加热温度应严格控制，过高则晶粒粗大，过低则奥氏体合金度不够而引起热硬性下降。冷却方式虽然采用空冷亦可淬透，但为避免650～1000℃析出碳化物，导致降低奥氏体合金饱和度而影响性能，对于尺寸小、形状简单的刀具，采用直接油淬的方法；而形状复杂、精度要求高的刀具，采用在580～600℃中性盐浴中分级淬火的方法，减小淬火应力，淬火组织为隐晶马氏体＋未溶细粒状碳化物＋大量残留奥氏体（25%～30%），硬度61～63HRC。为充分减少残留奥氏体量，降低淬火钢的脆性和内应力，更重要的是通过产生二次硬化来保证高速钢的热硬性，通常采用550～570℃高温回火3次，每次1h，目的是尽可能地减少残留奥氏体，因为第一次回火后残留奥氏体只能降至15%左右，第二次回火后残留奥氏体降至3%～5%，第三次回火后残留奥氏体才降至1%左右。为减少回火次数，也可在淬火后采用冷处理（－80℃左右）来减少残留奥氏体后进行一次回火处理。高速钢正常回火组织为隐晶回火马氏体＋粒状碳化物＋少量残留奥氏体（<3%），硬度升高至63～66HRC。

热处理应用举例：W18Cr4V钢制插齿刀，要求高硬度（63～64HRC）和高热硬性。

工艺路线为：下料→锻造→球化退火→机加工→淬火→三次回火→磨削→蒸汽处理。

热处理工艺如图5-7所示。

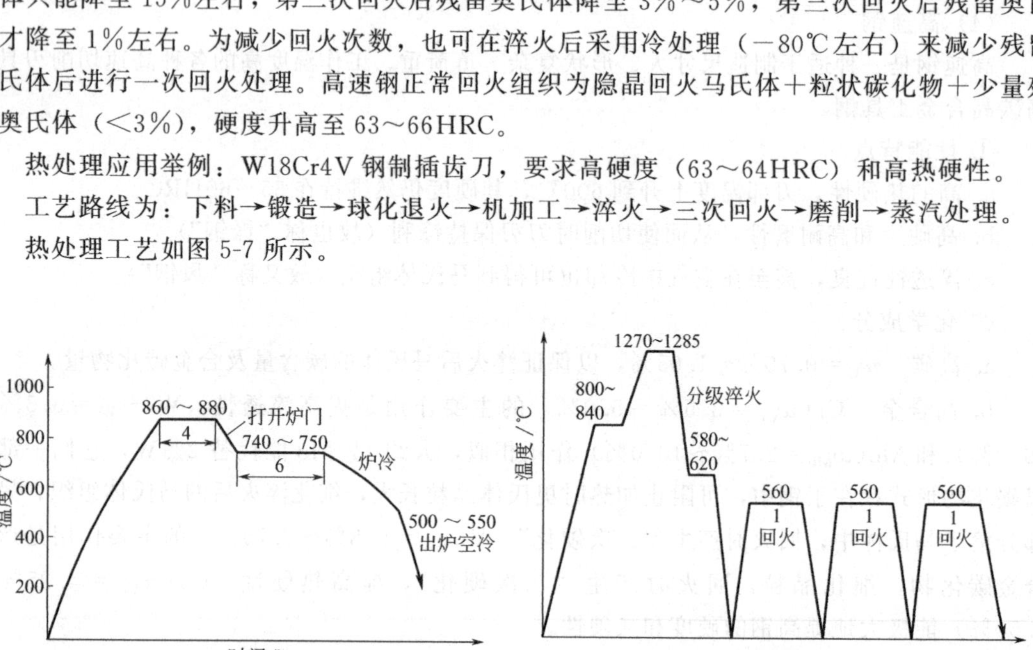

图 5-7 W18Cr4V钢制插齿刀的热处理工艺

④ 表面强化处理　为了改善刀具耐用度和切削效率，高速钢的表面强化已受到普遍的重视。如蒸汽处理、表面化学热处理、表面气相沉积和激光表面处理等，刀具寿命少则提高百分之几十，多则提高几倍甚至10倍以上。

⑤ 常用高速钢　高速钢通常分为两大类。一类是通用型高速钢，以钨系 W18Cr4V（常以 18-4-1 表示）和钨钼系 W6Mo5Cr4V2（常以 6-5-4-2 表示）为代表，还包括其成分稍做调整的高钒型 W6Mo5Cr4V3（6-5-4-3）和 W9Mo3Cr4V（9-3-4-1）。钨系高速钢（W18Cr4V）发展最早，但脆性较大，将逐步被淘汰，钨钼系高速钢 W6Mo5Cr4V2 韧性较好，应用最广泛，但过热和脱碳倾向较大。另一类是高性能高速钢，其中包括高碳高钒型（CW6Mo5Cr4V3）、超硬型（如含 Co 的 W6Mo5Cr4V2Co5、含 Al 的 W6Mo5Cr4V2Al）。超硬高速钢的硬度、耐磨性、热硬性最好，适用于加工难切削材料，但其脆性最大，不宜制作薄刃刀具。表 5-12 为列入 GB/T 9943—2008 的部分高速工具钢的牌号、热处理温度及用途。

表 5-12　高速工具钢的牌号、热处理温度及用途

牌　号	热处理温度/℃			硬度		用　途
	预热	淬火	回火	退火/HBW≤	淬回火/HRC≥	
W18Cr4V	820～870	1260～1280	550～570	255	63	制造车刀、刨刀、铣刀、钻头、铰刀、齿轮刀具、拉刀、机用丝锥、板牙等一般和复杂刀具
W6Mo5Cr4V2	730～840	1210～1230	540～560	255	63	W18Cr4V 替代用钢，适于制造受冲击较大的刀具，如插齿刀、锥齿轮刨刀、麻花钻等
W6Mo5Cr4V3	840～850	1200～1240	560	255	64	
CW6Mo5Cr4V3	730～840	1190～1210	540～560	255	64	
W2Mo9Cr4V2	730～840	1190～1210	560～580	255	65	适于制造钻头、铣刀、刀片、成形刀具、丝锥、板牙、锯条及各种冷冲模具等
W2Mo9Cr4VCo8	730～840	1170～1190	530～550	269	66	制造高精度和形状复杂的成形铣刀、精密拉刀及专用钻头，各种高硬度刀头、刀片等
W6Mo5Cr4V2Co5	730～845	1190～1210	540～560	269	64	制造截面尺寸较大、形状简单、少磨削、加工难加工金属的刀具，如车刀、刨刀等
W9Mo3Cr4V	820～870	1210～1230	540～560	255	63	通用性强，综合性能超过 W6Mo5Cr4V2，且成本较低，制造各种高速切削刀具，冷、热模具
W6Mo5Cr4V2Al	850～870	1230～1240	540～560	269	65	制造各类高速切削刀具，如车、刨、镗、拉、滚齿等刀具，冷、热模具

5.1.3.2　模具钢

用于制作模具的钢种称为模具钢。根据模具的工作条件不同，可以分为冷作模具钢和热作模具钢两大类。

(1) 冷作模具钢

冷作模具钢用于制造使金属在冷态下变形的模具，如冲裁模、拉丝模、弯曲模、拉深模等，有时还用于制造其他工具，如剪刀片等。这类模具工作时的实际温度一般不超过200～300℃。

① 冷作模具钢的性能要求　冷作模具在冷态下工作，被加工材料的变形抗力较大，模具的刃口部分受到强烈的摩擦和挤压，所以模具钢应具有以下特点。

a. 高的硬度和耐磨性，工作时保持锋利的刃口。

b. 较高的强度和韧性及一定的热硬性，工作时刃部不易崩裂或塌陷。

c. 较好的淬透性，保证淬火态有较高的硬度和一定的淬透深度。

d. 较好的加工工艺性和成形性。较好的淬火安全性，热处理变形小，在复杂断面上不易淬裂。

② 成分特点

a. 高碳　碳含量一般在1%左右，个别达2.0%，以保证高硬度和高耐磨性。

b. 高合金　常用的有Cr、Mn、Mo、W、V等，Mn、Cr等能提高淬透性，碳化物形成元素形成难溶碳化物，细化晶粒，提高耐磨性。

③ 常用冷作模具钢及热处理

a. 碳素工具钢　一般选用高级优质碳素工具钢，以改善模具的韧性。根据模具的种类和具体工作条件不同选用不同的碳含量的碳素工具钢：对耐磨性要求较高、不受或受冲击较小的模具可选用T13A、T12A；对受较大冲击的模具则应选择T7A、T8A；而对耐磨性和韧性均有一定要求的模具（如冷镦模）可选择T10A。这类钢的主要优点是加工性能好、成本低，缺点是淬透性低、耐磨性欠佳、淬火变形大、使用寿命低；故一般只适合于制造尺寸小、形状简单、精度低的轻负荷模具。其热处理特点与碳素刃具钢相同。

b. 低合金工具钢　应用较广泛的钢号有9Mn2V、9SiCr、CrWMn和滚动轴承钢GCr15。与碳素工具钢相比，低合金工具钢具有较高的淬透性、较好的回火稳定性、较好的耐磨性和较小的淬火变形，综合力学性能较好。常用于制造尺寸较大、形状较复杂、精度较高的低中负荷模具。低合金工具钢的缺点是网状碳化物倾向较大，其韧性不足而可能导致模具的崩刃或折断等早期失效。

c. 高铬和中铬冷作模具钢　这是一种专用的冷作模具钢，具有更高的淬透性、耐磨性和承载强度，且淬火变形小，广泛用于尺寸大、形状复杂、精度高的重载冷作模具。

Cr12型高铬模具钢常用的有三个牌号：Cr12、Cr12MoV和Cr12Mo1V1。Cr12钢的w_C高达2.00%～2.30%，属莱氏体钢，具有优良的淬透性和耐磨性，但韧性较差，多用于小动载条件且要求高耐磨或形状简单的拉伸模和冲裁模，在正确设计的情况下，可以冲压厚度小于6mm的钢板，但应用正逐步减少。Cr12MoV和Cr12Mo1V1的w_C降至1.45%～1.70%和1.40%～1.60%。它们有相似的性能和较好的淬透性，在保持Cr12钢优点的基础上，其韧性得以改善，经高温淬火和高温回火后还具有一定的热硬性，在用于韧性不足而易于开裂、崩刃的模具上，已取代Cr12钢；若要求具有好的回火稳定性时则宜选择钼和钒含量较高的Cr12Mo1V1钢。这类钢亦被用于制造某些热固性塑料的成形模具。

Cr12型钢也是一种莱氏体钢，其锻造与预备热处理方式与高速钢相似，退火后的硬度低于255HBW。

在一般的工作条件下，尤其是工作负荷较重、对力学性能要求较高的情况下，其淬火温度为950～1000℃，回火温度为200℃。组织为回火马氏体＋颗粒状碳化物＋少量残留奥氏体。

中铬模具钢是针对Cr12型高铬模具钢的碳化物多而粗大且分布不均匀的缺点发展起来的，典型的钢种有Cr4W2MoV、Cr6WV、Cr5Mo1V，其中Cr4W2MoV使用较多。此类钢的w_C进一步降至1.00%～1.25%，突出的优点是形成的碳化物细小且呈均匀分布状态，韧性明显改善，热处理变形小，综合力学性能较佳；用于代替Cr12型钢制造易崩刃、开裂与折断的冷作模具，其寿命大幅度提高。

根据现行的国家标准GB/T 24594—2009，常用合金冷作模具钢的牌号、热处理、性能和用途见表5-13。

表5-13 常用合金冷作模具钢的牌号、热处理、性能和用途

牌号	交货状态硬度/HBW	试样淬火		用途
		淬火工艺	硬度/HRC ≥	
Cr12	217～269	950～1050℃油	60	制造高耐磨、承受冲击载荷小的零件，如冷冲模冲头、冷剪切刀、钻套、量规、拉丝模、搓丝板、拉延模等
Cr12MoV	207～255	950～1050℃油	58	制造尺寸大、形状复杂、工作条件繁重的各种冷冲模具，如冲孔凹模、切边模、滚边模、拉深模、螺纹滚丝模等
Cr12Mo1V1	≤255	820℃预热，1000～1010℃空冷，200℃回火	59	
CrWMn	207～255	800～830℃油	62	用于制造形状复杂且要求变形小的刀具、量具，如长铰刀、长丝锥、拉刀、量规以及尺寸不大而形状复杂的高精度冷冲模等
9Cr06WMn	197～214	800～830℃油	62	

热处理应用举例：Cr12MoV钢制冲裁模，要求具有高硬度（61～62HRC）、良好的耐磨性和强韧性。

工艺路线为：下料→锻造→球化退火→机加工→淬火→回火→精磨→成品。

锻后退火工艺类似于W18Cr4V（850～870℃加热3～4h，然后在720～750℃等温6～8h），退火后的组织为球化体，硬度小于255HBW。

淬火回火工艺如图5-8所示。

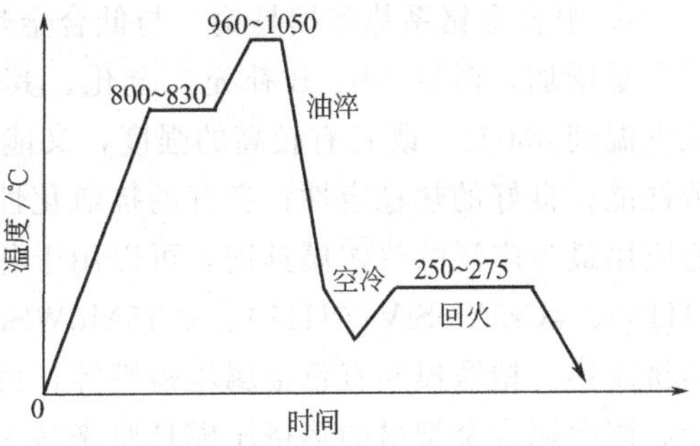

图5-8 Cr12MoV钢制冲裁模的淬火回火工艺

(2) 热作模具钢

热作模具钢用于制造将加热到再结晶温度以上的金属或液态金属压制成工件的模具，如锻压模具、热挤压模具、压铸模具等。这类模具工作时型腔温度可达600℃。

① 热作模具钢的性能要求 热作模具钢是在受热和冷却的条件下工作，同时受热应力和机械应力的作用。因此，对于热作模具钢应主要考虑以下特性。

a. 一定的硬度、强度和良好的热稳定性 在使用温度下具有一定的硬度、强度和良好的热稳定性，防止模具产生变形。

b. 较高的韧性 很多热作模具，特别是锤锻用模具，在工作过程中经常要承受较高的冲击载荷，为了防止模具开裂和防止裂纹扩展造成灾难性的事故，要求这部分热作模具钢必须具有较高的冲击韧度和断裂韧度。

c. 良好的抗热疲劳性能 很多热作模具钢都是在周期性的温度急剧变化下服役的，在模具表面产生应力。为了防止模具表面产生热疲劳裂纹，要求模具钢具有良好的抗热疲劳能力。

d. 化学稳定性　热作模具往往在较高的温度下工作，和空气、液态金属或其他介质接触，要求模具钢具有在工作温度下的抗氧化性能或抗液态金属冲蚀性能等。

e. 较好的工艺性　为了便于制造模具，要求热作模具钢具有良好的锻造性、切削加工性、焊接性和热处理变形小等性能。

② 化学成分　属中碳合金钢。通常，碳含量 $w_C \leqslant 0.5\%$，保证良好的强度和韧性配合。

合金元素有 Cr、Ni、Mn、Si 等，主要是提高淬透性，强化基体。Mo、W、V 的加入主要是为了提高钢的回火稳定性，Mo 还可减小第二类回火脆性。

③ 常用热作模具钢及热处理　按照钢中主要合金元素种类与配比以及所具备的高温性能，可划分为低合金热作模具钢、中合金铬系热作模具钢、钨钼系热作模具钢和高温热作模具钢四个各具特色的类型。按模具种类不同，热作模具钢可分为热锻模用钢、热挤压模用钢和压铸模用钢。

a. 低合金热作模具钢　碳含量 $w_C=0.4\%\sim0.6\%$，主要合金元素为 Cr、Ni、Mo、Mn、V 等，由于 Cr、Ni、Mn、Mo 的适当配比，使钢的过冷奥氏体稳定，获得良好的淬透性和力学性能，V 能细化奥氏体晶粒，Mo 还可以有效地改善钢的热强性，并可抑制回火脆性的产生。Mo 和 V 形成的碳化物，对钢的强度和耐磨性也有改善作用。常用钢种有 5Cr08MnMo 和 5Cr06NiMo。5Cr08MnMo 钢适用于制作形状简单、载荷较轻的中小型锻模；而 5Cr06NiMo 钢则适用于制作形状复杂、重载的大型或特大型锻模。热锻模淬火后，根据需要可在中温或高温下回火，得到回火托氏体组织或回火索氏体组织，硬度可在 34～48HRC 之间选择，以保证模具对强度和韧性的不同要求。

b. 中合金铬系热作模具钢　与低合金热作模具钢相比，其碳含量降低，Cr、Mo、V 元素含量增加，微量 Nb、B 补充合金化。其突出的性能特点是：具有优秀的综合力学性能，从室温到 650℃，既具有较高的强度，又能在较高的强度下保持较高的韧性；良好的抗热疲劳性能；良好的热稳定性；良好的抗氧化性能和耐液态金属冲蚀性能及高的淬透性。这是目前应用最为广泛的热作模具钢，可以用于各种热加工用的模具。典型的钢号有 4Cr5MoSiV1（H13）、4Cr5MoSiV（H11）、4Cr5MoWSiV（H12）等。适于制造要求长寿命的锤锻模、热挤压模、精锻模和有色金属压铸模等，特别适于制造经常要用水冷却降温的热挤压模和芯棒。国内铝合金型材的热挤压模具原来多采用 3Cr2W8V 钢制造，由于 3Cr2W8V 钢抗热疲劳性能较差，往往由于早期出现热疲劳裂纹而失效。经改用 4Cr5MoSiV1 钢制造模具以后，解决了以上问题，使模具的使用寿命明显提高。

c. 钨钼系热作模具钢　这是最早用于制造模具的热作模具钢，一般碳含量 $w_C \approx 0.3\%$。钨系钢中的钨含量一般为 $w_W=8\%\sim18\%$；钼系钢中的钼含量一般为 $w_{Mo}=3\%\sim9\%$；钨钼系热作模具钢中的钨当量（w_W+2w_{Mo}）一般为 8%～18%；另外还添加一些铬（$w_{Cr}=2\%\sim4\%$）和钒（$w_V=0.2\%\sim2\%$）；有的还加入钴（$w_{Co}=3\%\sim5\%$）。它比前两类的热作模具钢在高温下具有更高的强度、硬度和回火稳定性，但是其韧性和抗热疲劳性能则不及铬系热作模具钢。由于只有当工作温度高于 550℃时，钨钼系热作模具钢才能显示出其在高温强度、高温硬度和耐磨性的优越性，所以适用于型腔工作温度超过 600℃，承受的静载荷较高而冲击载荷较低的热作模具，如机械锻压机模具和热挤压模具。特别是制造加工变形抗力较大的材料，如不锈钢、高温合金、耐热钢、钛合金、铜镍合金等的模具材料。典型的钢号有 3Cr2W8V、4Cr3Mo3SiV、3Cr3Mo3W2V、5Cr4W5Mo2V、5Cr4W2Mo2SiV、5Cr4Mo3SiMnVAl 等。

④ 高温热作模具钢　主要有两类。一类是奥氏体热作模具钢，适于制造工作温度达700～800℃的高温高载荷热作模具，如不锈钢、高温合金、铜镍合金等难变形材料的热挤压模具。

另一类是高温耐蚀模具钢，适于制造工作应力不太高，工作温度不低于650℃，承受较强的熔融金属熔蚀和热疲劳的模具，如铜合金压铸模具、高寿命铝合金压铸模具、热挤压模具等。

根据现行的国家标准GB/T 24594—2009，常用合金热作模具钢的牌号、热处理、性能和用途见表5-14。

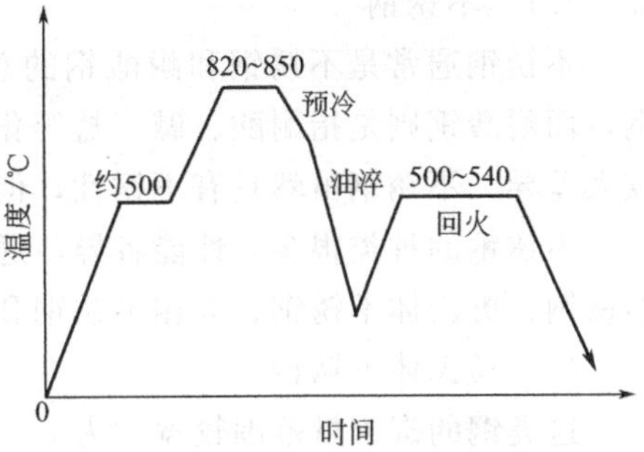

图5-9　5Cr08MnMo钢制锤锻模的淬火回火工艺

热作模具钢的预备热处理为完全退火或等温退火，退火后的组织为细片状珠光体和铁素体，硬度197～241HBW。最终热处理是淬火及高温回火，获得回火托氏体或回火索氏体组织，硬度34～48HRC。

热处理应用举例：5Cr08MnMo钢制中、小型锤锻模，要求具有足够的强韧性和高温性能。

工艺路线为：下料→锻造→完全退火→机加工→淬火→回火→精磨加工（修型、抛光）。

完全退火工艺为：780～800℃，保温4～5h后炉冷。

淬火回火工艺如图5-9所示。

表5-14　常用合金热作模具钢的牌号、热处理、性能和用途

牌号	交货状态硬度/HBW	试样淬火工艺	用途
5Cr08MnMo	197～241	820～850℃油	适于制造边长≤400mm的中型热锻模等
5Cr06NiMo	197～241	830～860℃油	适于制造形状复杂、冲击载荷大的各种大、中型锤锻模等
3Cr2W8V	≤255	1075～1125℃油	适于制造在高温、高应力下，但不受冲击的压模，如平锻机上的凹凸模、压铸模、热挤压模、精锻模及铜合金挤压模等
4Cr5MoSiV1 4Cr5MoSiV1A	≤235	790℃预热，1010℃空冷，550℃回火	适于制造铝合金压铸模、压力机锻模、高精度锻模、热挤压模、热切边模等

5.1.3.3　量具钢

量具钢是用以制造各种度量工具的钢种。由于量具使用过程中常受到工件的摩擦与碰撞，且本身须具备极高的尺寸精度和稳定性，故量具钢应具有高硬度和高耐磨性、高的尺寸稳定性、一定的韧性和特殊环境下的耐蚀性等性能。

量具并无专用钢种，根据量具种类和精度要求可选用碳素工具钢（尺寸小、形状简单、精度较低的量具，如卡尺、样板、量规等）、低合金工具钢（精度要求高、形状较复杂的量具，如块规、塞规等）、表面硬化钢和不锈钢来制造。

量具的热处理基本上可依据其所使用相应钢种的热处理规范进行。但作为精密量具，必须充分考虑如何保证其在使用过程中高的尺寸稳定性问题。要求在热处理过程中应减少变形，在使用过程中保持组织稳定。

5.1.4　特殊性能钢

特殊性能钢是指具有某些特殊物理、化学性能的钢种，其类型很多，常用的有不锈钢、耐热钢和耐磨钢等。

5.1.4.1 不锈钢

不锈钢通常是不锈钢和耐酸钢的总称。不锈钢是指耐大气、蒸汽和水等弱介质腐蚀的钢，而耐酸钢则是指耐酸、碱、盐等化学介质腐蚀的钢。不锈钢与耐酸钢在合金化程度上有较大差异。不锈钢虽然具有不锈性，但并不一定耐酸；而耐酸钢一般则均具有不锈性。

不锈钢的种类很多，性能各异，通常按钢的组织结构分类，分为马氏体不锈钢、铁素体不锈钢、奥氏体不锈钢、双相不锈钢和沉淀硬化型不锈钢等。

(1) 马氏体不锈钢

这类钢的碳含量范围较宽，为 $w_C=0.1\%\sim1.0\%$，铬含量 $w_{Cr}=12\%\sim18\%$。由于合金元素单一，故此类钢只在氧化性介质（如大气、海水、氧化性酸）中耐蚀，而在非氧化性介质（如盐酸、碱溶液等）中耐蚀性很低；钢的耐蚀性随铬含量的降低和碳含量的增加而降低，但钢的强度、硬度和耐磨性则随碳含量的增加而提高。与其他类型不锈钢相比，马氏体不锈钢具有价格最低、可热处理强化（即力学性能较好）的优点，但其耐蚀性较低，塑性加工性与焊接性较差。

常见的马氏体不锈钢有低、中碳的 Cr13 型（如 12Cr13、20Cr13、30Cr13、40Cr13）和高碳的 Cr18 型（如 95Cr18、90Cr18MoV 等）。此类钢的淬透性良好，空冷或油冷便可得到马氏体组织，锻造后须经退火处理来改善其切削加工性。工程上，一般将 12Cr13、20Cr13 进行调质处理，得到回火索氏体组织，作为结构钢使用（如汽轮机叶片、水压机阀等）；对 30Cr13、40Cr13 及 95Cr18 进行淬火＋低温回火处理，获得回火马氏体组织，用以制造高硬度、高耐磨性和高耐蚀性结合的零件或工具，如医疗器械、量具、塑料模及滚动轴承等。

(2) 铁素体不锈钢

这类钢的碳含量较低（$w_C<0.15\%$），铬含量较高（$w_{Cr}=12\%\sim30\%$），因而耐蚀性优于马氏体不锈钢。此外，Cr 是铁素体形成元素，致使此类钢从室温到 1000℃左右的高温均为单相铁素体；这一方面可进一步改善耐蚀性，另一方面说明它不可进行热处理强化，强度与硬度低于马氏体不锈钢，而塑性加工性、切削加工性和焊接性较优。因此铁素体不锈钢主要用于对力学性能要求不高而对耐蚀性和抗氧化性有较高要求的零件，如耐硝酸、磷酸结构和抗氧化结构。

常见的铁素体不锈钢有 06Cr13Al、10Cr17 等，为了进一步提高其耐蚀性，也可加入 Mo、Ti、Cu 等其他合金元素（如 10Cr17Mo）。铁素体不锈钢一般是在退火或正火状态使用，热处理或其他热加工过程中（焊接与锻造）应注意的主要问题是其脆性问题。

铁素体不锈钢的成本虽略高于马氏体不锈钢，但因其不含贵金属元素 Ni，故其价格远低于奥氏体不锈钢，经济性较佳，适用于民用设备，其应用仅次于奥氏体不锈钢。

(3) 奥氏体不锈钢

这类钢原是在 Cr18Ni8（简称 18-8）基础上发展起来的，具有低碳（绝大多数钢 $w_C<0.12\%$）、高铬（$w_{Cr}>17\%\sim25\%$）和较高镍（$w_{Ni}=8\%\sim29\%$）的成分特点；具有最佳的耐蚀性，但相应地价格也较高。Ni 的存在使得钢在室温下为单相奥氏体组织，这不仅可进一步改善钢的耐蚀性，而且还赋予了奥氏体不锈钢优良的低温韧性、高的冷变形强化能力、耐热性和无磁性等特性，其冷塑性加工性和焊接性较好，但切削加工性稍差。

奥氏体不锈钢的品种很多，其中以 Cr18Ni8 普通型奥氏体不锈钢用量最大，典型牌号有 12Cr18Ni9 及 06Cr19Ni10 等；加入 Mo、Cu、Si 等合金元素，可显著改善不锈钢在某些特殊腐蚀条件下的耐蚀性，如 022Cr17Ni12Mo2。

奥氏体不锈钢常用的热处理工艺如下。

① 固溶处理　将钢加热至 1050～1150℃使碳化物充分溶解，然后水冷，获得单相奥氏体组织，提高耐蚀性。

② 稳定化处理　主要用于含钛或铌的钢，一般是在固溶处理后进行。将钢加热到 850～880℃，使钢中铬的碳化物完全溶解，而钛等的碳化物不完全溶解。然后缓慢冷却，让溶于奥氏体的碳与钛以碳化钛形式充分析出。这样，碳将不再同铬形成碳化物，因而有效地消除了晶界贫铬的可能，避免了晶间腐蚀的产生。

③ 消除应力退火　将钢加热到 300～350℃，消除冷加工应力；加热到 850℃以上，消除焊接残余应力。

奥氏体不锈钢的主要缺点如下。

① 强度低　奥氏体不锈钢退火组织为奥氏体＋碳化物（该组织不仅强度低，而且耐蚀性也有所下降），其正常使用状态组织为单相奥氏体，即固溶处理组织，其强度很低（$R_m\approx$ 600MPa），限制了它作为结构材料使用。奥氏体不锈钢虽然不可热处理（淬火）强化，但因其具有强烈的冷变形强化能力，故可通过冷变形方法使之显著强化（R_m 升至 1200～1400MPa），随后必须进行去应力退火，以防止应力腐蚀现象。

② 晶间腐蚀倾向大　奥氏体不锈钢的晶间腐蚀是指在 450～850℃范围内加热时，因晶界上析出了 $Cr_{23}C_6$ 碳化物，造成了晶界附近区域贫铬（$w_{Cr}<12\%$），当受到腐蚀介质作用时，便沿晶界贫铬区产生腐蚀的现象；此时若稍许受力，就会导致突然的脆性断裂，危害极大。防止晶间腐蚀的主要措施有两个：一是降低钢中的碳含量（如 $w_C<0.06\%$），使之不形成铬的碳化物；二是加入适量的强碳化物形成元素 Ti 和 Nb，在稳定化处理时优先生成 TiC 和 NbC，而不形成 $Cr_{23}C_6$ 等铬的碳化物，即不产生贫铬区（此举对防止铁素体不锈钢的晶间腐蚀同样有效）。此外，在焊接、热处理等热加工冷却过程中，应注意以较快的速度通过 450～850℃温度区间，以抑制 $Cr_{23}C_6$ 的析出。

根据现行的国家标准 GB/T 1220—2007，常用不锈钢的牌号、性能及用途见表 5-15。

表 5-15　常用不锈钢的牌号、性能及用途

类别	牌　号	力学性能 $R_{p0.2}$/MPa ≥	R_m/MPa ≥	A% ≥	Z/% ≥	硬度/HBW	用　途
奥氏体型	12Cr18Ni9 Y12Cr18Ni9 Y12Cr18Ni9Se	205	520	40	60	≤187	经冷加工有高的强度，但伸长率比 12Cr17Ni7 稍差，用来制作建筑用装饰部件
	06Cr19Ni10	205	520	40	60	≤187	用于制作食品用设备、一般化工设备、原子能工业用设备
	06Cr19Ni10N	275	550	35	50	≤217	在 06Cr19Ni10 基础上加 N，强度提高，塑性不降低，使材料的厚度减少，用来制作结构用强度部件
	06Cr18Ni11Ti	205	520	40	50	≤187	添加 Ti 提高耐晶间腐蚀性，不推荐作为装饰部件

续表

类别	牌　号	力学性能					用　　途
		$R_{p0.2}$/MPa ≥	R_m/MPa ≥	A% ≥	Z/% ≥	硬度/HBW	
铁素体型	06Cr13Al	177	410	20	60	≤183	在高温下冷却不产生显著硬化，用于汽轮机材料、复合钢材、需淬火的部件
铁素体型	10Cr17	250	400	20	50	≤183	制作硝酸工厂设备，如吸收塔、热交换器、酸槽、输送管道等
马氏体型	12Cr13 Y12Cr13	345	540	22	55	≥159	具有良好的耐蚀性、机械加工性，适于制作一般用途的刃具类
马氏体型	20Cr13	440	640	20	50	≥192	汽轮机叶片
马氏体型	30Cr13 Y30Cr13	540	735	12	40	≥217	比 20Cr13 淬火后的硬度高，适于制作刃具、喷嘴、阀座、阀门等

5.1.4.2　耐热钢

耐热钢是指在高温下有良好的化学稳定性和较高强度，能较好适应高温条件的特殊合金钢。主要用于制造工业加热炉、内燃机、石油及化工机械与设备等高温条件工作的零件。

钢的耐热性包括热化学稳定性和高温强度两方面的含义。

热化学稳定性是指钢在高温下抵抗各类介质的化学腐蚀的能力，其中最基本且最重要的是抗氧化性。热化学稳定性主要由钢的化学成分决定。在钢中加入 Cr、Al 和 Si 对提高抗氧化能力有显著的效果，因为 Cr、Al 和 Si 在高温氧化时能与氧形成一层完整致密且有保护性的 Cr_2O_3、Al_2O_3 或 SiO_2 氧化膜。其中 Cr 是首选的合金元素，当钢中 $w_{Cr}\approx15\%$时，钢的抗氧化温度可达 900℃；$w_{Cr}\approx20\%\sim25\%$时，钢的抗氧化温度可达 1100℃。稀土（少量的钇、铈等）元素也能提高耐热钢的抗高温氧化的能力。这主要是由于稀土氧化物除了能改善氧化膜的抗氧化性能外，还能改善氧化膜与金属表面的结合力。在钢的表面渗铝、渗硅或铬铝、铬硅共渗都有显著的抗氧化能力。

高温强度是指钢在高温下抵抗塑性变形和断裂的能力。常用蠕变极限和持久强度这两个力学性能指标来考核。通过在钢中加入 Cr、Ni、W、Mo 等元素形成固溶体，强化基体，提高再结晶温度，增加基体组织稳定性；加入 V、Ti、Nb、Al 等元素，形成硬度高、热稳定性好的碳化物，阻止蠕变的发展，起弥散强化的作用；加入微量 B 与稀土（RE）元素，强化晶界等措施可提高钢的高温强度。

耐热钢按使用特性不同，分为以抗氧化性为主要使用特性的抗氧化钢和以高温强度为主要使用特性的热强钢。

（1）抗氧化钢

抗氧化钢大多数是在碳含量较低的高 Cr 钢、高 Cr-Ni 钢或高 Cr-Mn 钢基础上添加适量 Si 或 Al 配制而成的，主要有铁素体型和奥氏体型两类。铁素体型抗氧化钢的最高使用温度为 900℃，常用作喷嘴、退火炉罩等；奥氏体型抗氧化钢，如 22Cr20Mn9Ni2Si2N 和 26Cr18Mn12Si2N 钢，具有良好的抗氧化性能（最高温度可达 1000℃）、抗硫腐蚀和抗渗碳能力，还具有良好的铸造性能，所以常用于制造铸件，还可进行剪切、冷热冲压和焊接。

抗氧化钢主要用于长期在高温下工作，但对力学性能（强度等）要求不高的零件，如燃汽轮机的燃烧室、辊道、炉管、热交换器等。

（2）热强钢

热强钢按组织可分为珠光体热强钢、马氏体热强钢、奥氏体热强钢三大类。

① 珠光体热强钢　其成分特点是：低碳，w_C<0.2%；在所含合金元素中，Cr 和 Si 提高钢的抗氧化性；Cr、Mo（W）可溶于铁素体起固溶强化作用，提高再结晶温度，从而提高基体的蠕变极限；Cr、Mo、V（Ti）起弥散强化作用。

热处理特点是：正火（950～1050℃）和随后高于使用温度 100℃（即 600～750℃）下回火。正火的组织为铁素体＋珠光体，随后的高温回火是为了增加组织稳定性（由于析出弥散碳化物），以提高蠕变抗力。

常用钢号是 15CrMo、12Cr1MoV、25Cr2MoVA 等，属于低碳合金钢，其膨胀系数小，导热性好，具有良好的冷、热塑性加工性能和焊接性能，工作温度在 450～550℃之间，有较高的热强性。此类钢主要用于制造载荷较小的动力装置上的零部件，例如工作温度低于 600℃的锅炉及管道、其他管道、压力容器、汽轮机转子等。

② 马氏体热强钢　其成分特点是：低（中）碳，w_C=0.1%～0.4%；在所含合金元素中，高 Cr 用以提高钢的抗氧化性，Cr、W、Mo、V、Ti、Nb 等元素起固溶强化、弥散强化作用，W、Mo 还可起减小回火脆性作用。

热处理特点是：淬火＋高于使用温度 100℃的高温回火，其使用态的组织为回火铁素体，以保证在使用温度下组织和性能的稳定。

常用钢号有 12Cr13、20Cr13、14Cr11MoV、15Cr12WMoV，以及 42Cr9Si2、40Cr10Si2Mo 等高合金钢。这类钢淬透性好，空冷就能得到马氏体。其工作温度可在 550～600℃之间，热强性高于珠光体热强钢。

③ 奥氏体热强钢　其成分特点是：低（中）碳，w_C=0.1%～0.4%；并含高 Cr、Ni 合金元素。Cr、Ni 提高钢的抗氧化性和稳定奥氏体，提高热强性；Cr、W、Mo 起固溶强化作用，强化奥氏体；Cr、W、Mo、Ti 元素起弥散强化作用等。

热处理特点是：固溶处理（加热至 1000℃以上保温后油冷或水冷）＋高于使用温度 60～100℃进行一次或两次时效处理，沉淀析出强化相，稳定钢的组织，进一步提高钢的热强性。使用态组织为奥氏体（06Cr19Ni10 钢）或奥氏体加弥散析出的合金碳化物（45Cr14Ni14W2Mo 钢）。

常用钢号为 06Cr19Ni10、45Cr14Ni14W2Mo，使用温度在 600～700℃范围内。此类钢是在奥氏体不锈钢的基础上加入了 W、Mo、V、Ti、Ni、Al 等元素，用以强化奥氏体，形成稳定碳化物和金属化合物，以提高钢的高温强度。由于奥氏体晶格致密度比铁素体大，原子间结合力大，合金元素在奥氏体中扩散较慢，因此这类钢不仅热强性很高，而且还有较高的塑性、韧性和良好的焊接性、冷成形性，加之是单相奥氏体组织，又有优良的耐腐蚀性能。

根据现行的国家标准 GB/T 1221—2007，常用耐热钢的牌号、热处理、性能及用途见表 5-16。

5.1.4.3　耐磨钢

耐磨钢是指用于制造高耐磨性零件的特殊钢种，习惯上是指在强烈冲击和严重磨损条件下能发生冲击硬化而具有很高耐磨能力的奥氏体锰钢。

奥氏体锰钢的化学成分特点是高碳（w_C=0.70%～1.35%）、高锰（w_{Mn}=6%～19%）。Mn 是扩大奥氏体相区的合金元素，高锰使 A_3 点降至室温以下，在室温下为单相奥氏体。由于这种钢切削加工困难，一般限于制作铸件使用。

表 5-16 常用耐热钢的牌号、热处理、性能及用途

类别	牌号	热处理	力学性能					用途
			R_m/MPa ≥	$R_{p0.2}$/MPa ≥	A/% ≥	Z/% ≥	硬度/HBW	
马氏体型	12Cr13	淬火：950～1000℃油冷 回火：700～750℃快冷	540	345	22	55	≥159	适于制作<480℃的汽轮机叶片
马氏体型	42Cr9Si2	淬火：1020～1040℃油冷 回火：700～780℃油冷	885	590	19	50	269	适于制作<700℃的发动机排气阀或<900℃的加热炉构件
马氏体型	40Cr10Si2Mo	淬火：1010～1040℃油冷 回火：720～760℃空冷	885	690	10	35	269	适于制作<700℃的发动机排气阀或<900℃的加热炉构件
马氏体型	14Cr11MoV	淬火：1050～1110℃油冷 回火：720～740℃空冷	685	490	16	55		适于制作透平叶片及导向叶片
奥氏体型	06Cr19Ni10	固溶处理：1000～1100℃快冷	520	205	40	60	187	适于制作<610℃锅炉和汽轮机过热管道、构件等
奥氏体型	45Cr14Ni14W2Mo	固溶处理：820～850℃快冷	705	315	20	35	248	适于制作500～600℃超高参数锅炉和汽轮机零件
奥氏体型	26Cr18Mn12Si2N	固溶处理：1100～1150℃快冷	685	390	35	45	≤248	适于制作吊挂支架、渗碳炉构件、加热炉传送带、料盘、炉爪
奥氏体型	06Cr17Ni12Mo2	固溶处理：1010～1150℃快冷	520	205	40	60	≤187	适于制作热交换用部件，高温耐蚀类螺栓
铁素体型	10Cr17	退火处理：780～850℃空、缓	450	205	22	50	≥183	适于制作900℃以下耐氧化部件，散热器、炉用部件、喷油嘴等
铁素体型	06Cr13Al	退火：780～830℃空、缓	410	175	20	60	≥183	适于制作燃气轮机叶片、退火箱、淬火台架等

奥氏体锰钢在铸态下，碳化物沿晶界析出，使塑性、韧性大为降低，脆性大，硬度较高（约为420HBW），伸长率A约为1%～2%。为获得所需性能，须进行“水韧处理”。

所谓水韧处理，是将奥氏体锰钢加热至1050～1100℃，保温一定的时间，使碳化物溶入奥氏体中，然后水冷，得到单相奥氏体。水韧处理后，$R_m=635\sim735$MPa，$A\geq20\%\sim30\%$，$KU_2>118$J，硬度≤220HBW。

奥氏体锰钢铸件在使用过程中，在冲击载荷的作用下，表面层奥氏体发生强烈的冷变形强化，并诱发产生马氏体和ε碳化物沿滑移面析出，使表层（深度10～20mm）硬度急剧升高，达≥550HBW，心部仍为高韧性的奥氏体。随着硬化层的逐步磨损，新的硬化层不断向内产生、发展，维持良好的耐磨性。

由于奥氏体锰钢的强硬化机理，它使用在无冲击载荷作用条件下并不耐磨，因此，它广泛应用于铁路道岔、挖掘机、坦克的履带、防弹板、保险箱等零件的制作。由于它是非磁性的，所以可用于耐磨抗磁零件，如吸料器的电磁铁罩。

列入GB/T 5680—2010的奥氏体锰钢牌号共有10个，常用的有ZG100Mn13、ZG120Mn13、ZG120Mn13Cr2等，力学性能有些差异。对耐磨性较高、冲击韧度较低、形状不复杂的零件，取碳含量较高、锰含量较低者；反之，取碳含量较低、锰含量较高者。

5.2 铸铁

铸铁是碳含量 w_C>2.11%的铁碳合金，与钢相比，不仅 C 和 Si 含量较高，而且杂质元素 S、P 含量也较高。铸铁的使用价值与铸铁中碳的存在形式有着密切的关系，只有当铸铁中的碳绝大部分以石墨形态存在时，才能成为工程上广泛使用的一种铸造合金材料。

5.2.1 铸铁的石墨化

5.2.1.1 铁碳合金双重相图

碳在铸铁中可以两种形式存在：一种是化合物状态的渗碳体；另一种是游离状态的石墨(常用 G 表示)。研究表明，一方面，若将 Fe_3C 加热到高温并保持较长的时间，则 Fe_3C 会分解为铁和石墨，即 $Fe_3C \rightarrow 3Fe+G$；另一方面含 C、Si 等化学元素较高的液态合金缓慢冷却时，也会从液态合金中直接析出石墨。这表明 Fe_3C 是亚稳定相，而石墨是稳定相。因此铁碳合金存在着两种相图：一种是亚稳态的 Fe-Fe_3C 相图；另一种是稳定的 Fe-G 相图。如果把这两种相图合在一起并简化后，即得简化的铁碳合金双重相图，如图 5-10 所示。图中实线表示简化的 Fe-Fe_3C 相图，虚线和部分实线表示 Fe-G 相图。

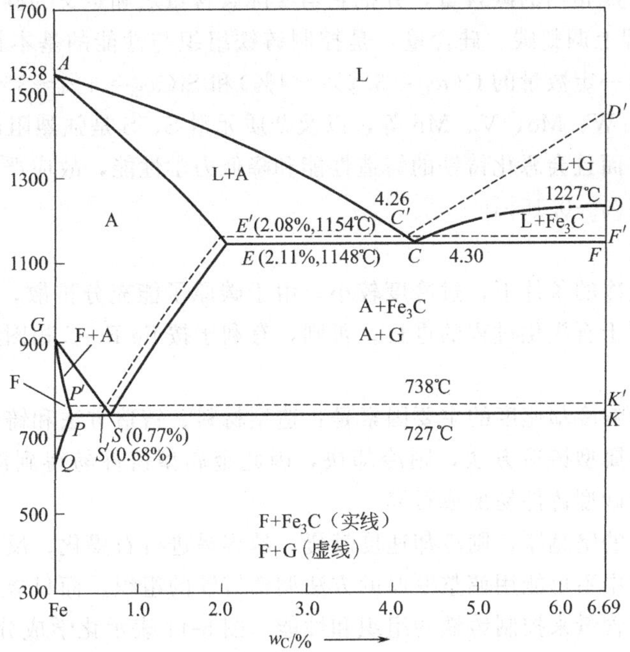

图 5-10 铁碳合金双重相图

5.2.1.2 石墨化过程

铸铁中石墨形成的过程称为石墨化过程。根据铁碳合金双重相图，可把铸铁的石墨化过程分为三个阶段。

第一阶段即液相至共晶反应阶段。包括从过共晶成分的液相中直接结晶出一次石墨 G_I 和铸铁成分（共晶、亚共晶和过共晶）的液相在 1154℃时通过共晶反应形成共晶石墨 $G_{共晶}$ ($L'_C \rightarrow A'_E + G_{共晶}$)。

第二阶段即在共晶温度和共析温度之间（738～1154℃）的阶段。从铸铁的奥氏体中直

接析出二次石墨 G_{II}。

第三阶段即共析转变阶段。通过共析反应形成共析石墨 $G_{共析}$ （$A'_S \rightarrow F'_P + G_{共析}$）。

由于第一和第二阶段温度高，原子扩散能力强，石墨化较容易进行，因此冷却过程一般可按 Fe-G 相图结晶。而第三阶段温度较低，石墨化过程不易进行，有可能全部或部分地抑制，因而一般可得三种不同的组织，即：珠光体＋石墨组织（当第三阶段石墨化全部抑制时）；铁素体＋珠光体＋石墨（当第三阶段石墨化部分抑制时）；铁素体＋石墨（当第三阶段完全石墨化时）。

5.2.1.3　影响铸铁石墨化的因素

影响铸铁石墨化的主要因素有化学成分和冷却速度。

（1）化学成分

按对石墨化的作用，化学元素（主要是合金元素）可分为两大类。第一类是促进石墨化元素，如 C、Si、Al、Cu、Ni、Co 等，尤以 C、Si 作用最强烈，而且 C 不仅促进石墨化，还影响石墨的数量、大小和分布。此外，Si 还降低铸铁的共晶成分和共析成分的碳浓度。研究表明，铸铁中每增加 1%Si，共晶点的碳含量相应减少 0.33%。因此硅的增加相当于增加一部分碳，并且硅促进石墨化的作用相当于 1/3 碳含量的作用。为了综合碳和硅的影响，通常把硅含量折算成相当的碳含量，并把它与实际碳含量之和定义为碳当量 w_{CE}，即 $w_{CE}=w_C+1/3w_{Si}$。工程上调整碳、硅含量，是控制铸铁组织与性能的基本措施。为了避免形成白口铸铁，必须有一定数量的 C($w_C=3.2\%\sim4\%$)和 Si($w_{Si}=1\%\sim3\%$)。第二类是阻碍石墨化元素，如 Cr、W、Mo、V、Mn 等，以及杂质元素 S。S 是强烈阻碍石墨化并促进形成白口组织的元素，而且会恶化铸铁的铸造性能和降低力学性能，故应严格控制铁水中的硫含量，一般 $w_S<0.1\%\sim0.15\%$。

（2）冷却速度

铸件在高温慢冷的条件下，过冷度较小，由于碳原子能充分扩散，有利于按 Fe-G 相图进行转变，即有利于石墨化过程的进行；否则，有利于按 $Fe\text{-}Fe_3C$ 相图进行转变，即易出现渗碳体。

实际生产中影响冷却速度的主要因素是：造型材料、铸造方法和铸件壁厚。

例如，若用金属型铸造方法，则冷却快，因此金属型铸件易得到渗碳体；而用砂型铸造，则冷却慢，故砂型铸件易形成石墨。

又例如，铸件的壁越厚，则冷却速度越慢，越容易进行石墨化；反之，薄壁铸件易得到渗碳体。但是生产中不可能用调整壁厚的方法调整铸铁的组织，而只能根据铸件的壁厚来调整铁水中碳和硅的含量来控制铸铁的组织和性能。图 5-11 表示化学成分（C＋Si）和冷却速度对铸铁组织的综合影响。

5.2.2　铸铁的分类与牌号

5.2.2.1　铸铁的分类

铸铁可以根据其在结晶过程中石墨化程度、基体组织和石墨形态的不同进行分类。

（1）灰口铸铁

在第一和第二阶段石墨化过程都进行得充分的铸铁，其断口为暗灰色，故称灰口铸铁。这是工程上应用的铸造合金材料的主体。

这类铸铁根据第三阶段石墨化程度的不同，又可分为三种显微组织的灰口铸铁，即珠光体＋石墨、铁素体＋珠光体＋石墨、铁素体＋石墨。

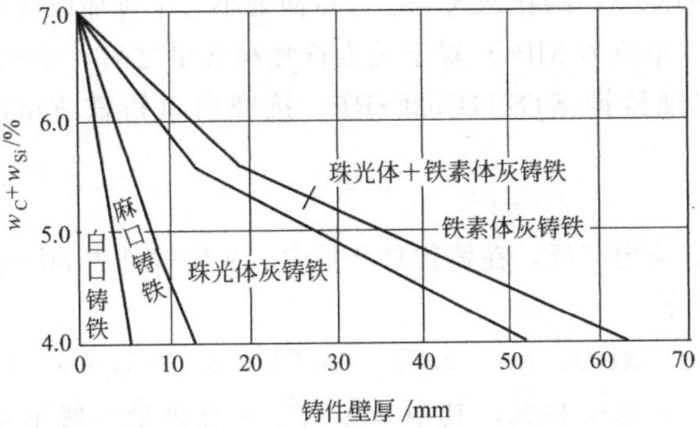

图 5-11 化学成分和冷却速度对铸件组织的影响

灰口铸铁根据其石墨晶体的形态，又可分为灰铸铁（片状石墨）、可锻铸铁（团絮状石墨）、球墨铸铁（球状石墨）、蠕墨铸铁（蠕虫状石墨）。

灰口铸铁的基体组织一般是平衡组织（如铁素体、铁素体＋珠光体和珠光体），也可能是不平衡组织，这些组织都属钢的基本组织，所以灰口铸铁的组织可以看成是钢的基体组织＋石墨。这类铸铁的性能一般主要取决于石墨的结晶形态、大小、分布和数量等，其次才取决于基体组织。

（2）白口铸铁

三个阶段的石墨化过程全部被抑制，完全按 $Fe\text{-}Fe_3C$ 相图结晶的铸铁，其断口呈银白色，故称白口铸铁，简称白口铁。其性能硬而脆，不易切削加工，很少用于制作机械零件，而主要用作炼钢原料。

（3）麻口铸铁

在第一阶段的石墨化得以进行，而第二和第三阶段石墨化被抑制的铸铁，其断口上呈灰白相间的麻点，故称麻口铸铁。其组织介于白口铸铁和灰口铸铁之间，含有不同程度的莱氏体，具有较大的脆硬性，工业上很少应用。

5.2.2.2 铸铁的编号

GB/T 5612—2008《铸铁牌号表示方法》规定了铸铁的编号方法，灰口铸铁的牌号用表示铸铁类别的字母＋表示铸件试样能达到的力学性能的数字表示；合金铸铁的牌号则用表示铸铁类别的字母＋合金元素符号＋表示合金元素平均含量的数字表示。

① 灰铸铁的牌号用“灰铁”两字的汉语拼音字首“HT”＋直径为 30mm 试棒的最低抗拉强度值（单位为 MPa）来表示，如 HT100。

② 球墨铸铁的牌号用“球铁”两字的拼音字首“QT”＋分别表示试棒的最低抗拉强度（单位为 MPa）和最小断后伸长率（单位为%）的两组数字来表示，如 QT400-18。

③ 蠕墨铸铁的牌号用“蠕铁”两字的拼音字首“RuT”＋表示最低抗拉强度的数字（单位为 MPa）来表示，如 RuT420。

④ 可锻铸铁的牌号用“可铁”两字的拼音字首“KT”＋“H”或“Z”＋分别表示试棒的最低抗拉强度（单位为 MPa）和最小断后伸长率（单位为%）的两组数字来表示，如 KTH300-06、KTZ550-04。其中“H”和“Z”分别表示“黑”和“珠”的拼音字首，代表铁素体基体的黑心可锻铸铁和珠光体可锻铸铁。

⑤ 合金铸铁的牌号由表示该铸铁特征的汉语拼音的第一个大写正体字母组成，当两种

铸铁名称的代号字母相同时，则在该大写字母后面加小写字母加以区别。当需要标注抗拉强度时，将抗拉强度值（单位为 MPa）置于元素符号和含量之后，中间用短线“-”隔开，如耐热铸铁 RTCr2、耐蚀铸铁 STSi11Cu2CrRE、抗磨白口铸铁 KmTBCr20Mo、耐磨铸铁 MTCu1PTi-50。

5.2.3 灰铸铁

灰铸铁价格便宜、应用广泛，在铸件总产量中，灰铸铁件占 80%以上。

5.2.3.1 灰铸铁的成分

灰铸铁的化学成分一般为：$w_C=2.7\%\sim3.6\%$，$w_{Si}=1.0\%\sim2.5\%$，$w_{Mn}=0.5\%\sim1.2\%$，$w_P\leqslant0.30\%$，$w_S\leqslant0.15\%$，其中 Mn、P、S 总含量一般不超过 2.0%。在灰铸铁中，碳将近 80%以片状石墨析出。C 和 Si 含量越高，越容易石墨化，但当其碳当量 w_{CE} 为过共晶成分时，会从液相中直接结晶出粗大的一次片状石墨（G_I）。故一般碳当量 w_{CE} 应控制在接近共晶成分，约为 4%。

5.2.3.2 灰铸铁的组织

灰铸铁的组织由钢的基体组织与片状石墨组成。钢的基体因共析阶段石墨化进行的程度不同可有铁素体、铁素体＋珠光体和珠光体三种组织，相应有三种组织的灰铸铁，如图 5-12 所示。由于珠光体的强度比铁素体高，因此珠光体灰铸铁的强度最高，应用最广泛，而铁素体灰铸铁由于强度低，应用较少。此外，灰铸铁中的片状石墨也呈现出各种形态、大小和分布情况，它们对决定灰铸铁的力学性能起着主要作用。例如，具有细小片状石墨的灰铸铁具有良好的力学性能。

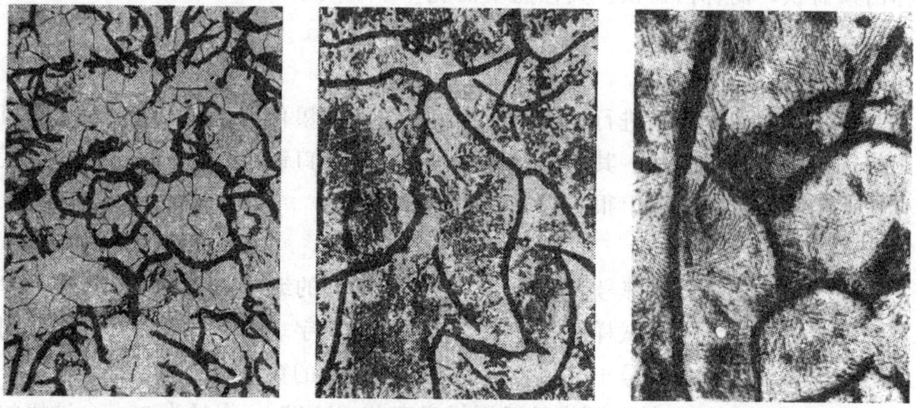

(a) 铁素体灰铸铁　　(b) 铁素体＋珠光体灰铸铁　　(c) 珠光体灰铸铁

图 5-12　灰铸铁的组织

5.2.3.3 灰铸铁的性能

（1）低的力学性能

由于石墨具有特殊的简单六方晶格，碳原子呈层状排列，同一层上的原子间为共价键结合，原子间距小、结合力很强，而层与层之间为分子键，面间距大、结合力较弱，所以石墨的强度、塑性、韧性极低，几乎为零，硬度仅为 3HBW。因此铸铁中的石墨，相当于在钢基体上形成了许多“微裂纹”或“微孔洞”。这对于灰铸铁而言，不仅减少了钢基体的承载面积，而且由于其片状石墨尖端引起的应力集中，使得灰铸铁的抗拉强度、塑性和韧性远低于钢。但当铸铁在承受压应力时，石墨的不利影响较小，因此它具有较高的抗压强度，适合于制造承受压应力的零件。

为减少石墨对灰铸铁性能的不利影响，工程上通常采用孕育处理来细化珠光体基体和片状石墨，得到在细珠光体基体上分布着细小片状石墨的组织，提高基体的力学性能，减小片状石墨引起的应力集中和对基体的割裂作用，使灰铸铁的力学性能得到较大的提高。常用的孕育剂有两类：一类是硅类合金，如硅铁合金、硅钙合金；另一类是石墨粉、电极粒等。铁水中加入孕育剂后，同时生成大量均匀分布的石墨晶核，石墨片变细，基体组织细化。经孕育处理后的铸铁称为孕育铸铁。孕育处理使铸铁对冷却速度的敏感性显著减小，使铸件的组织性能趋于均匀一致，孕育铸铁适合于制造截面较大且力学性能要求较高的大型铸件。此外，采用各种方法使石墨形态由片状改变为球状（球墨铸铁）或蠕虫状（蠕墨铸铁）、团絮状（可锻铸铁），减小对基体的割裂作用，提高基体强度的利用率，可大大提高铸铁的力学性能。

(2) 优良的铸造性能

灰铸铁在凝固时由于析出密度小而体积大的片状石墨，因而减少了灰铸铁凝固时的收缩率，使灰铸铁不易产生缩孔、缩松等缺陷。再者灰铸铁的熔点低、流动性好，故灰铸铁具有优良的铸造性能。

(3) 良好的切削加工性

灰铸铁中片状石墨的存在使切屑易于脆断和对刀具有润滑减摩作用。

(4) 较好的耐磨性和减振性

由于石墨是润滑剂，而且当灰铸铁件表面的石墨脱落后形成孔洞时，还可以储存润滑油，故灰铸铁的耐磨性较好。另外，由于片状石墨的质地松软，能吸收振动能量，加之片状石墨的存在破坏了金属基体的连续性，不利于振动能量的传递，故灰铸铁的减振性好。

(5) 较低的缺口敏感性

由于片状石墨本身就相当于在钢基体上存在了许多微小的缺口，故其他缺口的存在对降低其力学性能的幅度不大，即缺口敏感性低。

5.2.3.4　灰铸铁的热处理

灰铸铁的热处理只能改变基体组织，不能改变石墨的形态和分布，对提高灰铸铁件的力学性能作用不大，主要用于消除内应力、稳定铸件尺寸和改善切削加工性能，提高铸件的表面硬度和耐磨性等。通常只用以下三种处理工艺。

(1) 消除内应力退火　铸件在铸造冷却过程中容易产生内应力，容易产生变形和裂纹，因此一些大型、复杂的铸件或精度要求较高的铸件，如机床床身、柴油机汽缸体等，在铸件开箱前或切削加工前，通常都要进行一次消除内应力退火。方法是：将铸件加热到500～550℃，保温后炉冷至150～220℃出炉空冷。因其加热温度低于共析温度，故又称为低温退火，也称为人工时效。

(2) 改善切削加工性能退火　灰铸铁件的表层及一些薄壁处，由于冷却速度较快（特别是用金属型浇注时），可能会出现白口，致使切削加工难以进行，需要退火降低硬度。方法是：将铸件加热到850～900℃，保温2～5h后随炉冷却至250～400℃出炉空冷。因其温度高于共析温度，故又称为高温退火。高温退火后铸件的硬度可下降20～40HBW。

(3) 表面淬火　目的是提高铸件表面的硬度和耐磨性。有些铸件如机床导轨、缸体内壁等，工作表面需要有较高的硬度和耐磨性，可进行表面淬火处理，如高频表面淬火、火焰表面淬火、电接触表面淬火等。淬火后表面硬度可达50～55HRC。

5.2.3.5 灰铸铁的应用

根据现行的国家标准 GB/T 9439—2009，灰铸铁的牌号、性能及用途见表 5-17。

在选用灰铸铁时须注意灰铸铁壁厚效应。如表 5-17 所示，在同一牌号中，随着铸件壁厚的增加，其抗拉强度（及硬度）下降。这是由于同样牌号的铁水浇注的铸件壁越厚，则冷却速度越慢，结晶出的片状石墨也越粗，强度等力学性能也就下降。因此，在根据零件的强度要求来选择铸铁的牌号时，必须注意铸件的壁厚。如铸件的壁厚过大或过小，并超出表中所列尺寸时，应根据具体情况适当提高或降低铸件的牌号。此外，还应考虑灰铸铁的牌号越高，虽然强度也越高，但铸造性能变差，形成缩孔和裂纹等缺陷的倾向增加，铸造工艺也就相应复杂了。因此在选择灰铸铁时，不能一味追求高牌号灰铸铁。

表 5-17 灰铸铁的牌号、性能及用途

牌号	铸件壁厚/mm		铸件预期抗拉强度 R_m/MPa	显微组织		用途
	>	≤		基体	石墨	
HT100	5	40	—	铁素体＋珠光体	粗片状	用于制造只承受轻载荷的简单铸件，如盖、外罩、托盘、油盘、手轮、支架、底板、把手，冶矿设备中的高炉平衡锤、炼钢炉重锤等
HT150	5	10	155	铁素体＋珠光体	较粗片状	用于制造承受中等弯曲应力、摩擦面间压强高于 500kPa 的铸件，如机床的工作台、溜板、底座、汽车的齿轮箱、进排气管、泵体、阀体、阀盖等
	10	20	130			
	20	40	110			
	40	80	95			
	80	150	80			
HT200	5	10	205	珠光体	中等片状	用于制造要求保持气密性并承受较大弯曲应力的铸件，如机床床身、立柱、齿轮箱体、刀架、油缸、活塞、带轮等
	10	20	180			
	20	40	155			
	40	80	130			
	80	150	115			
HT250	5	10	250	细珠光体	较细片状	适于制造炼钢用轨道板、汽缸套、泵体、阀体、齿轮箱体、齿轮、划线平板、水平仪、机床床身、立柱、油缸、内燃机的活塞环、活塞等
	10	20	225			
	20	40	195			
	40	80	170			
	80	150	155			
HT300	10	20	270	索氏体或托氏体	细小片状	适于制造承受高弯曲应力，要求保持高气密性的铸件，如重型机床床身、齿轮、凸轮，大型发动机曲轴、汽缸体、高压油缸、轧钢机座等
	20	40	240			
	40	80	210			
	80	150	195			
HT350	10	20	315	索氏体或托氏体	细小片状	用于制造车床、冲床和其他重型机械等受力较大的机座，轧钢滑板、辊子、炼焦柱、圆筒混合机齿圈、支承轮座等
	20	40	280			
	40	80	250			
	80	150	225			

5.2.4 球墨铸铁

球墨铸铁是 20 世纪 50 年代发展起来的一种高强度铸铁材料，其综合性能接近于钢，正是基于其优异的性能，球墨铸铁已迅速发展为仅次于灰铸铁的、应用十分广泛的铸铁材料。

球墨铸铁的生产方法是在铁水中同时加入一定量的球化剂和孕育剂。球化剂（镁、稀土-镁合金等）的作用是使石墨球化，但球化剂中的镁会强烈促进铸铁白口化。为了避免白口化，并使石墨球细小、圆整并均匀分布，必须加入孕育剂。通常采用的孕育剂是 $w_{Si}=75\%$ 的硅铁合金和硅钙合金。

5.2.4.1 球墨铸铁的成分

球墨铸铁的成分要求比较严格，一般为：w_{C}＝3.6％～4.0％，w_{Si}＝2.0％～3.0％，w_{Mn}＝0.6％～0.8％，w_{S}＜0.07％，w_{P}≤0.1％，w_{Mg}＝0.03％～0.06％，w_{RE}＝0.02％～0.06％。与灰铸铁相比，球墨铸铁的碳当量较高，一般为4.5％～4.7％的过共晶成分，以利于石墨球化。此外，锰含量较低，S、P含量控制很严，尤其是S强烈破坏石墨的球化，必须严格控制其含量。

5.2.4.2 球墨铸铁的组织

球墨铸铁的组织是由钢的基体＋球状石墨组成的。在铸态下，球墨铸铁的基体组织一般为：铁素体＋珠光体＋少量自由渗碳体。这是由于球化剂增大了铸件白口化倾向，因而在铸件薄壁等处容易出现自由渗碳体和珠光体。经不同的热处理可获不同钢基体的球墨铸铁组织，以满足零件的各种性能要求。例如，经热处理后可获得基体为平衡组织的球墨铸铁，即铁素体球墨铸铁、珠光体＋铁素体球墨铸铁和珠光体球墨铸铁等，它们的显微组织如图5-13所示。

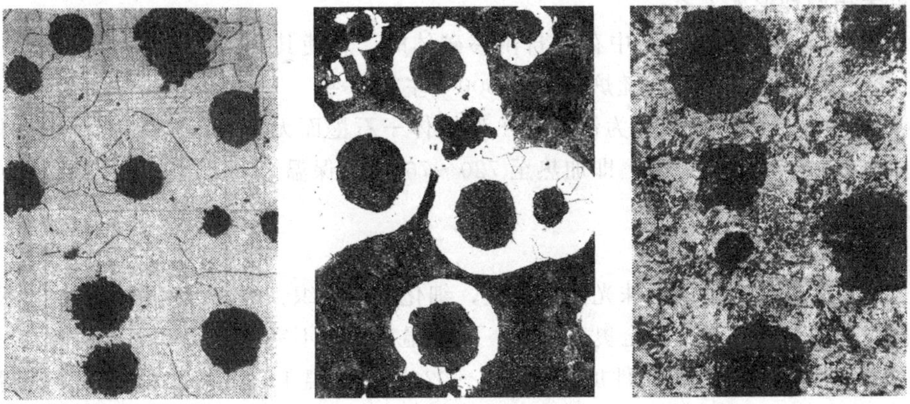

(a) 铁素体球墨铸铁　(b) 铁素体＋珠光体球墨铸铁　(c) 珠光体球墨铸铁

图5-13 球墨铸铁的显微组织

5.2.4.3 球墨铸铁的性能

① 较高的力学性能。这是由于球墨铸铁中石墨呈球状分布，使石墨对基体的割裂作用和应力集中作用减少到最低程度，使基体强度的利用率从灰铸铁的30％～50％提高到70％～95％，这使得球墨铸铁的弹性模量、抗拉强度、疲劳强度、塑性和韧性不仅高于灰铸铁，而且接近它相应基体组织的铸钢，特别是屈强比高达0.7～0.8，而正火45钢的屈强比才0.59～0.60。因此，对于承受静载荷的零件，用球墨铸铁代替铸钢，可以减轻机器的重量，而且可靠性良好，在重载荷、低温、剧烈振动、高粉末等严酷的运行条件下（如汽车底盘），均表现出足够的安全可靠性。

球墨铸铁的力学性能与球状石墨的形状、大小和分布有关。通常石墨球越圆整，直径越小，分布越均匀，则球墨铸铁的力学性能越高。但是球状石墨引起的应力集中效应小，因此球墨铸铁的力学性能主要取决于它的基体组织。例如，铁素体基体的球墨铸铁具有高的塑性、韧性和低的强度、硬度，退火状态下断后伸长率达18％以上，而珠光体基体的球墨铸铁的强度、硬度较高，耐磨性较好，但塑性、韧性较低。显然这两种球墨铸铁的力学性能与它们的基体组织相对应。也正因为如此，球墨铸铁像钢一样可以通过热处理和合金化来进一步提高它的性能。

② 铸造性能优于铸钢，可铸成轮廓清晰、表面光洁的铸件，且铸件的尺寸和质量几乎不受限制，数十吨乃至一百多吨的重型球墨铸铁件已经问世，可锻铸铁无法与之比拟。

③ 切削加工性能良好，接近于灰铸铁。

④ 减摩性能高于灰铸铁，耐磨性优于碳钢，适于制造运动速度较高、载荷较大的摩擦零件。高合金球墨铸铁还有耐磨、耐热、耐蚀等特殊性能。

球墨铸铁性能上的主要缺点是：铸造性能不如灰铸铁，凝固时的收缩率较大，过冷的倾向大；容易产生白口；又容易产生缩松等。因此它的熔炼工艺和铸造工艺都比灰铸铁要求高，而且复杂。此外，消振能力比灰铸铁低得多。

5.2.4.4 球墨铸铁的热处理

球墨铸铁的热处理主要有退火、正火、淬火加回火、等温淬火等。

(1) 退火

退火的目的是获得高韧性的铁素体基体，改善切削性能，消除铸造应力。根据铸造组织的不同可采用两种退火工艺。

① 高温退火　当铸态组织中存在自由渗碳体时，为使其分解，采用高温退火，即加热到900～950℃，保温2～5h，随炉冷却至600℃左右空冷。

② 低温退火　当铸态组织为铁素体＋珠光体＋石墨而无自由渗碳体时，为使珠光体中的渗碳体分解，采用低温退火，即加热至720～760℃，保温3～6h，随炉冷却至600℃出炉空冷。

(2) 正火

正火的目的是增加基体中珠光体的数量，细化基体组织，提高强度和耐磨性。根据加热温度不同，分为高温正火（完全奥氏体化）和低温正火（不完全奥氏体化）两种。

① 高温正火　将球墨铸铁件加热到880～920℃，保温1～3h后出炉空冷，获得珠光体型的基体组织。

② 低温正火　将球墨铸铁件加热到840～880℃，保温1～4h后出炉空冷，获得珠光体加铁素体的基体组织，其强度比高温正火略低，但塑性和韧性较高。低温正火要求原始组织中无自由渗碳体，否则将影响力学性能。在正火时，为了提高基体组织中珠光体的含量，还可采用风冷、喷雾冷以加快冷却速度，进而保证铸铁的强度。

由于球墨铸铁的导热性差，正火后有较大的内应力，故需进行去应力退火，即加热到550～600℃，保温3～4h后出炉空冷。

(3) 淬火加回火

淬火加回火的目的是获得回火马氏体或回火索氏体组织，以提高强度、硬度和耐磨性。其工艺为：加热到860～920℃，保温20～60min，出炉油淬后进行不同温度的回火。

球墨铸铁淬火后经高温回火（550～600℃回火）即调质处理后，组织为回火索氏体＋球状石墨，具有较好的综合力学性能，可代替部分铸钢用于制造一些重要的结构零件，如连杆、曲轴等；经中温回火（350～550℃）后的基体组织为回火托氏体，因而具有较高的弹性、韧性及良好的耐磨性；经低温回火（140～250℃），可以得到回火马氏体和少量残留奥氏体的基体组织，使铸件具有很高硬度（55～61HRC）和很好的耐磨性，但塑性、韧性较差，主要用于要求高耐磨性的零件（如滚动轴承套圈）以及柴油机油泵中要求高耐磨性、高精度的两对偶件（芯套与阀座）等。

(4) 等温淬火

等温淬火的目的是获得最佳的综合力学性能。例如，为了获得贝氏体型铁素体加奥氏体基体组织，保证高的硬度和高的韧性，需采用的工艺是：加热到 860～900℃，保温 1～2h 后，在 300℃左右的等温盐浴中冷却并保温 30～90min，然后取出空冷。由于盐浴的冷却能力有限，一般仅用于截面不大的零件，例如受力复杂的齿轮、曲轴、凸轮轴等。

另外，为提高球墨铸铁件表面硬度和耐磨性，还可以采用表面淬火、氮碳共渗等工艺。应该说，碳钢的热处理工艺对于球墨铸铁基本上是适用的。

5.2.4.5 球墨铸铁的应用

球墨铸铁在管道、汽车、机车、机床、矿山机械、动力机械、工程机械、冶金机械、机械工具等方面用途广泛。长期承受循环弯曲、扭转或弯曲-扭转载荷的零件，对球墨铸铁疲劳极限有较高的要求，可选用珠光体或回火索氏体球墨铸铁。珠光体球墨铸铁的扭转疲劳极限达 189MPa，高于正火 45 钢。对于承受冲击载荷的零件，应根据载荷性质选择合适的球墨铸铁，承受小能量冲击的零件可选用强度较高的珠光体或回火索氏体球墨铸铁，承受大能量冲击的零件最好选用铁素体球墨铸铁，在低温下承受冲击的零件宜选用低硅铁素体球墨铸铁；要求高耐磨性、高疲劳极限和高冲击抗力的零件，可以选用回火索氏体或奥-贝球墨铸铁；韧性要求不高但耐磨性要求很高的零件，可选用马氏体球墨铸铁、下贝氏体球墨铸铁；要求耐热、耐蚀的零件，可以选用铁素体球墨铸铁。

根据现行的国家标准 GB/T 1348—2009，球墨铸铁的牌号、性能及用途见表 5-18。

表 5-18 球墨铸铁的牌号、性能及用途

牌号	抗拉强度 R_m/MPa ≥	屈服强度 $R_{p0.2}$/MPa ≥	伸长率 A/% ≥	布氏硬度 /HBW	基体组织	用途
QT900-2	900	600	2	280～360	回火马氏体	制造凸轮轴、减速齿轮等
QT800-2	800	480	2	245～335	珠光体	制造柴油、汽油机凸轮轴、汽缸套、连杆、进排气门座、曲轴、缸体等
QT700-2	700	420	2	225～305	珠光体	
QT600-3	600	370	3	190～270	铁素体+珠光体	
QT500-7	500	320	7	170～230		制造机车车辆轴瓦、阀门体、油泵齿轮、汽缸隔板
QT450-10	450	310	10	160～210	铁素体	
QT400-15	400	250	15	130～180		制造汽车的牵引框及驱动桥、差速器、减速器壳体
QT400-18			18			

5.2.5 蠕墨铸铁

蠕墨铸铁是 20 世纪 60 年代开始发展并逐步受到重视的一种新的铸铁材料，因其石墨呈蠕虫状而得名。

蠕墨铸铁的生产过程与球墨铸铁相似，是用一定化学成分的铁水经蠕化处理和孕育处理后制得的。通常采用的蠕化剂有镁钛合金、稀土镁钛合金、稀土镁钙合金等，其作用是促进石墨结晶为蠕虫状。常用的孕育剂是 $w_{Si}=75\%$的硅铁合金，其作用是避免白口，促使石墨化。

5.2.5.1 蠕墨铸铁的成分

蠕墨铸铁的化学成分和球墨铸铁基本相同，一般为 $w_C=3.0\%\sim4.0\%$，$w_{Si}=2.0\%\sim3.0\%$，$w_{Mn}=0.4\%\sim0.8\%$，$w_P<0.08\%$，$w_S<0.04\%$。其成分特点也是高的碳和硅含量，低的锰、磷和硫含量。

5.2.5.2 蠕墨铸铁的组织

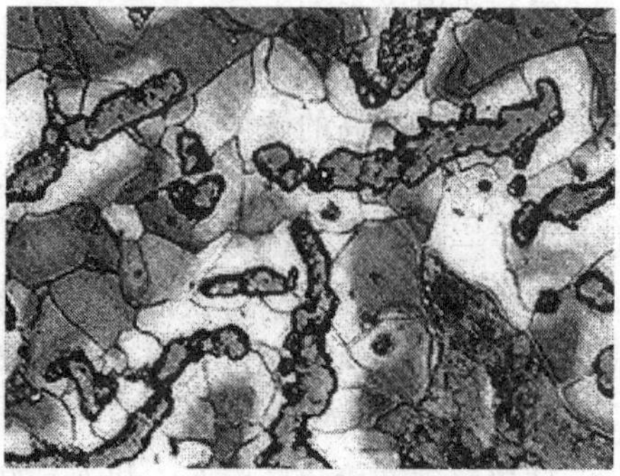
图 5-14 铁素体蠕墨铸铁

蠕墨铸铁的组织为钢的基体上分布着蠕虫状石墨，如图 5-14 所示。蠕虫状石墨为互不连接的短片状，其石墨片的长厚比较小，端部较钝，其形态介于片状石墨和球状石墨之间。

5.2.5.3 蠕墨铸铁的性能

蠕墨铸铁的性能优良，具有灰铸铁和球墨铸铁的一系列优点。

① 力学性能介于灰铸铁和球墨铸铁之间，如抗拉强度、伸长率、弯曲疲劳强度优于灰铸铁，而接近于铁素体球墨铸铁。蠕墨铸铁的断面敏感性较普通灰铸铁小得多，故其厚大截面上的力学性能仍比较均匀。此外，它的耐磨性优于孕育铸铁和高磷耐磨铸铁。

② 导热性和耐热疲劳性比球墨铸铁高得多，这是蠕墨铸铁的突出优点。抗生长性和抗氧化性均较其他铸铁高。

③ 减振性能比球墨铸铁高，而不如灰铸铁。

④ 良好的工艺性能。切削加工性优于球墨铸铁，铸造性能接近灰铸铁，其缩孔、缩松倾向小于球墨铸铁，故铸造工艺比较简单。

5.2.5.4 蠕墨铸铁的热处理

蠕墨铸铁在铸态时，其基体具有大量的铁素体，通过正火可增加珠光体，提高强度和耐磨性。为了消除自由渗碳体或提高塑性，可以通过退火获得 85%以上铁素体基体的蠕墨铸铁。

5.2.5.5 蠕墨铸铁的应用

列入 GB/T 26655—2011 中的蠕墨铸铁的牌号、力学性能和用途见表 5-19。

表 5-19 蠕墨铸铁的牌号、力学性能和用途

牌号	抗拉强度 R_m /MPa ≥	屈服强度 $R_{p0.2}$ /MPa ≥	伸长率 A/% ≥	硬度 /HBW	主要基体组织	用途
RuT300	300	210	2.0	140～210	铁素体	制作受冲击和热疲劳的零件，如增压器废气进气壳体，汽车、拖拉机的某些底盘零件
RuT350	350	245	1.5	160～220	珠光体+铁素体	制作要求较高强度并承受热疲劳的零件，如排气管、变速箱体、汽缸盖、液压件、钢锭模
RuT400	400	280	1.0	180～240		制作要求较高强度、刚度和要求耐磨的零件，如带导轨面的重型机床件、大型龙门铣横梁、大型齿轮箱体、盖、座、刹车鼓、起重机卷筒、飞轮
RuT450	450	315	1.0	200～250	珠光体	制作要求强度或耐磨性高的零件，如活塞环、汽缸套、制动盘、玻璃模具、刹车鼓、钢珠研磨盘、吸淤泵体
RuT500	500	350	0.5	220～260		

5.2.6 可锻铸铁

可锻铸铁是在钢的基体上分布着团絮状石墨的一种铸铁。由于石墨形态呈团絮状分布，减弱了石墨对基体的割裂程度，其力学性能尤其是塑性和韧性高于灰铸铁并因此而得名，但“可锻”仅说明它比灰铸铁有更好的塑性、韧性，实际上是不能锻造的。在球墨铸铁出现以前，可锻铸铁曾是性能最好的一种铸铁材料，但目前其应用正逐渐被球墨铸铁所替代。可锻铸铁是由白口铸铁坯件经退火而得到的一种铸铁材料，根据生产工艺的不同，可锻铸铁可分为黑心可锻铸铁（铁素体可锻铸铁）、珠光体可锻铸铁。

列入 GB/T 9440—2010 中的部分可锻铸铁的牌号、性能及用途见表 5-20。

表 5-20 可锻铸铁的牌号、性能及用途

牌号	试样直径 d/mm	抗拉强度 R_m/MPa ≥	屈服强度 $R_{p0.2}$/MPa ≥	伸长率 A ($L_0=3d$)/% ≥	硬度 /HBW	用途
KTH300-06	12 或 15	300	—	6	≤150	用于制造管道配件、低压阀门，汽车、拖拉机的后桥外壳、转向机构、机床零件等
KTH330-08		330	—	8		
KTH350-10		350	200	10		
KTH370-12		370	—	12		
KTZ450-06		450	270	6	150～200	制造强度要求较高、耐磨性较好的铸件，如齿轮箱、凸轮轴、曲轴、连杆、活塞环等
KTZ550-04		550	340	4	180～250	
KTZ650-02		650	430	2	210～260	
KTZ700-02		700	530	2	240～290	

5.2.7 合金铸铁

工程上，有时除要求铸铁具有一定的力学性能外，还要求具有某些特殊性能，如耐磨性、耐热性和耐蚀性等。为此，在铸铁中加入某些合金元素，以得到一些具有特殊性能的合金铸铁。合金铸铁主要分为三类：耐磨铸铁、耐热铸铁、耐蚀铸铁。

5.2.7.1 耐磨铸铁

耐磨铸铁分为减摩铸铁和抗磨铸铁两类。

减摩铸铁是指润滑条件下工作的耐磨铸铁，如机床导轨、活塞环、汽缸套、滑块、滑动轴承等。要求其组织为在软基体上嵌有硬的组成相。软基体在磨损后形成的沟槽可保持油膜，有利于润滑，而坚硬的强化相可承受摩擦。细片状珠光体基体的灰铸铁能满足这种要求，其中铁素体为软基体，渗碳体为硬的强化相，石墨不仅起着润滑的作用，也起着储油作用。为进一步改善珠光体灰铸铁的耐磨性，通常将磷含量提高到 0.4%～0.6%，得到高磷铸铁。其中磷形成的磷化铁（Fe_3P），可与珠光体或铁素体形成高硬度的共晶组织，因而显著提高耐磨性。由于普通高磷铸铁的强度和韧性较差，故常在其中加入 Cr、Mo、W、Cu、Ti、V 等合金元素，形成合金高磷铸铁，如磷铜钛铸铁、铬钼铜铸铁等。

抗磨铸铁是指在无润滑的干摩擦及抗磨粒磨损条件下工作的铸铁，如轧辊、犁铧、球磨机磨球、衬板、煤粉机锤头等。这类铸铁的组织应具有均匀的高硬度，以承受在很大载荷下的严重磨损。白口铸铁可用作抗磨铸铁。但白口铸铁由于脆性较大，应用受到一定的限制，不能用于承受大的动载荷或冲击载荷的零件。若在白口铸铁中加入少量的 Cu、Cr、Mo、V、B 等合金元素，可形成合金渗碳体，耐磨性有所提高，但韧性改进仍不大。当加入 $w_{Ni}=3.0\%\sim5.0\%$、$w_{Cr}=1.50\%\sim3.50\%$后，即得到以马氏体和碳化物为主的组织，这种铸铁称为镍铬马氏体白口铸铁，又称镍硬铸铁，其硬度和力学性能均比普通白口铸铁优越，但其脆性依然较大。当加入大量的铬（$w_{Cr}>10\%$）后，在铸铁中可形成团块状的碳化物（Cr_7C_3），其硬度比渗碳体更高，耐磨性显著提高，又因其呈团块状，韧性得到很好改善，这种铸铁称为高铬铸铁。抗磨白口铸铁的典型牌号有 KmTBMn5W3、KmTBCr26、

KmTBCr9Ni5Si2 等。

5.2.7.2 耐热铸铁

耐热铸铁具有良好的耐热性，可代替耐热钢用作加热炉炉底板、马弗罐、坩埚、废气管道、换热器及钢锭模等，长期在高温下工作。所谓铸铁的耐热性是指其在高温下抗氧化、抗生长、保持较高的强度、硬度及抗蠕变的能力。

灰铸铁在高温下除了发生表面氧化外，还会发生“热生长”。所谓“热生长”是指氧化性气体沿着石墨片的边界和裂纹渗入铸铁内部，造成内部氧化，以及渗碳体分解成石墨，使体积发生不可逆的增大。

为了提高铸铁的耐热性，可向铸铁中加入 Si、Al、Cr 等元素，使铸铁在高温下表面形成一层致密的氧化膜，如 SiO_2、Al_2O_3、Cr_2O_3 等，保护内层不再继续氧化；尽量使石墨由片状成为球状，或减少石墨数量；加入合金元素，使基体为单一的铁素体或奥氏体。因此，以铁素体为基体的球墨铸铁，具有较好的耐热性能。按所加合金元素种类不同，耐热铸铁主要有硅系、铝系、铝硅系、铬系、高镍系等铸铁，典型牌号有 RTCr2、RQTSi4、RQTAl4Si4、RQTAl22 等。

5.2.7.3 耐蚀铸铁

耐蚀铸铁是指在腐蚀性介质中工作的具有耐蚀能力的铸铁。提高铸铁耐蚀性的主要途径有三个：一是在铸铁中加入 Si、Al、Cr 等合金元素，使之在铸铁表面形成一层连续致密的保护膜；二是在铸铁中加入 Cr、Si、Mo、Cu、N、P 等合金元素，提高铁素体的电极电位；三是通过合金化，获得单相基体组织，减少铸铁中的微电池。这三方面的措施与耐蚀钢是基本一致的。

耐蚀铸铁根据其成分可分为高硅耐蚀铸铁、高铝耐蚀铸铁及高铬耐蚀铸铁等。其中应用最广的是高硅耐蚀铸铁，这种铸铁的碳含量为 0.3%～0.5%，硅含量达 16%～18%。它在含氧酸中具有良好的耐蚀性，但在碱性介质、盐酸等无氧酸中，由于表面 SiO_2 保护膜遭到破坏，耐蚀性下降。因此，可加入 6.5%～8.5%的铜，以改善它在碱性介质中的耐蚀性；可以加入 2.5%～4%的钼，以改善它在盐酸中的耐蚀性。典型牌号有 STSi15RE、STSi15Cr4RE 等。

5.3 非铁金属材料

除铁基合金以外的其他金属及其合金称为非铁金属材料（又称有色金属材料）。非铁金属材料具有许多钢铁材料所不及的优良特性，是现代工业中不可缺少的材料。本节扼要介绍目前工程上广泛应用的铝、铜、钛及其合金，以及滑动轴承合金。

5.3.1 铝及铝合金

5.3.1.1 纯铝

纯铝具有银白色金属光泽，密度为 2.72g/cm^3，熔点为 660.4℃，具有良好的导电性和导热性，其导电性仅次于银和铜。纯铝在空气中易氧化，表面形成一层能阻止内层金属继续被氧化的致密的氧化膜，因此具有良好的抗大气腐蚀性能。纯铝具有面心立方结构，无同素异构转变，无磁性。纯铝具有极好的塑性和较低的强度（纯度为 99.99%时，R_m=45MPa，A=50%），良好的低温性能（到－235℃塑性和冲击韧度也不降低），冷变形加工可提高其强度，但塑性降低。纯铝具有优良的工艺性能，易于铸造、切削和冷、热压力加工，还具有良好的焊接性能。

纯铝中含有少量铁、硅等杂质元素，杂质含量增加，其导电性、耐蚀性及塑性都降低。纯铝按纯度分为纯铝（$99\% < w_{Al} < 99.85\%$）、高纯铝（$w_{Al} \geqslant 99.85\%$）。按 GB/T 16474—2011 规定，压力加工产品的牌号用 1XXX 表示，1 表示纯铝。第二位字母若为 A，表示为原始纯铝；若为其他字母，表示原始纯铝的改型情况。后两位数字表示最低铝含量（以百分之几计）中小数点后面的两位。按 GB/T 8063—1994 规定，铸造产品的牌号用 Z＋铝元素化学符号＋铝的最低含量（以百分之几计）表示。高纯铝主要用于科学试验和化学工业。纯铝的主要用途是配制铝合金，还可用来制造导线、包覆材料、耐蚀和生活器皿等。

5.3.1.2　铝合金

纯铝的强度和硬度很低，不适宜作为工程结构材料使用。向铝中加入适量 Si、Cu、Mg、Zn、Mn 等元素（主加元素）和 Cr、Ti、Zr、B、Ni 等元素（辅加元素），组成铝合金，可提高强度并保持纯铝的特性。

根据铝合金的成分和生产工艺特点，可将铝合金分为变形铝合金和铸造铝合金两大类。铝合金一般都具有如图 5-15 所示的相图，在此图上可直接划分变形铝合金和铸造铝合金的成分范围。图 5-15 中成分在 *D* 点以左的合金，加热至固溶线（*DF* 线）以上温度可以得到均匀的单相 α 固溶体，塑性好，适于进行锻造、轧制等压力加工，称为变形铝合金。成分在 *D* 点以右的合金，存在共晶组织，塑性较差，不宜压力加工，但流动性好，适宜铸造，称为铸造铝合金。

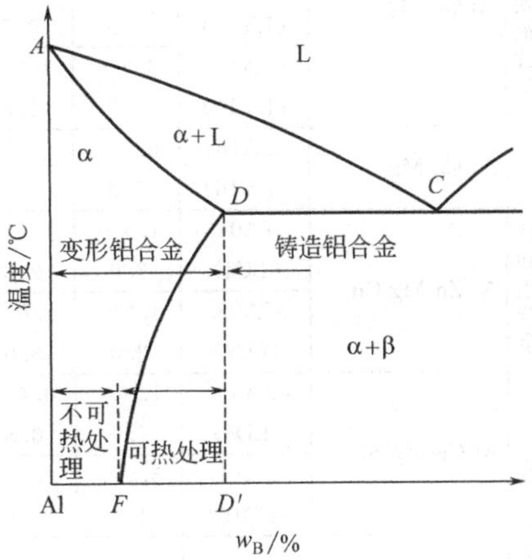

图 5-15　铝合金分类示意图

在变形铝合金中，成分在 *F* 点以左的合金，固溶体成分不随温度而变化，不能通过热处理方法进行强化，称为不可热处理强化铝合金；成分在 *FD* 之间的合金，固溶体成分随温度而变化，可通过热处理方法进行强化，称为可热处理强化铝合金。

(1) 变形铝合金

变形铝合金依据其性能特点可分为防锈铝合金、硬铝合金、超硬铝合金和锻铝合金四种，其中防锈铝合金为不可热处理强化铝合金，其他三种为可热处理强化铝合金。其牌号分别用 2XXX～8XXX 表示（详见 GB/T 16474—2011）。第一位数字依次表示以 Cu、Mn、Si、Mg、Mg-Si、Zn、其他元素为主要合金元素的铝合金组别。第二位字母若为 A，表示为原始合金；其他字母表示原始合金的改型情况。后两位数字表示顺序号。表 5-21 为常用变形铝合金的牌号、化学成分及力学性能，其中旧牌号为按 GB 3190—1982 的牌号。通常在变形铝合金牌号后面还附有表示合金状态的代号（详见 GB/T 16475—2008）。

① 防锈铝合金　防锈铝合金包括 Al-Mn 系和 Al-Mg 系合金，其主要性能特点是具有很高的塑性、较低或中等的强度、优良的耐蚀性能和良好的焊接性能。防锈铝合金只能用冷变形来强化，一般在退火态或冷作硬化态使用。

常用 Al-Mn 系防锈铝合金有 3A21，其耐腐蚀性较好，有良好的塑性和焊接性能，常用来制造需弯曲、冷拉或冲压的零件，如管道、容器、油箱等。

常用 Al-Mg 系防锈铝合金有 5A02、5A03、5A05、5A06 等，此类合金有较高的疲劳强度和抗振性，强度高于 Al-Mn 系合金，但耐热性较差，广泛用于航空航天工业中，如制造油箱、管道、铆钉、飞机行李架等。

表 5-21　常用变形铝合金的牌号、化学成分及力学性能（GB/T 3190—2008）

类别	合金系统	牌号（旧牌号）	化学成分 w/%					产品状态	力学性能		
			Cu	Mg	Mn	Zn	其他		R_m/MPa	A/%	硬度/HBW
防锈铝合金	Al-Mg	5A02（LF2）		2.0～2.8	0.15～0.4			O	195	17	47
		5A05（LF5）		4.8～5.5	0.3～0.6			O	280	20	70
	Al-Mn	3A21（LF21）			1.0～1.6			O	130	20	30
硬铝合金	Al-Cu-Mg	2A01（LY1）	2.2～3.0	0.2～0.5				线材 T4	300	24	70
		2A11（LY11）	3.8～4.8	0.4～0.8	0.4～0.8			包铝板材 T4	420	18	100
		2A12（LY12）	3.8～4.9	1.2～1.8	0.3～0.9			包铝板材 T4	470	17	105
	Al-Cu-Mn	2A16（LY16）	6.0～7.0		0.4～0.8		Ti 0.1～0.2	包铝板材 T4	400	8	100
超硬铝合金	Al-Zn-Mg-Cu	7A04（LC4）	1.4～2.0	1.8～2.8	0.2～0.6	5.0～7.0	Cr 0.10～0.25	包铝板材 T6	600	12	150
		7A09（LC9）	1.2～2.0	2.0～3.0	0.15	5.1～6.1	Cr 0.16～0.30	包铝板材 T6	680	7	190
锻铝合金	Al-Cu-Mg-Si	2A50（LD5）	1.8～2.6	0.4～0.8	0.4～0.8		Si 0.7～1.2	包铝板材 T6	420	13	105
		2A14（LD10）	3.9～4.8	0.4～0.8	0.4～1.0		Si 0.6～1.2	包铝板材 T6	480	19	135
	Al-Cu-Mg-Fe-Ni	2A70（LD7）	1.9～2.5	1.4～1.8			Ti 0.02～0.10 Ni 0.9～1.5 Fe 0.9～1.5	包铝板材 T6	415	13	120

② 硬铝合金　硬铝是可热处理强化铝合金中应用最广泛的一种，包括 Al-Cu-Mg 系和 Al-Cu-Mn 系两类。

常用 Al-Cu-Mg 系硬铝可分为：低强度硬铝（铆钉硬铝），如 2A01，其强度比较低，但有很高的塑性，主要作为铆钉材料；中强度硬铝（标准硬铝），如 2A11；高强度硬铝，如 2A12。Al-Cu-Mg 系硬铝的焊接性和耐蚀性较差，对其制品需要进行防腐保护处理，对于板材可包覆一层高纯铝，通常还要进行阳极氧化处理和表面涂装，为提高其耐蚀性一般采用自然时效。部分 Al-Cu-Mg 系硬铝具有较高的耐热性，如 2A11、2A12，可在较高温度使用。Al-Cu-Mn 系硬铝为超耐热硬铝合金，具有较好的塑性和工艺性能，常用合金有 2A16、2A17（LY17）。硬铝合金常制成板材和管材，主要用于飞机构件、蒙皮、螺旋桨、叶片等。

③ 超硬铝合金　超硬铝为 Al-Zn-Mg-Cu 系合金，是强度最高的变形铝合金，常用合金有 7A04、7A09 等。超硬铝合金具有良好的热塑性，但疲劳性能较差，耐热性和耐蚀性也不高。超硬铝的板材表面通常包覆 $w_{Zn}=1\%$ 的铝锌合金，零构件也要进行阳极化防腐蚀处理。超硬铝合金一般采用淬火加人工时效的热处理强化工艺，主要用于工作温度较低、受力较大的结构件，如飞机蒙皮、壁板、大梁、起落架部件等。

④ 锻铝合金　锻铝合金有 Al-Cu-Mg-Si 系和 Al-Cu-Mg-Fe-Ni 系两类，锻铝合金热塑性

好，可用锻压方法来制造形状较复杂的零件。一般在淬火加人工时效后使用。

Al-Cu-Mg-Si 系锻铝常用牌号有 6A02（LD2）、2A50、2A14 等，主要用于制造要求中等强度、高塑性和耐热性零件的锻件、模锻件，如各种叶轮、导风轮、接头、框架等。

Al-Cu-Mg-Fe-Ni 系锻铝常用代号有 2A70、2A80（LD8）、2A90（LD9）等，此类合金耐热性较好，主要用于 250℃温度下工作的零件，如航空发动机活塞、叶片、超声速飞机蒙皮等。

（2）铸造铝合金

铸造铝合金主要有 Al-Si 系、Al-Cu 系、Al-Mg 系、Al-Zn 系四种，其代号分别用 ZL1、ZL2、ZL3、ZL4 加两位数字的顺序号表示（GB/T 1173—1995）；若为铸锭，则在 ZL 后加 D；若为优质，则在代号后加 A；需表示状态时，在合金代号后用短横线连接状态代号；铸造方法代号不写入合金代号中。铸造铝合金的牌号用 ZAl＋主要合金元素的化学符号和平均含量（以百分之几计）表示，若平均含量小于 1%，一般不标数字（GB/T 8063—1994）。表 5-22 为常用铸造铝合金的牌号（代号）、化学成分及力学性能。

表 5-22　常用铸造铝合金的牌号（代号）、化学成分及力学性能（GB/T 1173—1995）

类别	牌号	代号	化学成分 w/% Si	Cu	Mg	Mn	其他	状态代号	铸造方法	力学性能 R_m/MPa 不低于	A/% 不低于	硬度/HBW 不低于
铝硅合金	ZAlSi12	ZL102	10.0～13.0					F	SB	145	4	50
								F	J	155	2	50
								T2	SB	135	4	50
								T2	J	145	3	50
	ZAlSi9Mg	ZL104	8.0～10.5		0.17～0.35	0.2～0.5		T1	J	195	1.5	65
								T6	J	235	2	70
	ZAlSi5Cu1Mg	ZL105	4.5～5.5	1.0～1.5	0.4～0.6			T5	J	235	0.5	70
								T7	J	175	1	65
	ZAlSi2Cu1Mg1Ni1	ZL109	11.0～13.0	0.5～1.5	0.8～1.3		Ni 0.8～1.5	T1	J	195	0.5	90
								T6	J	245		100
铝铜合金	ZAlCu5Mn	ZL201		4.5～5.3		0.6～1.0	Ti 0.10～0.35	T4	S	290	8	70
								T5	S	335	4	90
	ZAlCu4	ZL203		4.0～5.0				T4	S	195	6	60
								T5	S	215	3	70
铝镁合金	ZAlMg10	ZL301			9.5～11.5			T4	S	280	10	20
	ZAlMg5Si1	ZL303	0.8～1.3		4.5～5.5	0.1～0.4		F	S J	143	1	55
铝锌合金	ZAlZn11Si7	ZL401	6.0～8.0		0.1～0.3		Zn 9.0～13.0	T1	J	245	1.5	90
	ZAlZn6Mg	ZL402			0.5～0.65		Cr 0.4～0.6 Zn 5.0～6.0 Ti 0.15～0.25	T1	J	235	4	70

① Al-Si 系铸造铝合金　Al-Si 系铸造铝合金俗称硅铝明，其中 ZL102 为 Al-Si 二元合金，称为简单硅铝明，其余为 Al-Si 系多元合金，称为复杂硅铝明。Al-Si 系铸造铝合金的铸造性能好，密度小，具有优良的耐蚀性、耐热性和焊接性能。简单硅铝明强度较低，不能热处理强化，生产中常采用变质处理来细化组织，改善性能，通常用于制造形状复杂但强度

要求不高的铸件，如仪表壳体等。复杂硅铝明可通过热处理来强化，常用代号有ZL101、ZL104、ZL105、ZL109等，用于制造低、中强度的形状复杂的铸件，如电机壳体、汽缸体、风机叶片、发动机活塞等。

② Al-Cu系铸造铝合金　Al-Cu系铸造铝合金有较高的强度、耐热性，但密度大、耐蚀性差，铸造性能不好，常用代号有ZL201、ZL203等，主要用于制造较高温度下工作的要求高强度的零件，如内燃机汽缸头、增压器导风叶轮等。

③ Al-Mg系铸造铝合金　Al-Mg系铸造铝合金的耐蚀性好，强度高，密度小，但铸造性能差，耐热性低。常用代号有ZL301、ZL303等，主要用于制造在腐蚀介质下工作的、承受一定冲击载荷的、形状较为简单的零件，如舰船配件、氨用泵体等。

④ Al-Zn系铸造铝合金　Al-Zn系铸造铝合金铸造性能好，强度较高，但密度大，耐蚀性较差。常用代号有ZL401、ZL402等，主要用于制造受力较小、形状复杂的汽车、飞机、仪器零件。

5.3.2　铜及铜合金

5.3.2.1　工业纯铜

纯铜的密度为8.96g/cm^3，熔点为1083.4℃，具有面心立方结构，无同素异构转变，无磁性。纯铜具有优良的导电性和导热性，其导电性仅次于银。纯铜在大气、淡水中具有良好的耐蚀性，但在海水中较差。纯铜的强度不高（R_m＝200～250MPa），硬度较低（40～50HBW），塑性很好（A＝45%～50%）。冷变形后，其强度可达400～500MPa，硬度提高到100～200HBW，但伸长率下降到5%以下。采用退火处理可消除铜的冷变形强化。纯铜还具有优良的焊接性能。工业上使用的纯铜又称紫铜。工业纯铜加工产品有三种，代号为T1（$w_{Cu}>99.95\%$）、T2（$w_{Cu}>99.9\%$）、T3（$w_{Cu}>99.7\%$），工业纯铜的主要用途是配制铜合金，制作导电、导热材料及耐蚀器件等。

5.3.2.2　铜合金

在纯铜中加入Zn、Sn、Al、Mn、Ni、Fe、Be、Ti、Zr等合金元素制成铜合金。铜合金既保持了纯铜优良的特性，又有较高的强度。按化学成分铜合金分为黄铜、青铜、白铜三大类。黄铜是以锌为主要合金元素的铜合金，白铜是以镍为主要合金元素的铜合金，青铜是以除锌、镍外的其他元素为主要合金元素的铜合金。按生产加工方式铜合金又分为压力加工产品（简称加工产品）和铸造产品。除用于导电、装饰和建筑外，铜合金主要在耐磨和耐蚀条件下使用。

（1）黄铜

黄铜分为普通黄铜和特殊黄铜。Cu-Zn二元合金称为普通黄铜，在普通黄铜的基础上加入Al、Si、Pb、Sn、Mn、Fe、Ni等元素形成特殊黄铜，相应称为铝黄铜、硅黄铜、铅黄铜等。

普通黄铜加工产品代号表示方法为H＋铜的平均含量（以百分之几计），如H68表示$w_{Cu}=68\%$的铜锌合金。特殊黄铜加工产品代号表示方法为H＋主加元素的化学符号＋铜的平均含量（以百分之几计）＋主加元素及其他合金元素的平均含量（以百分之几计），如HPb59-1表示$w_{Cu}=59\%$、$w_{Pb}=1\%$的加工铅黄铜。

铸造黄铜的牌号表示方法（GB/T 8063—1994）为Z＋铜元素化学符号＋主加元素的化学符号及平均含量（以百分之几计）＋其他元素的化学符号及平均含量（以百分之几计），如ZCuZn38表示$w_{Zn}=38\%$、余量为铜的铸造普通黄铜。表5-23为常用黄铜的代号（牌号)、化学成分及力学性能。

表 5-23 常用黄铜的代号（牌号）、化学成分及力学性能

(GB/T 5231—2001，GB/T 1176—1987)

类别	代号或牌号	化学成分 $w/\%$									加工状态或铸造方法	力学性能		
		Cu	Pb	Sn	Al	Mn	Ni	Fe	Zn	杂质		R_m /MPa	A /%	硬度 /HBW
普通黄铜	H62	60.5～63.5	0.08				0.5	0.15	余量	0.5	M Y	330 600	49 3	56 164
	H68	60.7～70.0	0.03				0.5	0.10	余量	0.3	M Y	320 660	55 3	54 150
	H80	79.0～81.0	0.03				0.5	0.10	余量	0.3	M Y	320 640	52 5	53 145
特殊黄铜	HPb59-1	57.0～60.0	0.8～1.9				1.0	0.5	余量	1.0	M Y	420 550	45 5	75 149
	HMn58-2	57.0～60.0	0.1			1.0～2.0	0.5	1.0	余量	1.2	M Y	400 700	40 10	90 178
	HSn90-1	88.0～91.0	0.03	0.25～0.75			0.5	0.10	余量	0.2	M Y	280 520	40 4	58 148
	HAl59-3-2	57.0～60.0	0.10		2.5～3.5		2.0～3.0	0.50	余量	0.9	M Y	380 650	50 15	75 150
铸造黄铜	ZCuZn38	60.0～63.0							余量	1.5	S J	295 295	30 30	59 69
	ZCuZn38Mn2Pb2	57.0～60.0	1.5～2.5			1.5～2.5			余量	2.0	S J	245 345	10 14	69 79
	ZCuZn31Al2	66.0～68.0			2.0～3.0				余量	0.5	S J	295 390	12 15	79 89
	ZCuZn25Al6Fe3Mn3	60.0～66.0			4.5～7.0	2.0～4.0	1.5～4.0		余量	2.0	S J	345 390	15 20	89 98

① 普通黄铜　$w_{Zn}<32\%$ 的普通黄铜为单相黄铜，一般冷塑性加工成板、线、管材等，常用代号有 H68、H80 等。H68 强度高，塑性优良，切削加工性、焊接性、耐蚀性良好，主要用作复杂的冷冲压件、散热器外壳、弹壳、导管、波纹管、轴套等；H80 色泽呈金黄色，强度较高，塑性良好，焊接性良好，耐蚀性较高，主要用作镀层、装饰用品、造纸网、薄壁管、皱纹管。

$w_{Zn}=32\%\sim45\%$的普通黄铜为两相黄铜，它热塑性好，一般热轧成棒、板材，常用代号有 H62、ZCuZn38 等。H62 具有良好的力学性能，切削加工性、焊接性、耐蚀性良好，主要用作水管、油管、散热器、螺钉；ZCuZn38 具有优良的铸造性能和较好的力学性能，切削加工性、焊接性好，耐蚀性良好，有腐蚀开裂倾向，用于一般结构件及耐蚀零件，如法兰、阀座、螺杆、螺母、支架、手柄、日用五金等。

普通黄铜具有良好的耐蚀性，但冷加工后的黄铜在海水、湿气、氨的环境中容易产生应力腐蚀开裂（季裂），故应进行去应力退火。

② 特殊黄铜　特殊黄铜中所加元素都能提高合金的强度，另外，Al、Sn、Mn、Ni 能提高耐蚀性和耐磨性，Mn 能提高耐热性，Si 能改善铸造性能，Pb 能改善切削性能。特殊黄铜常用代号有 HPb59-1、HMn58-2、HSn90-1、HAl59-3-2、ZCuZn38Mn2Pb2 等。

HPb59-1 具有良好的力学性能，可冷热加工，切削加工性好，焊接性好，耐一般腐蚀性良好，有腐蚀开裂倾向，主要用于热冲压和切削加工零件，如销子、螺钉、垫圈、衬套、喷嘴等。HMn58-2具有良好的力学性能，热塑性好，耐海水、蒸汽、氯化物腐蚀性良好，有腐蚀开裂倾向，主要用于船舶和精密电器制造工业，如螺旋桨、钟表零件等。

HSn90-1强度不高，塑性好，焊接性好，具有高的耐蚀性和减摩性，无腐蚀开裂倾向，主要用于汽车、拖拉机弹性套管及其他耐蚀减摩零件。HAl59-3-2强度高，热塑性好，具有优良的耐蚀性，腐蚀敏感性小，主要用于船舶、电机及其他在常温下工作的高强度耐蚀零件。

ZCuZn38Mn2Pb2具有较好的力学性能、耐磨性和耐蚀性，切削加工性良好，用于一般用途结构件，船舶、仪表上外形简单的铸件，如套筒、衬套、滑块、轴瓦等。

ZCuZn31Al2具有良好的铸造性能，耐淡水、海水腐蚀性较好，切削加工性、焊接性好，适用于压力铸造，如电机、仪表等压铸件及船舶、机械制造业的耐蚀零件。

ZCuZn25Al6Fe3Mn3具有优良的力学性能，良好的铸造性能，耐蚀性较好，可以焊接，有应力腐蚀开裂倾向，用于在海水中工作的管配件，水泵、叶轮、旋塞和在空气、淡水、油、燃料中工作的铸件。

(2) 青铜

根据所加主要合金元素Sn、Al、Be、Si、Pb等，青铜分为锡青铜、铝青铜、铍青铜、硅青铜、铅青铜等。加工青铜的代号用Q＋主加元素符号及平均含量（以百分之几计）＋其他元素平均含量（以百分之几计）表示，如QSn4-3表示$w_{Sn}=4\%$、$w_{Zn}=3\%$的锡青铜。铸造青铜的牌号表示方法与铸造黄铜相同。表5-24为常用青铜的代号（牌号）、化学成分及力学性能。

① 锡青铜　是指以锡为主要加入元素的铜合金。锡青铜的性能受锡含量的显著影响。$w_{Sn}<5\%$的锡青铜塑性好，适于进行冷变形加工，一般加工成板、带、棒、管材使用；$w_{Sn}=5\%\sim7\%$的锡青铜热塑性好，适于进行热加工；$w_{Sn}=10\%\sim14\%$的锡青铜塑性较低，适于作铸造合金。锡青铜的铸造流动性差，易形成分散缩孔，铸件致密度低，但合金体积收缩率小，适于铸造外形及尺寸要求精确的铸件。锡青铜具有良好的耐蚀性、减摩性、抗磁性和低温韧性，在大气、海水、蒸汽、淡水及无机盐溶液中的耐蚀性比纯铜和黄铜好，但在亚硫酸钠、酸和氨水中的耐蚀性较差。常用锡青铜有QSn4-3、QSn6.5-0.4、ZCuSn10Pb1等，主要用于制造弹性元件、耐磨零件、抗磁及耐蚀零件，如弹簧、垫圈、轴承、齿轮、蜗轮、轴瓦、衬套等。

② 铝青铜　是指以铝为主要加入元素的铜合金。铝青铜的性能也受铝含量的显著影响。铝青铜的强度、硬度、耐磨性、耐热性、耐蚀性都高于黄铜和锡青铜，但其铸件体积收缩率比锡青铜大，焊接性能差。铝青铜是无锡青铜中应用最广的一种合金。常用铝青铜有低铝和高铝两种。低铝青铜如QAl5、QAl7等，具有一定的强度，较高的塑性和耐蚀性，一般在压力加工状态使用，主要用于制造高耐蚀弹性元件。高铝青铜如QAl9-4、QAl10-4-4、ZCuAl9Mn2等，具有较高的强度、耐磨性、耐蚀性，主要用于制造齿轮、轴承、摩擦片、蜗轮、螺旋桨等。

③ 铍青铜　铍青铜是铜合金中性能最好的一种铜合金，也是唯一可热处理强化的铜合金。铍青铜经固溶＋时效处理后具有很高的强度、硬度，铍青铜具有高的弹性、耐磨性、耐蚀性及耐低温性，具有良好的导电、导热性，无磁性，受冲击时不产生火花，还具有良好的冷、热加工和铸造性能。常用代号有QBe2、QBe1.9等，主要用于制造重要的精密弹簧、

膜片等弹性元件，高速、高温、高压下工作的轴承等耐磨零件，防爆工具等。

表 5-24　常用青铜的代号（牌号）、化学成分及力学性能

（GB/T 5231—2001，GB/T 1176—1987）

类别	代号或牌号	化学成分 $w/\%$				加工状态或铸造方法	力学性能		
		主加元素	其他元素	Cu	杂质		R_m /MPa	A /%	硬度 /HBW
锡青铜	QSn4-3	Sn 3.5～4.5	Zn 2.7～3.3	余量	0.2	M	350	40	60
						Y	550	4	160
	QSn6.5-0.4	Sn 6.0～7.0	P 0.26～0.4	余量	0.1	M	400	65	80
						Y	750	10	180
铝青铜	QAl7	Al 6.0～8.5		余量		M	420	70	70
						Y	1000	4	154
	QAl10-4-4	Al 9.5～11.0	Ni 3.5～5.5 Fe 3.5～5.5	余量	1.0	M	650	40	150
						Y	1000	10	200
铍青铜	QBe2	Be 1.8～2.1	Ni 0.2～0.5	余量	0.5	M	500	40	90
						Y	1250	3	330
硅青铜	QSi3-1	Si 2.7～3.5	Mn 1.0～1.5	余量	1.1	M	400	50	80
						Y	700	5	180
铸造青铜	ZCuSn10Pb1	Sn 9.0～11.5	Pb 0.5～1.0	余量	0.75	S	220	3	79
						J	310	2	89
	ZCuAl9Mn2	Al 8.0～10.0	Mn 1.5～2.5	余量	1.0	S	390	20	84
						J	440	20	93
	ZCuPb15Sn8	Pb 13.0～17.0	Sn 7.0～9.0	余量	1.0	S	170	5	59
						J	200	6	64

（3）白铜

白铜分为简单白铜和特殊白铜，工业上主要用于耐蚀结构和电工仪表。白铜的组织为单相固溶体，不能通过热处理来强化。

简单白铜为 Cu-Ni 二元合金，代号用 B＋Ni 的平均含量（以百分之几计）表示。常用代号有 B5、B19 等。简单白铜具有较高的耐蚀性和抗腐蚀疲劳性能，优良的冷、热加工性能，主要用于制造蒸汽和海水环境中工作的精密仪器、仪表零件和冷凝器、蒸馏器及热交换器等。

特殊白铜是在 Cu-Ni 二元合金基础上添加 Zn、Mn、Al 等元素形成的，分别称为锌白铜、锰白铜、铝白铜等。特殊白铜代号用 B＋添加元素化学符号＋Ni 平均含量（以百分之几计）＋添加元素平均含量（以百分之几计），如 BMn40-1.5 表示 $w_{Ni}=40\%$ 、$w_{Mn}=1.5\%$的锰白铜。常用锌白铜代号有 BZn15-20，它具有很高的耐蚀性、强度和塑性，成本也较低，适于制造精密仪器、精密机械零件、医疗器械等。锰白铜具有较高的电阻率、热电势和低的电阻温度系数，用于制造低温热电偶、热电偶补偿导线、变阻器和加热器，常用代号有 BMn40-1.5（康铜）、BMn43-0.5（考铜）。

5.3.3　钛及钛合金

5.3.3.1　工业纯钛

纯钛密度为 4.507g/cm³，熔点为 1688℃。纯钛具有同素异构转变，882.5℃以下为密排六方结构的 α 相，882.5℃以上为体心立方结构的 β 相。纯钛的强度低，但比强度高，塑性好，低温韧性好。钛在大气和海水中具有优良的耐蚀性，在硫酸、盐酸、硝酸、氢氧化钠等介质中也都很稳定，钛的抗氧化能力优于大多数奥氏体不锈钢。钛具有良好的压力加工性能，切削性能较差。钛在氮气中加热可发生燃烧，因此钛在加热和焊接时应采用氩气保护。

根据杂质含量，钛分为高纯钛（纯度达 99.9%）和工业纯钛（纯度达 99.5%）。工业纯钛有三个牌号，分别用 TA＋顺序号数字 1、2、3 表示，数字越大，纯度越低。杂质含量对钛的性能影响很大，少量杂质可显著提高钛的强度，故工业纯钛强度较高，接近高强铝合金的水平，主要用于制造 350℃以下温度工作的石油化工用热交换器、反应器、舰船零件、飞机蒙皮等。

5.3.3.2 钛合金

在纯钛中加入 Al、Mo、Cr、Sn、Mn、V 等元素形成钛合金，按退火组织可分为 α 型、β 型、(α＋β) 型钛合金，分别用 TA、TB、TC 加顺序号表示。工业纯钛的室温组织为 α 相，因此牌号划入 α 型钛合金的 TA 序列。表 5-25 为一些常用钛合金的牌号及力学性能。

表 5-25 常用钛合金的牌号及力学性能（GB/T 3620.1—2007）

类别	牌号	名义化学成分/%	材料状态	室温力学性能			高温力学性能		
				R_m /MPa	A /%	硬度 /HBW	试验温度/℃	R_m /MPa	$R_{p0.2}$ /MPa
工业纯钛	TA1	工业纯钛(0.1%O,0.03%N,0.05%C)	板材,退火	350	25	80	—	—	—
	TA2	工业纯钛(0.15%O,0.05%N,0.05%C)	板材,退火	450	20	70	—	—	—
	TA3	工业纯钛(0.15%O,0.03%N,0.10%C)	板材,退火	550	15	50	—	—	—
α 型钛合金	TA5	Ti-4Al-0.005B	棒材,退火	700	15	60	—	—	—
	TA7	Ti-5Al-2.5Sn	棒材,退火	800	10	30	350	500	450
β 型钛合金	TB2	Ti-3Al-5Mo-5V-8Cr	板材,固溶＋时效	1400	7	15	—	—	—
(α＋β)型钛合金	TC4	Ti-6Al-4V	棒材,退火	920	10	40	400	630	580
	TC10	Ti-6Al-6V-2Sn-0.5Cu-0.5Fe	棒材,退火	1050	12	35	400	850	800

(1) α 型钛合金

与 β 型和 (α＋β) 型钛合金相比，α 型钛合金的室温强度低，但高温强度高。α 型钛合金组织稳定，具有良好的抗氧化性、焊接性和耐蚀性，不可热处理强化，主要依靠固溶强化，一般在退火态使用。α 型钛合金牌号有 TA4、TA5、TA6、TA7、TA8 等，常用的有 TA5、TA7 等，以 TA7 最常用。TA7 还具有优良的低温性能，主要用于制造 500℃以下温度工作的火箭、飞船的低温高压容器，航空发动机压气机叶片和管道、导弹燃料缸等。TA5 主要用于制造舰船零件。

(2) β 型钛合金

β 型钛合金有 TB1、TB2 两个牌号，β 型钛合金有较高的强度、优良的冲压性能，并可通过固溶处理和时效进行强化。实际应用的为 TB2，用于制造 350℃以下温度工作的飞机压气机叶片、弹簧、紧固件等。

(3) (α＋β) 型钛合金

(α＋β) 型钛合金具有 α 型钛合金和 β 型钛合金的优点，但焊接性能不如 α 型钛合金，可通过热处理来强化，热处理后强度可提高 50%～100%。(α＋β) 型钛合金牌号有 TC1～TC11，常用牌号有 TC3、TC4、TC6、TC10 等。TC4 是钛合金中最常用的合金，在 400℃时组织稳定，蠕变强度较高，低温时有良好的韧性，并具有良好的抗海水应力腐蚀及抗热盐应力腐蚀的能力，主要用于制造 400℃以下温度工作的航空发动机压气机叶片，火箭发动机外壳及冷却喷管，火箭和导弹的液氢燃料箱部件，舰船耐压壳体等。TC10 是在 TC4 基础上发展起来的，具有更高的强度和耐热性。

5.3.4 轴承合金

与滚动轴承相比，滑动轴承具有承压面积大、工作平稳、无噪声以及装拆方便等优点，因此在生产装置中有许多场合仍采用滑动轴承。滑动轴承一般由轴承体和轴瓦组成，与轴直接接触的是轴瓦，承受一定的交变载荷和摩擦力作用。为了提高轴瓦的强度和耐磨性，往往在钢质轴瓦的内侧浇注或轧制一层薄而均匀的、耐磨的合金，即滑动轴承的内衬。轴承合金是制造滑动轴承中轴瓦及内衬的材料，按主要化学成分可分为锡基、铅基、铝基、铜基、铁基等轴承合金。

轴承合金的牌号表示方法为 Z＋基体元素符号＋主加元素的化学符号及平均含量(以百分之几计)＋辅加元素的化学符号及平均含量（以百分之几计）。如 ZSnSb11Cu6 表示$w_{Sb}=11\%$、$w_{Cu}=6\%$、余量为锡的锡基轴承合金，ZPbSb16Sn16Cu2 表示 $w_{Sb}=16\%$、$w_{Sn}=16\%$、$w_{Cu}=2\%$、余量为铅的铅基轴承合金。

5.3.4.1 锡基和铅基轴承合金

锡基和铅基轴承合金又称为巴氏合金，它们都属于软基体加硬质点型的合金，熔点都较低。由于它们的强度都较低，因此生产上常采用离心浇注法，将它们镶铸在低碳钢轴瓦（常用 08 钢）上，形成一层薄而均匀的内衬，以提高承载能力及使用寿命。

常用锡基和铅基轴承合金的牌号、化学成分、硬度及用途见表 5-26。

表 5-26 常用锡基和铅基轴承合金的牌号、化学成分、硬度及用途（GB/T 1174—1992）

类别	牌号	化学成分 w/%				硬度/HBW不低于	用途
		Sb	Cu	Sn	Pb		
锡基轴承合金	ZSnSb12Pb10Cu4	11.0～13.0	2.5～5.0	余量	9.0～11.0	29	适于制作一般中速、中载发动机轴承，但不适用于高温部分
	ZSnSb11Cu6	10.0～12.0	5.5～6.5	余量		27	适于制作重载、高速的蒸汽机、涡轮机、柴油机、电动机、透平压缩机的轴承、轴瓦
	ZSnSb4Cu4	4.0～5.0	4.0～5.0	余量		20	适于制作韧性要求较高、浇注层较薄的重载、高速轴承，如涡轮机、航空发动机轴承
铅基轴承合金	ZPbSb16Sn16Cu2	15.0～17.0	1.5～2.0	15.0～17.0	余量	30	适于制作小冲击载荷、高速轴承、轴衬，如汽车、轮船轴承、轴衬
	ZPbSb15Sn10	14.0～16.0		9.0～11.0	余量	24	适于制作中载、中速、中冲击载荷机械的轴承，如汽车、拖拉机发动机曲轴、连杆轴承
	ZPbSb15Sn5	14.0～15.0	0.5～1.0	4.0～5.5	余量	20	适于制作低速、轻载机械轴承，如水泵、空压机轴承、轴衬

（1）锡基轴承合金

锡基轴承合金是以 Sn 为主并加入少量 Sb、Cu 等元素组成的合金，它具有较高的耐磨性、导热性、嵌藏性和耐蚀性，浇注性好，摩擦因数小，但疲劳极限较低，工作温度不超过 150℃，价格高。广泛应用于重型动力机械，如汽车发动机、气体压缩机、涡轮机、内燃机的轴承和轴瓦。

（2）铅基轴承合金

铅基轴承合金的硬度、强度、韧性、导热性、耐蚀性都比锡基轴承合金低，但摩擦因数较大，高温强度较好，价格较便宜。广泛用于制造承受低、中载荷的轴承，如汽车、拖拉机曲轴、连杆轴承。

5.3.4.2 铝基轴承合金

铝基轴承合金的密度小，导热性好，耐磨性和疲劳极限高，价格便宜，但膨胀系数较大，抗咬合性低于巴氏合金。目前广泛使用的铝基轴承合金有铝锑镁轴承合金和高锡铝轴承合金两种，常与08钢做衬背制成双金属轴承。

(1) 铝锑镁轴承合金

该合金为$w_{Sb}=3.5\%\sim5\%$、$w_{Mg}=0.3\%\sim0.7\%$的铝合金。该合金具有较高的疲劳极限，适用于制造高速、载荷不超过22MPa、滑动速度不大于10m/s的工作条件下的柴油机轴承。

(2) 高锡铝轴承合金

该合金为$w_{Sn}=5\%\sim40\%$、$w_{Cu}=0.8\%\sim1.2\%$的铝合金，以$w_{Sn}=17.5\%\sim22.5\%$合金最常用。该合金具有较高的疲劳极限，良好的耐磨性、耐热性和耐蚀性，是应用最广泛的铝基轴承合金，适用于制造高速、重载下工作的轴承，如汽车、拖拉机、内燃机轴承。

5.3.4.3 铜基轴承合金

常用的铜基轴承合金为ZCuSn10P1、ZCuSn5Pb5Zn5等锡青铜和ZCuPb30等铅青铜。前者适于制造中速、中载下工作的轴承，如电动机、泵上的轴承；后者适于制造高速、重载下工作的轴承，如高速柴油机、汽轮机上的轴承。由于铜基轴承合金价格较高，有被新型滑动轴承合金取代的趋势。

5.4 粉末冶金材料

粉末冶金是以金属粉末或金属与非金属粉末的混合物为原料，经成形和烧结等工序制成制品的工艺技术。由于粉末冶金是一种精密无切削或少切削的加工方法，使生产率和材料利用率大为提高，从而在许多方面得到应用。

粉末冶金材料包括金属材料及合金、一些陶瓷材料及复合材料等，按用途可分为机器零件材料、工具材料、高温材料、电工材料、磁性材料等。

5.4.1 粉末冶金机器零件材料

粉末冶金机器零件材料包括减摩材料、结构材料、多孔材料、密封材料、摩擦材料等。

(1) 减摩材料

最常用的烧结减摩材料是铁基及铜基含油轴承材料。含油轴承（多孔轴承）是将粉末压制成轴承后，再浸入润滑油中，利用粉末冶金材料的多孔性吸附大量润滑油。工作时由于轴承发热，迫使润滑油被抽到工作表面，停止工作后，润滑油又渗入孔隙中，故含油轴承有自动润滑的作用。它一般用作中速、轻载荷的轴承，特别适宜不能经常加油的轴承，如纺织机械、食品机械及家用电器（如电扇）等轴承。

常用铁基含油轴承材料有铁-石墨（$w_{石墨}=0.5\%\sim3\%$）烧结合金和铁-硫-石墨（$w_G=0.5\%\sim1\%$）烧结合金。其组织中的石墨或硫化物起固体润滑剂作用，能改善减摩性能，石墨还能吸附很多润滑油，形成胶体状的润滑剂，进一步改善摩擦条件。

常用铜基含油轴承是由ZCuSn5Pb5Zn5青铜粉末与石墨粉末（$w_S=0.3\%\sim2\%$）制成的，它具有较好的导热性、耐蚀性、抗咬合性，但承压能力较铁基含油轴承小。

近年来，出现了铝基含油轴承。铝的摩擦因数比青铜小，故工作时温升也低，且铝粉价格比青铜粉低。

(2) 结构材料

结构材料是指以碳钢粉或合金钢粉为主要原料制成的金属材料或直接制成烧结结构零件。用粉料能直接压制成形状、尺寸精度、粗糙度等都符合要求的零件，具有少无切削加工的特点。制品还可通过热处理来提高性能。用于制造汽车发动机、变速箱、农机具、电动工具等的齿轮、凸轮轴、连杆、轴承、衬套、垫圈、离合器等。

(3) 多孔材料

主要有青铜、不锈钢、镍等制成的粉末冶金多孔材料。广泛用于机械、冶金、化工、医药和食品等工业部门，用于过滤、分离、催化、阻尼、渗透、气流分配、热交换等方面。

(4) 摩擦材料

机器上的制动器与离合器大量使用摩擦材料。如图5-16所示，在制动时，制动器要吸收大量的动能，使摩擦表面温度急剧上升（可达1000℃左右），故摩擦材料极易磨损。因此，对摩擦材料的性能要求为较大的摩擦因数、较好的耐磨性、良好的磨合性、抗咬合性以及足够的强度。

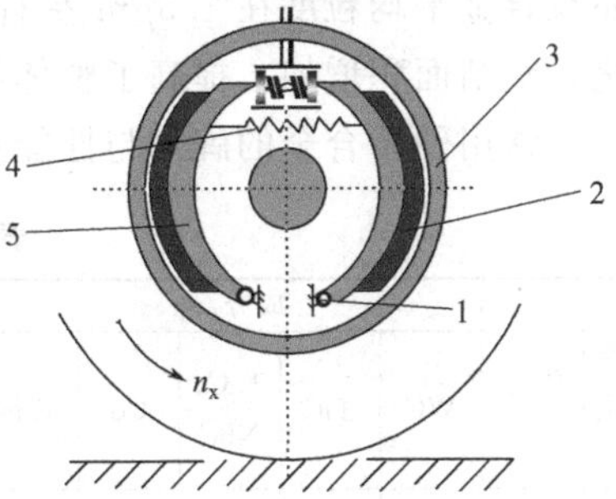

图5-16 制动器示意图

1—销轴；2—摩擦片；

3—被制动体；4—弹簧；5—制动片

摩擦材料通常采用强度、熔点都较高，导热性好的铁、铜等金属作为基体，加入能提高摩擦因数的摩擦组分（如Al_2O_3、SiO_2及石棉等）以及能抗咬合、提高减摩性的润滑组分（如铅、锡、石墨、二硫化钼等）混合烧结而成。铜基烧结摩擦材料常用于汽车、拖拉机、锻压机床上的离合器与制动器，而铁基的多用于各种高速重载机器上的制动器。

5.4.2 粉末冶金工具材料

粉末冶金工具材料包括各种硬质合金、粉末高速钢、精细陶瓷（特种陶瓷）、金刚石-金属复合材料等，是主要的工具材料。

硬质合金由高硬度和高熔点的金属碳化物（如WC、TiC、TaC、NbC等）和金属黏结剂（如Co、Mo、Ni等）用粉末冶金工艺制成，硬质合金刃具常温硬度为89～93HRA，化学稳定性好，热稳定性好，耐磨性好，耐热性达800～1000℃。硬质合金刃具允许的切削速度比高速钢刃具高5～10倍，以其优良的切削性能被广泛用作刃具材料（约占50%），如大多数的车刀、面铣刀及深孔钻等，它还可用于切削高速钢刃具不能切削的淬硬钢等硬材料。但硬质合金抗弯强度低、冲击韧性差，较难加工，不易做成形状较复杂的整体刃具，因此目前还不能完全取代高速钢。依据国家标准（GB/T 18376.1—2008），切削工具用硬质合金按使用领域可分为K、P、M、N、S和H六大类。常用的硬质合金有K类硬质合金、P类硬质合金和M类硬质合金三类。

① K类硬质合金　它是以WC为基体，用Co作黏结剂，或添加少量TaC或NbC的合金。有粗晶粒、中晶粒、细晶粒、超细晶粒之分。在含Co量相同时，一般细晶粒比中晶粒的硬度、耐磨性要高些，但抗弯强度、韧性则低些。K类硬质合金抗弯强度和韧性较好，可承受一定冲击载荷，切削刃可磨得较锋利，导热性好，主要用于短切屑材料的加工，如铸铁、冷硬铸铁、短切屑可锻铸铁、灰口铸铁等脆性材料的加工。常用牌号有K01、K10、K20、K30。

② P类硬质合金　它是以TiC、WC为基体，用Co（Ni+Mo、Ni+Co）作黏结剂的合

金。P类硬质合金高温硬度和耐磨性好，抗月牙洼磨损的能力强，主要用于长切屑材料的加工，如钢、铸钢、长切屑可锻铸铁等的加工，但由于刃具材料中含有Ti，易和工件中的Ti起亲和反应，所以不宜切削含Ti元素的工件材料。常用牌号有P01、P10、P20、P30。

③ M类硬质合金　它是以WC为基体，用Co作黏结剂，添加少量TiC（TaC、NbC）的合金。在P类硬质合金中加入TaC或NbC，这样可提高抗弯强度、疲劳强度、冲击韧性、抗氧化能力、耐磨性和高温硬度等。为通用合金，用于不锈钢、铸钢、锰钢、可锻铸铁、合金钢、合金铸铁的加工。常用牌号有M10、M20。

为改善硬质合金性能，满足生产发展的需要，已研制出细晶粒、超细晶粒硬质合金。细晶粒合金平均粒度在1.5μm左右，超细晶粒合金平均粒度在0.2～1μm之间。由于组织细化，黏结面积增加，提高了整体综合强度和硬度，可减少中低速切削时出现的崩刃现象。

常用硬质合金的牌号与性能见表5-27。

表5-27　常用硬质合金牌号与性能

类别	组号	成分/%					物理力学性能				加工材料类别	旧牌号
		WC	TiC	TaC、NbC	Co	其他	密度/(g/cm³)	热导率/[W/(m·K)]	硬度/HRA(HRC)	抗弯强度/GPa		
K类	K01	97	—	—	3	—	14.9～15.3	87.92	91(78)	1.08	短切屑的黑色金属	YG3
	K10	93.5	—	0.5	6	—	14.6～15.0	79.6	91(78)	1.37		YG6X、YG6A
	K20	94	—	—	6	—	14.6～15.0	79.6	89.5(75)	1.42		YG6
	K30	92	—	—	8	—	14.5～14.9	75.36	89(74)	1.47		YG8
P类	P01	66	30	—	4	—	9.3～9.7	20.93	92.5(80.5)	0.88	长切屑的黑色金属	YT30
	P10	79	15	—	6	—	11～11.7	33.49	91(78)	1.13		YT15
	P20	78	14	—	8	—	11.2～12.0	33.49	90.5(77)	1.2		YT14
	P30	85	5	—	10	—	12.5～13.2	62.80	89(74)	1.37		YT5
M类	M10	84	6	4	6	—	12.8～13.3	—	91.5(79)	1.18	长切屑或短切屑的黑色金属和有色金属	YW1
	M20	82	6	4	8	—	12.6～13.3	—	90.5(77)	1.32		YW2

5.5 金属功能材料

功能材料是指具有特殊的电、磁、声、光、热等物理、化学和生物学性能及其互相转化的功能，不是以承载为目的的材料。金属功能材料是开发较早的功能材料，随着高新技术的发展，许多新型的金属功能材料应运而生，具有广泛的应用前景。

5.5.1 形状记忆合金

具有一定形状的固体材料在某一低温状态下进行一定限度的变形后，再加热到这种材料固有的某一临界温度以上时，材料的变形随之消失，而回复到变形前形状的现象称为形状记忆效应。形状记忆材料是指具有形状记忆效应的金属（合金）、陶瓷和高分子等材料。其中形状记忆合金的研究和应用最多也最成熟。

目前，形状记忆合金已广泛用于医学、军事、机械工程、航空航天、服装纺织和人们的日常生活等领域中。

5.5.2 磁性材料

磁功能材料是利用材料的磁性能和各种磁效应（如电磁互感效应、压磁效应、磁光效应、磁阻效应和磁热效应等），实现对能量和信息的转换、传递、调制、存储、检测等功能作用的材料。磁功能材料的种类很多，按成分可分为金属磁性材料（包括金属间化合物）和非金属（陶瓷铁氧体）磁性材料；按磁性能可分为软磁材料（矫顽力 $H_c < 10^3 A/m$）和硬磁（永磁）材料。

软磁材料的矫顽力低、磁导率高、磁滞损耗小、磁感应强度大，在外磁场中易磁化和退磁（即便是微弱磁场）。金属软磁材料一般限于在较低频域应用。

永磁材料又称为硬磁材料，具有矫顽力高（$H_c > 1 \times 10^4 A/m$）、剩余磁感应强度 B_r 高且磁能积（$B \times H$）大，在外磁场去除后仍能较长时间地保持强而稳定的磁性能的特点。

5.5.3 超导材料

一般金属的直流电阻率随温度降低而减小，在温度降至 0K 时，其电阻率就不再下降而趋于一有限值。但有些导体的直流电阻率在某一低温度时陡降为零，这种现象被称为超导现象。电阻突变为零的温度称为临界温度 T_c，具有超导现象的材料则称为超导材料。

超导体在临界温度以下，不仅具有零电阻，而且具有完全抗磁性，即置于外磁场中的超导体内部的磁感应强度恒为零。零电阻和完全抗磁性是超导体的两个基本特征。

目前，已发现的超导材料有上千种。除常规的金属超导材料，近年来非晶态超导体、磁性超导体、颗粒超导体都受到关注，有机超导体和高温氧化物超导体也取得了很大的发展。金属超导材料按其化学组成可分为元素超导体、合金超导体和化合物超导体。金属超导材料的临界温度较低（$T_c < 30K$），又称为低温超导体。

低温超导材料的应用主要分为强电和弱电两个方面。超导强电应用主要是超导磁体的应用。超导磁体的特点是体积紧凑、质量轻，可承载巨大的电流密度，而且耗电量很低。超导弱电应用主要用于微电子学器件和微波器件。

5.5.4 储氢材料

一些金属（合金）可固溶氢气形成含氢固溶体，在一定的温度和压力条件下（冷却或加压），含氢固溶体与氢气反应形成金属氢化物，并放出热量。使用时将其加热或减压，释放出氢气。利用此原理，可制成储氢合金。

目前广泛研究的储氢合金有四个系列，即稀土系、钛系、镁系及钒、锆等金属及合金。其中的稀土系及钛系储氢合金研究得最多。

5.4.5 智能材料

智能材料是近年来兴起并迅速发展起来的新型材料，是指具有感知功能即信号感受功能，能自行判断分析、处理，并自己做出结论的功能材料。

智能材料一般不是单一的材料，而是一个由多种材料系统组元（机敏材料、驱动材料等）通过有机合成的一体化系统，具有或部分具有以下功能。

① 传感功能　能感知自身所处的环境与条件，如应力、应变、振动、光、电、热、磁、化学、核辐射等的强度及其变化。

② 反馈功能　能对系统输入与输出信息进行对比，并将其结果提供给控制系统。

③ 响应功能　能根据外界环境和内部条件的变化适时动态地做出相应的反应和行动。

④ 自诊断和自修复能力　能通过分析比较系统当前的状况与过去的情况，对问题进行自诊断，并能通过自繁殖、自生长、原位复合等再生机制来修复损伤或破坏。

⑤ 自适应能力　能积累各类感知的信息，对不断变化的外部环境和条件能及时地自动调节自身结构和功能，并相应地改变自己的状态和行为。

5.5.6　功能梯度材料

所谓功能梯度材料，是根据使用要求，选择两种不同性能的材料，采用先进的复合技术，使两种材料中间的组成和结构呈连续梯度变化，内部无明显的界面，从而使材料的性质和功能沿厚度方向也呈梯度变化的一种新型复合材料。例如，航天飞机燃烧室内外壁温差高达1000℃，因此内壁使用耐热性优良的陶瓷，而接触冷却的外壁则采用导热性和力学性能良好的金属材料，为了避免因陶瓷和金属的热膨胀系数相差较大，在界面处产生较大的热应力而导致出现剥落或龟裂现象，在两个界面之间，采用先进的材料复合技术，通过控制金属和陶瓷的相对组成和组织结构，使其无界面地逐渐变化，从而使整个材料既具有高的耐热性，又具有高的强度。

功能梯度材料作为一种新型功能材料，在航天、能源、冶金、机械、电子、光学、化学工程和生物医学工程等领域都有广泛的应用。

5.5.7　纳米材料

纳米材料是指至少有一维尺寸介于1～100nm范围内或以它们作为基本单元构成的材料。包含零维的纳米颗粒、一维的纳米针（须、丝、管）、二维的纳米薄膜和三维的纳米固体。纳米颗粒是指三维尺寸都为纳米级的固体颗粒；纳米薄膜是指纳米颗粒膜、纳米晶、纳米非晶薄膜以及膜厚为纳米等级的多层膜；纳米固体是指由纳米颗粒构成的块体材料以及纳米晶材料。

纳米金属材料不但具有常规金属所具有的特性，还具有纳米材料所具有的共同特性，即表面效应、小尺寸效应、量子隧道效应等，因此纳米金属材料在物理、化学性能方面表现出许多特有的性质，在磁、光、电、催化、医药及新材料等方面具有广阔的应用前景。

5.5.8　非晶态金属

非晶态金属（合金）又称为金属玻璃，因为这种金属材料像玻璃一样，没有晶体结构，而是一种原子排列长程无序、短程有序的形态。

非晶态金属由于没有晶粒和晶界，避免了缺陷的存在，因而在力学、电学、化学等方面都显示了其特殊的性能。

习　　题

5-1　现有08、45、60及T7钢，请分别选择合适的钢种制造汽车外壳（冷冲成形）、弹簧、车床主轴及木工工具，并回答下列问题：

（1）需采用哪些热处理方可达到各零件的使用性能要求？试制定各热处理工艺。

（2）使用状态的组织和性能如何？

5-2　试从成分、组织、性能和用途等方面说明10、45、T8钢的异同点。

5-3　有两根ϕ18mm×200mm的轴，其中一根采用20钢经930℃渗碳预冷后直接淬火，并经180℃回火处理，硬度为58～62HRC，另一根用20CrMnTi钢经930℃渗碳预冷后直接淬火，并经－80℃冷处理后再进行180℃回火处理，硬度为60～64HRC，问这两根轴的表层和心部的组织及性能有何区别？

5-4　38CrMoAlA钢制镗床镗杆，在滑动轴承中运转并承受重载荷，精度要求较高，要求表面具有极高硬度、心部具有较高的综合力学性能，试编写该镗杆简明的生产工艺路线，说明各热处理工序的作用及在使用状态的表面硬度和心部组织。

5-5　一ϕ16mm的发动机连杆螺栓，在工作时承受拉应力，要求高强度和较高的韧性：

（1）试选用一种合适的钢；

（2）写出简明工艺路线；

(3) 说明在使用状态的组织和大致硬度。

5-6 用 9SiCr 钢制造圆板牙的工艺路线为：锻造→热处理①→机加工→热处理②→磨加工→成品。

(1) 写出各热处理工序的名称及作用；

(2) 制定最终热处理的工艺规范；

(3) 写出最终热处理后的显微组织及大概硬度。

5-7 某厂采用 9Mn2V 钢制造模具，设计硬度为 53～58HRC，采用 790℃油淬＋200～220℃回火，但该模具在使用时经常发生脆断现象，后将热处理工艺改为加热至 790℃后在 260～280℃的硝盐浴槽中等温 4h 后空冷处理，硬度降至 50HRC，但寿命大为提高，不再发生脆断现象，试分析其原因。

5-8 分别说明下列铸铁牌号的含义和应用举例。

(1) HT150；(2) HT300；(3) KTH330-08；(4) KTZ700-02；(5) QT450-10；(6) QT700-2；(7) QT900-2；(8) RuT300。

5-9 为下列零构件确定主要性能要求、适用材料及简明工艺路线。

(1) 机床丝杆；(2) 载重汽车连杆；(3) 汽车外壳；(4) 手表外壳；(5) 载重汽车连杆锻模；(6) 机床床身；(7) 汽轮机叶片；(8) 铝合金门窗挤压模；(9) 加热炉炉底板；(10) 摩托车发动机活塞环。

5-10 铝合金的热处理强化和钢的淬火强化有何不同?

第 6 章　非金属材料和复合材料

除金属材料以外的高分子材料、陶瓷材料和复合材料三大类工程材料品种极其繁多，目前，已越来越多地应用在国民经济各个领域。

6.1　高分子材料

6.1.1　高分子材料的基本概念

高分子材料是以高分子化合物为主要成分，与各种添加剂配合而形成的材料。高分子化合物是指相对分子质量大于 10^4 的有机化合物。常见高分子材料的相对分子质量在 10^4～10^6 之间。

6.1.1.1　高分子化合物的组成

高分子化合物是由大量的大分子构成的，而大分子是由一种或多种低分子化合物通过聚合连接起来的链状或网状的分子。因此高分子化合物又称高聚物或聚合物。由于分子的化学组成及聚集状态不同，而形成性能各异的高聚物。

组成高分子化合物的低分子化合物称为单体。大分子链中的重复单元称为链节，链节的重复数目称为聚合度。一个大分子的相对分子质量（M）是其链节相对分子质量（m）与聚合度（n）的乘积，即 $M=m\times n$。由于聚合度的不同，因此高分子化合物的相对分子质量是一个平均值。例如，聚氯乙烯大分子是由氯乙烯重复连接而成的，其单体为 $CH_2=CHCl$，链节为—CH_2—CHCl—，$m=62.5$，n 为 800～2400，可以算出 M 约为 50000～150000。

6.1.1.2　高分子化合物的合成方法

由低分子化合物合成为高分子化合物的反应称为聚合反应，其方法有加成聚合反应（简称加聚）和缩合聚合反应（简称缩聚）。

（1）加聚反应

由不饱和单体借助于引发剂，在热、光或辐射的作用下活化产生自由基，不饱和键打开，相互加成而连接成大分子链，这种反应称为加聚反应。工业上 80% 的高聚物利用加聚反应制备。加聚反应一般按链式反应机理进行，不会停留在中间阶段，聚合物是唯一的反应产物，聚合物的化学组成与所用单体相同。整个反应过程可分为链的引发、链的增长、链的终止和链的转移四个阶段。

若加聚反应的单体为一种，反应称为均聚反应，产品为均聚物；若单体为两种或两种以上，反应称为共聚反应，产品为共聚物。

加聚反应的实施方法有本体聚合、溶液聚合、悬浮聚合和乳液聚合四种。

（2）缩聚反应

由含有两种或两种以上官能团(可以发生化学反应的原子团，如羟基—OH、羧基—COOH、氨基—NH_2 等）的单体相互缩合聚合而形成聚合物的反应称为缩聚反应。缩聚反应过程中，会析出水、氨、醇、氯化氢等小分子物质。缩聚反应可停留在中间而得到中间产品。聚合物的化学组成与所用单体不同。

若缩聚反应的单体为一种，反应称为均缩聚反应，产品为均缩聚物；若缩聚反应的单体为多种，反应称为共缩聚反应，产品为共缩聚物。

缩聚反应的实施方法主要有熔融缩聚和溶液缩聚两种。

6.1.1.3　高分子化合物的分类

高分子化合物的种类很多，性能各异。常见的分类方法有以下几种。

按聚合物的来源可分为天然聚合物和合成聚合物。

按聚合物所制成材料的性能和用途可分为塑料、橡胶、纤维、胶黏剂和涂料等。

按聚合物的热行为可分为热塑性聚合物和热固性聚合物。

按主链结构可分为碳链、杂链和元素有机聚合物。碳链聚合物的大分子主链完全由碳原子组成；杂链聚合物大分子主链中除碳原子外，还有氧、氮、硫等原子；元素有机聚合物大分子主链中没有碳原子，主要由硅、硼、氧、氮、硫等原子组成，侧基由有机基团组成。

6.1.1.4　高分子材料的性能

高分子材料的许多性能相对不够稳定，变化幅度较大，其力学、物理及化学性能都具有某些明显的特点。

(1) 力学性能

① 高弹性　无定形和部分晶态的高分子材料在玻璃化温度以上时表现出很高的弹性，即变形大、弹性模量小，而且弹性随温度的升高而增大。橡胶是典型的高弹性材料。

② 黏弹性　高分子材料的黏弹性是指它既具有弹性材料的一般特性，又具有黏性流体的一些特性，即受力同时发生高弹性变形和黏性流动，变形与时间有关。高分子材料的黏弹性主要表现在蠕变、应力松弛、滞后和内耗等现象上。

在一恒定温度和应力作用下，应变随时间延长而增加的现象称为蠕变。应力松弛是在应变恒定的情况下，应力随时间延长而衰减的现象。在外力的作用下，高聚物大分子链的构象发生变化和位移，由原来的卷曲态变为较伸直的形态，从而产生蠕变。而随时间的延长，大分子链构象逐步调整，趋向于比较稳定的卷曲状态，从而产生应力松弛。

滞后是指在交变应力的作用下，变形速度跟不上应力变化的现象。这是由于高聚物形变时，链段的运动受内摩擦力的影响跟不上外力的变化，所以形变总是落后于应力，产生滞后。在克服内摩擦时，一部分机械能被损耗，转化为热能，即内耗。滞后越严重，内耗越大。内耗大对减振和吸声有利，但内耗会引起发热，导致高聚物老化。

③ 强度和断裂　高分子材料的强度很低，如塑料的抗拉强度一般低于100MPa，比金属材料低得多。但高聚物的密度很小，只有钢的1/8～1/4，所以其比强度比一些金属高。高分子材料的实际强度远低于理论强度，说明提高高分子材料实际强度的潜力很大。

高分子材料的断裂也有脆性断裂和韧性断裂两种。高分子材料由于内部结构不均一，含有许多微裂纹，造成应力集中，使裂纹容易很快发展。某些高聚物在一定的介质中，在小应力下即可断裂，称为环境应力断裂。

④ 韧性　高分子材料的韧性用冲击韧度表示。各类高聚物的冲击韧度相差很大，脆性高聚物的冲击韧度值一般小于0.2J/cm^2，韧性高聚物的冲击韧度值一般大于0.9J/cm^2。在非金属材料中，由于高分子材料的塑性相对较好，其韧性也是比较好的。但只有在材料的强度和塑性都高时，其韧性的绝对值才可能高。而高分子材料的强度低，因此其冲击韧度值比金属低得多，一般仅为金属的百分之一数量级，这也是高分子材料不能作为重要的工程结构材料使用的主要原因之一。为了提高高分子材料的韧性，可采取提高其强度或增加其断裂伸

长量等办法。

⑤ 耐磨性　高聚物的硬度低，但耐磨性高。如塑料的摩擦因数小，有些还具有自润滑性能，在无润滑和少润滑的摩擦条件下，它们的耐磨、减摩性能要比金属材料高很多。

（2）物理和化学性能

① 电学性能　高聚物内原子间以共价键相连，没有自由电子和可移动的离子，因此介电常数小、介电损耗低，具有高的电绝缘性。其绝缘性能与陶瓷材料相当。随着近代合成高分子材料的发展，出现了许多具有各种优异电性能的新型高分子材料，并且还出现了高分子半导体、超导体等。

② 热性能　高聚物在受热过程中，大分子链和链段容易产生运动，因此其耐热性较差，长期使用温度一般低于100℃，热固性塑料一般也只能在200℃以下。由于高聚物内部无自由电子，因此具有低的导热性能。高聚物的线膨胀系数也较大。

③ 化学稳定性　由于高聚物大分子链以共价键结合，没有自由电子，因此不发生电化学反应，也不易与其他物质发生化学反应。所以大多数高分子材料具有较高的化学稳定性，对酸、碱溶液具有优良的耐腐蚀性能。

6.1.1.5　高分子化合物的老化及防止措施

高分子化合物在长期存放和使用过程中，由于受光、热、辐射、机械力、氧、化学介质和微生物等因素的长期作用，性能逐渐变差，如变硬、变脆、变色，直到失去使用价值的过程称为老化。老化的主要原因是在外界因素作用下，大分子链的结构发生交联（分子链之间生成新的化学键，形成网状结构）或裂解（大分子链发生断裂或裂解）。

防止老化的措施主要有以下方法。

① 对高聚物改性，改变大分子的结构，提高其稳定性。

② 进行表面处理，在材料表面镀上一层金属或喷涂一层耐老化涂料，隔绝材料与外界的接触。

③ 加入各种稳定剂，如热稳定剂、抗氧化剂等。

6.1.2　工程塑料

塑料是以合成树脂为主要成分，添加能改善性能的填充剂、增塑剂、稳定剂、润滑剂、固化剂、发泡剂、着色剂、阻燃剂、防老剂等制成的。添加剂的使用根据塑料的种类和性能要求而定。塑料常按以下两种方法分类。

（1）按塑料受热时的性质分　分为热塑性塑料和热固性塑料。

热塑性塑料受热时软化或熔融、冷却后硬化，并可反复多次进行。它包括聚乙烯、聚氯乙烯、聚苯乙烯、聚丙烯、聚酰胺、聚甲醛、聚碳酸酯、聚苯醚、聚砜、聚四氟乙烯等。

热固性塑料在加热、加压并经过一定时间后即固化为不溶、不熔的坚硬制品，不可再生。常用热固性塑料有酚醛树脂、环氧树脂、氨基树脂、呋喃树脂、有机硅树脂等。

（2）按塑料的功能和用途分　分为通用塑料、工程塑料和特种塑料。

通用塑料是指产量大、用途广、价格低的塑料。主要包括聚乙烯、聚氯乙烯、聚苯乙烯、聚丙烯、酚醛塑料、氨基塑料等，产量占塑料总产量的75%以上。

工程塑料是指具有较高性能，能替代金属用于制造机械零件和工程构件的塑料。主要有聚酰胺、ABS、聚甲醛、聚碳酸酯、聚砜、聚四氟乙烯、聚甲基丙烯酸甲酯、环氧树脂等。

特种塑料是指具有特殊性能的塑料。如导电塑料、导磁塑料、感光塑料等。

常用工程塑料的性能见表6-1。

表 6-1 常用工程塑料的性能

类别	名称	代号	性能			
			密度/(g/cm³)	拉伸强度/MPa	缺口冲击韧度/(J/cm²)	使用温度/℃
热塑性塑料	聚乙烯	PE	0.91～0.965	3.9～38	>0.2	−70～100
	聚氯乙烯	PVC	1.16～1.58	10～50	0.3～1.1	−15～55
	聚苯乙烯	PS	1.04～1.10	50～80	1.37～2.06	−30～75
	聚丙烯	PP	0.90～0.915	40～49	0.5～1.07	−35～120
	聚酰胺	PA	1.05～1.36	47～120	0.3～2.68	<100
	聚甲醛	POM	1.41～1.43	58～75	0.65～0.88	−40～100
	聚碳酸酯	PC	1.18～1.2	65～70	6.5～8.5	−100～130
	聚砜	PSF	1.24～1.6	70～84	0.69～0.79	−100～160
	丙烯腈-丁二烯-苯乙烯共聚物	ABS	1.05～1.08	21～63	0.6～5.3	−40～90
	聚四氟乙烯	PTFE	2.1～2.2	15～28	1.6	−180～260
	聚甲基丙烯酸甲酯	PMMA	1.17～1.2	50～77	0.16～0.27	−60～80
热固性塑料	酚醛树脂	PF	1.37～1.46	35～62	0.05～0.82	<140
	环氧树脂	EP	1.11～2.1	28～137	0.44～0.5	−89～155

6.1.2.1 常用热塑性塑料

(1) 聚乙烯

聚乙烯无毒、无味、无臭，呈半透明状。聚乙烯强度较低，耐热性不高，易燃烧，抗老化性能较差。具有良好的耐化学腐蚀性，除强氧化剂外与大多数化学药品都不发生作用。具有优良的电绝缘性能，特别是高频绝缘，吸水率很小。根据密度可分为低密度聚乙烯(LDPE)和高密度聚乙烯(HDPE)。

LDPE主要用作日用制品、薄膜、软质包装材料、层压纸、层压板、电线电缆包覆等。HDPE的各项性能都优于LDPE。主要用作硬质包装材料、化工管道、储槽、阀门、高频电缆绝缘层、各种异型材、衬套、小负荷齿轮、轴承等。

被称为第三代聚乙烯的新材料线型低密度聚乙烯(LLDPE)主要用于薄膜，代替LDPE，这种薄膜冲击韧度、拉伸强度和延伸性很高，可以做得很薄。

(2) 聚氯乙烯

聚氯乙烯具有较高的机械强度，刚性较大，良好的电绝缘性，良好的耐化学腐蚀性，能溶于四氢呋喃和环己酮等有机溶剂，具有阻燃性，但热稳定性较差，使用温度较低，介电常数、介电损耗较高。根据增塑剂用量的不同可分为硬质聚氯乙烯和软质聚氯乙烯。

硬质聚氯乙烯主要用于工业管道系统、给排水系统、板件、管件、建筑及家居用防火材料，化工防腐设备及各种机械零件。软质聚氯乙烯主要用于薄膜、人造革、墙纸、电线电缆包覆及软管等。

(3) 聚苯乙烯

聚苯乙烯是无毒、无味、无臭、无色的透明状固体。吸水性低，电绝缘性优良，介电损耗极小。耐化学腐蚀性优良，但不耐苯、汽油等有机溶剂。机械强度较低，硬度高，脆性大，不耐冲击，耐热性差，易燃。

聚苯乙烯主要用于日用、装潢、包装及工业制品。如仪器仪表外壳、灯罩、光学零件、装饰件、透明模型、玩具、化工储酸槽，包装及管道的保温层，冷冻绝缘层等。

(4) 聚丙烯

聚丙烯是无毒、无味、无臭、半透明蜡状固体。密度小，力学性能高于聚乙烯，耐热性良好，化学稳定性好，但不耐芳香族和氯化烃溶剂，耐寒性差，易老化。

聚丙烯主要用于化工管道、容器、医疗器械、家用电器部件、家具、薄膜、绳缆、丝织网、电线电缆包覆等，以及汽车及机械零部件，如车门、方向盘、齿轮、接头等。

(5) 聚酰胺

聚酰胺又称为尼龙。具有较高的强度和韧性，耐磨性和自润滑性好，摩擦因数低。具有较好的电绝缘性，良好的耐油、耐溶剂性，良好的阻燃性。但吸水性大，热膨胀系数大，耐热性不高。不同种类的尼龙性能有差异。

聚酰胺主要用于制造机械、化工、电气零部件，如轴承、齿轮、凸轮、泵叶轮、高压密封圈、阀门零件、包装材料、输油管、储油容器、丝织品及汽车保险杠、门窗手柄等。

(6) 聚甲醛

聚甲醛具有较高的强度、硬度、刚性、韧性、耐磨性和自润滑性，疲劳性能高，吸水性小，摩擦因数小，耐化学腐蚀性好，电绝缘性良好，但热稳定性差，易燃。聚甲醛具有较高的综合性能，因此可以用来替代一些金属和尼龙。

聚甲醛主要用于制造轴承、齿轮、凸轮、叶轮、垫圈、法兰、活塞环、导轨、阀门零件、仪表外壳、化工容器、汽车部件等，特别适用于无润滑的轴承、齿轮等。

(7) 聚碳酸酯

聚碳酸酯是无毒、无味、无臭、微黄的透明状物体。具有优良的耐热性和冲击韧度，耐低温性好，尺寸稳定性高，良好的绝缘性能，吸水性小，透光率高，阻燃性好，但化学稳定性差，耐磨性和抗疲劳性较差，容易产生应力腐蚀开裂。

聚碳酸酯广泛用于制造轴承、齿轮、蜗轮、蜗杆、凸轮、透镜、挡风玻璃、防弹玻璃、防护罩、仪表零件、设备外壳、绝缘零件、医疗器械等。

(8) 聚砜

聚砜具有优良的耐热性，蠕变抗力高，尺寸稳定性好，电绝缘性能优良，耐热老化性能和耐低温性能也很好。聚砜耐化学腐蚀性能较好，但不耐某些有机极性溶剂。

聚砜主要用于制造高强度、耐热、抗蠕变的结构零件，耐腐蚀零件及电气绝缘件，如齿轮、凸轮、仪表壳罩、电路板、家用电器部件、医疗器具等。

(9) ABS 塑料

ABS 塑料是由丙烯腈 (A)、丁二烯 (B)、苯乙烯 (S) 三种单体共聚而成的。丙烯腈能提高强度、硬度、耐热性和耐腐蚀性，丁二烯能提高韧性，苯乙烯能提高电性能和成型加工性能。不同的组分可获得不同的性能。ABS 塑料具有较好的抗冲击性、尺寸稳定性和耐磨性，成型性好，耐腐蚀性好，但不耐酮、醛、酯、氯代烃类溶剂。

ABS 塑料主要用于电器外壳，汽车部件，轻载齿轮、轴承，各类容器、管道等。

(10) 聚四氟乙烯

聚四氟乙烯是氟塑料中的一种。聚四氟乙烯具有优良的化学稳定性，除熔融态金属钠和氟外，不受任何腐蚀介质的腐蚀。耐热性、耐寒性和电绝缘性优良，热稳定性高，耐候性好，吸水性小，摩擦因数小，但强度低，尺寸稳定性差。

聚四氟乙烯主要用于减摩密封零件，如垫圈、密封圈、活塞环等；化工耐蚀零件，如管道、阀门、内衬、过滤器等；绝缘材料，如电子仪器、高频电缆、线圈等的绝缘，印刷电路底板等；医疗方面，如代用血管、人工心肺装置、消毒保护器等。

(11) 聚甲基丙烯酸甲酯

聚甲基丙烯酸甲酯又称有机玻璃。和无机硅玻璃相比具有较高的强度和韧性。有机玻璃具有优良的光学性能，透光率比普通硅玻璃好。优良的电绝缘性，是良好的高频绝缘材料。耐化学腐蚀性好，但溶于芳香烃、氯代烃等有机溶剂。耐候性好，热导率低，但硬度低，表面易擦伤，耐磨性差，耐热性不高。

主要用于飞机、汽车的窗玻璃和罩盖，光学镜片，仪表外壳，装饰品，广告牌，灯罩，光学纤维，透明模型，标本，医疗器械等。

(12) 聚酰亚胺塑料

聚酰亚胺塑料是耐热性最高的塑料，使用温度为－180～260℃，强度高，抗蠕变性、减摩性及电绝缘性都优良，耐辐射，不燃烧，但有缺口敏感性，不耐碱和强酸。

聚酰亚胺塑料主要用于高温自润滑轴承、轴套、齿轮、密封圈、活塞环等，低温零件，防辐射材料，漆包线、电路板与其他绝缘材料，黏结剂等。

6.1.2.2 常用热固性塑料

(1) 酚醛塑料

酚醛塑料是以酚醛树脂为基体，加入填料及其他添加剂而制成的。酚醛塑料具有一定的机械强度和硬度，良好的耐热性、耐磨性、耐腐蚀性及电绝缘性，热导率低。

根据填料不同分为粉状、纤维状、层状塑料。以木粉为填料的酚醛塑料粉又称胶木粉或电木粉，它价格低廉，但性脆、耐光性差，用于制造手柄、瓶盖、电话及收音机外壳、灯头、开关、插座等。以云母粉、石英粉、玻璃纤维为填料的塑料粉可用来制造电闸刀、电子管插座、汽车点火器等。以石棉为填料的塑料粉可用于制造电炉、电熨斗等设备上的耐热绝缘部件。以玻璃布、石棉布等为填料的层状塑料可用于制造轴承、齿轮、带轮、各种壳体等。

(2) 环氧塑料

环氧塑料是以环氧树脂为基体，加入填料及其他添加剂而制成的。环氧树脂的强度较高，成型性好，具有良好的耐热性、耐腐蚀性、尺寸稳定性，优良的电绝缘性。

环氧塑料主要用于仪表构件、塑料模具、精密量具、电子元件的密封和固定、黏合剂、复合材料等。

(3) 氨基塑料

氨基塑料硬度高，耐磨性和耐腐蚀性良好，具有优良的电绝缘性和耐电弧性，不易燃。有粉状和层压材料。氨基塑料粉又称电玉粉，制品无毒、无臭。

氨基塑料主要用于制造家用及工业器皿、各种装饰材料、家具材料、密封件、传动带、开关、插头、隔热吸声材料、胶黏剂等。

(4) 有机硅塑料

有机硅塑料具有优良的耐热性和电绝缘性，吸水性低，抗辐射，但强度低。

有机硅塑料主要用于电气、电子元件和线圈的灌封和固定、耐热零件、绝缘零件、耐热绝缘漆、高温黏合剂、密封件、医用材料等。

6.1.3 橡胶

橡胶是以生胶为主要成分，添加各种配合剂和增强材料制成的。

生胶是指无配合剂、未经硫化的橡胶。按原料来源有天然橡胶和合成橡胶。

配合剂用来改善橡胶的某些性能。常用配合剂有硫化剂、硫化促进剂、活化剂、填充剂、增塑剂、防老剂、着色剂等。

增强材料主要有纤维织品、钢丝加工制成的帘布、丝绳、针织品等类型。

常用工业橡胶的性能见表 6-2。

表 6-2 常用工业橡胶的性能

名称代号	性能			名称代号	性能		
	密度 /(g/cm³)	拉伸强度 /MPa	使用温度 /℃		密度 /(g/cm³)	拉伸强度 /MPa	使用温度 /℃
天然橡胶(NR)	0.90～0.95	25～30	－55～70	丁腈橡胶(NBR)	0.96～1.20	15～30	－10～120
丁苯橡胶(SBR)	0.92～0.94	15～20	－45～100	聚氨酯橡胶(UR)	1.09～1.30	20～35	－30～70
丁基橡胶(IIR)	0.91～0.93	17～21	－40～130	氟橡胶(FBM)	1.80～1.85	20～22	－10～280
顺丁橡胶(BR)	0.91～0.94	18～25	－70～100	硅橡胶(Q)	0.95～1.40	4～10	－100～250
氯丁橡胶(CR)	1.15～1.30	25～27	－40～120	聚硫橡胶(PSR)	1.35～1.41	9～15	－10～70
乙丙橡胶(EPDM)	0.86～0.87	15～25	－50～130	—	—	—	—

6.1.3.1 天然橡胶

天然橡胶由橡胶树上流出的乳胶提炼而成。天然橡胶具有较好的综合性能，拉伸强度高于一般合成橡胶，弹性高，具有良好的耐磨性、耐寒性和工艺性能，电绝缘性好，价格低廉。但耐热性差，不耐臭氧，易老化，不耐油。

天然橡胶广泛用于制造轮胎、输送带、减震制品、胶管、胶鞋及其他通用制品。

6.1.3.2 合成橡胶

(1) 丁苯橡胶

丁苯橡胶是用量最大的合成橡胶，由丁二烯和苯乙烯共聚而成。耐磨性好，透气性小，耐臭氧性、耐老化性、耐热性比天然橡胶好，介电性和耐腐蚀性和天然橡胶相近，但生胶强度差，加工性能差。主要品种有丁苯-10、丁苯-30、丁苯-50，其中数字越大，苯乙烯含量越高，橡胶密度越大，弹性和耐寒性越低，但耐磨性、耐腐蚀性和耐热性提高。

丁苯橡胶可与天然橡胶及其他橡胶混用，可以部分或全部替代天然橡胶，主要用于制造轮胎、胶板、胶布、胶鞋及其他通用制品，不适用于制造高速轮胎。

(2) 丁基橡胶

丁基橡胶由异丁烯和少量异戊二烯低温共聚而成。丁基橡胶气密性极好，耐老化性、耐热性和电绝缘性均较高，耐水性好，耐酸、碱，具有很好的抗多次重复弯曲的性能。但强度低，加工性差，硫化慢，易燃，不耐辐射，不耐油，对烃类溶剂的抵抗力差。

丁基橡胶主要用于制造内胎、外胎以及化工衬里、绝缘材料、防震动、防撞击材料等。

(3) 顺丁橡胶

顺丁橡胶是顺式 1,4-聚丁二烯橡胶的简称，是丁二烯在特定催化剂作用下，由溶液聚合而制得。顺丁橡胶弹性和耐寒性优良，耐磨性好，在交变压力作用下内耗低。拉伸强度较低，加工性能和耐老化性较差，与油亲和性好。

顺丁橡胶一般与天然橡胶和丁苯橡胶混合使用，用于制造耐寒制品、减震制品、轮胎。

(4) 氯丁橡胶

氯丁橡胶由氯丁二烯以乳液聚合法制成。氯丁橡胶物理、力学性能良好，耐油、耐溶剂性和耐老化性良好，耐燃性好，电绝缘性差，加工时易黏辊、黏模，相对成本较高。

氯丁橡胶主要用于制造电缆护套、胶管、胶带、胶黏剂、门窗嵌条、一般橡胶制品。

(5) 乙丙橡胶

乙丙橡胶由乙烯和丙烯(EPM)或乙烯、丙烯和少量共轭二烯(EPDM)共聚而制得。乙丙橡胶具有优异的耐老化性、耐候性、耐臭氧性、耐水性、化学稳定性和耐热、耐寒性，弹性、绝缘性能高，相对密度小，但拉伸强度较差，耐油性差，不易硫化。

乙丙橡胶主要用于制造电线电缆护套、胶管、胶带、汽车配件、车辆密封条、防水胶板及其他通用制品。

(6) 丁腈橡胶

丁腈橡胶由丁二烯与丙烯腈共聚而成。丁腈橡胶耐油性、耐热性好，气密性与耐水性较好，耐老化性好，耐磨性接近天然橡胶。耐寒性、耐臭氧性差，硬度高，不易加工。

丁腈橡胶主要用于制造各种耐油密封制品，例如耐油胶管、燃料桶、液压泵密封圈、耐油胶黏剂、油罐衬里等。

(7) 聚氨酯橡胶

聚氨酯橡胶是氨基甲酸酯橡胶的简称。聚氨酯橡胶耐磨性高于其他各类橡胶，拉伸强度最高，弹性高，耐油、耐溶剂性能优良。耐热、耐水、耐酸碱性能差。

聚氨酯橡胶主要用于制造胶轮、实心轮胎、齿轮带及胶辊、液压密封圈、鞋底、冲压模具材料。

(8) 氟橡胶

氟橡胶是主链或侧链上含有氟原子的橡胶的总称。氟橡胶具有优良的耐热性能，耐酸、碱、油及各种强腐蚀性介质的侵蚀，具有良好的介电性能和耐大气老化性能，但耐低温性能差，加工性差。氟橡胶主要用于制造飞行器中的胶管、垫片、密封圈、燃烧箱衬里等，耐腐蚀衣服和手套以及涂料、黏合剂等。

(9) 硅橡胶

硅橡胶由硅氧烷聚合而成。硅橡胶耐高温及低温性突出，化学惰性大，电绝缘性优良，耐老化性能好，但强度较低，价格较贵。硅橡胶主要用于制造耐高低温密封绝缘制品、印膜材料、医用制品等。

(10) 聚硫橡胶

聚硫橡胶是甲醛或二氯化合物和多硫化钠的缩聚产物。聚硫橡胶耐各种介质腐蚀性优良，耐老化性好，但强度很低，变形大。聚硫橡胶主要用于制造油箱和建筑密封腻子。

6.2 陶瓷材料

传统的陶瓷材料是以黏土、石英、长石等硅酸盐类材料为原料制成的，而现代陶瓷材料是无机非金属材料的统称。其原料已不再是单纯的天然矿物材料，而是扩大到人工化合物(Al_2O_3、ZrO_2、SiC、Si_3N_4 等)。

6.2.1 陶瓷材料的性能

6.2.1.1 力学性能

由于晶界的存在，陶瓷的实际强度比理论值要低得多，其强度和应力状态有密切关系。陶瓷的抗拉强度很低，抗弯强度稍高，抗压强度很高，一般比抗拉强度高10倍。陶瓷材料具有极高的硬度，其硬度一般为1000～5000HV，而淬火钢一般为500～800HV，因而具有优良的耐磨性。

陶瓷的弹性模量高，刚度大，是各种材料中最高的。陶瓷材料在室温静拉伸载荷作用下，一般都不出现塑性变形阶段，在极微小弹性变形后即发生脆性断裂。陶瓷的弹性模量随陶瓷内的气孔率和温度的增高而降低。

陶瓷的塑性、韧性低，在室温下几乎没有塑性，伸长率和断面收缩率几乎为零。陶瓷的脆性很大，冲击韧度很低，对裂纹、冲击、表面损伤特别敏感。

6.2.1.2 物理和化学性能

陶瓷的熔点很高，大多在2000℃以上，因此具有很高的耐热性能。陶瓷的线膨胀系数小，导热性和抗热振性都较差，受热冲击时容易破裂。陶瓷的化学稳定性高，抗氧化性优良，对酸、碱、盐具有良好的耐腐蚀性。陶瓷有各种电学性能，大多数陶瓷具有高电阻率，少数陶瓷具有半导体性质。许多陶瓷具有特殊的性能，如光学性能、电磁性能等。

部分陶瓷材料的性能见表 6-3。

表 6-3 陶瓷材料的性能

类别	材料		性能				
			密度 /(g/cm^3)	抗弯强度 /MPa	抗拉强度 /MPa	抗压强度 /MPa	断裂韧度 /$MPa \cdot m^{1/2}$
普通陶瓷	普通工业陶瓷		2.2～2.5	65～85	26～36	460～680	—
	化工陶瓷		2.1～2.3	30～60	7～12	80～140	0.98～1.47
特种陶瓷	氧化铝陶瓷		3.2～3.9	250～490	140～150	1200～2500	4.5
	氮化硅陶瓷	反应烧结	2.20～2.27	200～340	141	1200	2.0～3.0
		热压烧结	3.25～3.35	900～1200	150～275	—	7.0～8.0
	碳化硅陶瓷	反应烧结	3.08～3.14	530～700	—	—	3.4～4.3
		热压烧结	3.17～3.32	500～1100	—	—	—
	氮化硼陶瓷		2.15～2.3	53～109	110	233～315	—
	立方氧化锆陶瓷		5.6	180	148.5	2100	2.4
	Y-TZP 陶瓷		5.94～6.10	1000	1570	—	10～15.3
	Y-PSZ 陶瓷[ZrO_2+3%Y_2O_3(摩尔分数)]		5.00	1400	—	—	9
	氧化镁陶瓷		3.0～3.6	160～280	60～98.5	780	—
	氧化铍陶瓷		2.9	150～200	97～130	800～1620	—
	莫来石陶瓷		2.79～2.88	128～147	58.8～78.5	687～883	2.45～3.43
	赛隆陶瓷		3.10～3.18	1000	—	—	5～7

6.2.2 常用陶瓷材料

陶瓷按原料可分为普通陶瓷（硅酸盐材料）和特种陶瓷（人工合成材料）。特种陶瓷按化学成分也分为氧化物陶瓷、碳化物陶瓷、氮化物陶瓷、硼化物陶瓷、金属陶瓷、纤维增强陶瓷等。

6.2.2.1 普通陶瓷

普通陶瓷是指以黏土、长石、石英等为原料烧结而成的陶瓷。这类陶瓷质地坚硬、不氧化、耐腐蚀、不导电、成本低，但强度较低，耐热性及绝缘性不如其他陶瓷。当黏土或石英含量高时，陶瓷的抗电性能较差，但耐热性能和力学性能较好。

普通日用陶瓷有长石质瓷、绢云母质瓷、骨质瓷和日用滑石质瓷等，主要用作日用器皿和瓷器。普通工业陶瓷有建筑陶瓷、电瓷、化工陶瓷等。电瓷主要用于制作隔电、机械支持及连接用瓷质绝缘器件。化工陶瓷主要用于化学、石油化工、食品、制药工业中制造实验器皿、耐蚀容器、反应塔、管道等。

6.2.2.2 特种陶瓷

(1) 氧化铝陶瓷

氧化铝陶瓷又称高铝陶瓷，主要成分为 Al_2O_3，含有少量 SiO_2。根据 Al_2O_3 含量可分为刚玉-莫来瓷（75 瓷，$w_{Al_2O_3}=75\%$）和刚玉瓷（95 瓷，99 瓷）。

氧化铝陶瓷的强度高于普通陶瓷，硬度很高，耐磨性很好，导热性能良好。耐高温，可在 1600℃高温下长期工作。氧化铝陶瓷具有良好的电绝缘性能，每毫米厚度可耐 800V 以上的高压，在高频下的电绝缘性能尤为突出。氧化铝陶瓷具有良好的耐腐蚀性能，在酸、碱和其他的腐蚀介质中能安全工作，只有热浓硫酸能溶解 Al_2O_3，热 HCl 和 HF 对它也有一定腐蚀作用；氧化铝陶瓷与大多数熔融金属不发生反应，只有 Mg、Ca、Zr、Ti 等在一定温度以上对其有还原作用。氧化铝陶瓷的韧性低，脆性大，抗热振性差。氧化铝陶瓷还具有光学特性和离子导电特性。

氧化铝陶瓷用于制作装饰瓷，发动机的火花塞，大规模集成电路基板，晶体管底座，雷达天线罩，石油化工泵的密封环，耐酸泵叶轮、泵体、轴套等，输送酸管道内衬和阀门等，导纱器，喷嘴，火箭、导弹的导流罩，切削工具，模具，磨料，轴承，人造宝石，耐火材料，坩埚，理化器皿，炉管，热电偶保护套等。还可用于制作人工骨骼，透光材料，激光振荡元件，微波整流罩，太阳能电池材料、蓄电池材料等。

(2) 氧化锆陶瓷

ZrO_2 有三种晶体结构：立方结构（c 相）、四方结构（t 相）和单斜结构（m 相）。氧化锆陶瓷热导率小，化学稳定性好，耐腐蚀性高，可用于高温绝缘材料、耐火材料，如熔炼铂和铑等金属的坩埚、喷嘴、阀心、密封器件等。氧化锆陶瓷硬度高，可用于制造切削刀具、模具、剪刀、高尔夫球棍头等。ZrO_2 具有敏感特性，可做气敏元件，还可作为高温燃料电池固体电解隔膜、钢液测氧探头等。

在 ZrO_2 中加入适量的 MgO、Y_2O_3、CaO、CaO_2 等氧化物后，可以显著提高氧化铝陶瓷的强度和韧性，形成的陶瓷称为氧化锆增韧陶瓷。如含 MgO 的 Mg-PSZ、含 Y_2O_3 的 Y-TZP 和 TZP-Al_2O_3 复合陶瓷。PSZ 为部分稳定氧化锆，TZP 为四方多晶氧化锆。可以用来制造发动机的汽缸内衬、推杆、连杆、活塞帽、阀座、凸轮、轴承等。

(3) 氧化镁、氧化钙、氧化铍陶瓷

MgO、CaO 陶瓷抗金属碱性熔渣腐蚀性好，热稳定性差。MgO 高温易挥发，CaO 易水化。MgO、CaO 陶瓷可用于制造坩埚、热电偶保护套、炉衬材料等。

BeO 具有优良的导热性，热稳定性高，具有消散高温辐射的能力，但强度不高。可用作真空陶瓷、高频电炉的坩埚、有高温绝缘要求的电子元件和核反应堆用陶瓷。

(4) 氮化硅陶瓷

氮化硅陶瓷是以 Si_3N_4 为主要成分的陶瓷。根据制作方法可分为热压烧结氮化硅陶瓷和反应烧结氮化硅陶瓷。

氮化硅陶瓷具有很高的硬度，摩擦因数小，有自润滑作用，耐磨性好，抗热振性大大高于其他陶瓷。它具有优良的化学稳定性，能耐除氢氟酸、氢氧化钠外的其他酸和碱性溶液的腐蚀，以及抗熔融金属的侵蚀。它还具有优良的绝缘性能。

热压烧结氮化硅陶瓷的强度、韧性都高于反应烧结氮化硅陶瓷，主要用于制造形状简单、精度要求不高的零件，如切削刀具、高温轴承等。反应烧结氮化硅陶瓷用于制造形状复杂、精度要求高的零件，用于要求耐磨、耐蚀、耐热、绝缘等场合，如泵密封环、电磁泵管道和阀门、热电偶保护套、高温轴承、电热塞、增压器转子、缸套、火花塞、活塞顶等。氮化硅陶瓷还是制造新型陶瓷发动机的重要材料。

(5) 氮化硼 (BN) 陶瓷

氮化硼陶瓷分为低压型和高压型两种。

低压型 BN 为六方晶系，结构与石墨相似，又称为白石墨。其硬度较低，具有自润滑性，可用于机械密封、高温固体润滑剂，还可用作金属和陶瓷的填料制成轴承。六方 BN 具有良好的高温绝缘性、导热性，到 2000℃ 仍然是电绝缘体，可用作超高压电线的绝缘材料。BN 的热膨胀系数和弹性模量都较低，因此具有非常优异的热稳定性，可在 1500℃ 至室温反复急冷急热条件下使用。BN 对酸、碱和大多数熔融金属具有良好的耐侵蚀性，可用作熔炼有色金属坩埚、器皿、管道、输送泵部件，制造半导体材料的容器，玻璃制品成形模等。

高压型 BN 为立方晶系，硬度接近金刚石，用于磨料和金属切削刀具。

(6) 氮化铝 (AlN) 陶瓷

AlN 为六方晶系，纤维锌矿型结构，在 2200～2250℃ 升华分解，热硬度很高，即使在分解温度前也不软化变形。AlN 在 2000℃ 以内的非氧化性气氛中具有良好的稳定性，其室温强度虽不如 Al_2O_3，但高温强度比 Al_2O_3 高，随温度升高强度不发生变化，热膨胀系数比其他陶瓷小，因此 AlN 具有优异的抗热振性。AlN 对 Al 和其他熔融金属具有良好的耐蚀性，还具有优良的电绝缘性和介电性。AlN 的高温抗氧化性差，在大气中易吸潮、水解。氮化铝陶瓷主要用于熔融金属用坩埚、热电偶保护管、真空蒸镀用容器、大规模集成电路基板、车辆用半导体元件的绝缘散热基体、耐热砖等耐热材料，树脂体中高导热填料，红外线与雷达波的透过材料等。

(7) 碳化硅陶瓷

碳化硅陶瓷是以 SiC 为主要成分的陶瓷。碳化硅具有金刚石型结构，有 75 种变体。碳化硅陶瓷按制造方法分为反应烧结陶瓷、热压烧结陶瓷和常压烧结陶瓷。

碳化硅陶瓷具有很高的高温强度，在 1400℃ 时抗弯强度仍保持在 500～600MPa，工作温度可达 1700℃。它具有很好的热稳定性、抗蠕变性、耐磨性、耐蚀性，良好的导热性、耐辐射性。SiC 熔点高，在 1550℃ 的温度下仍具有优良的抗氧化性。

碳化硅陶瓷可用于石油化工、钢铁、机械、电子、原子能等工业中，如火箭尾喷管喷嘴、浇注金属的浇道口、轴承、轴套、密封阀片、轧钢用导轮、内燃机器件、热变换器、热电偶保护套管、炉管、反射屏、核燃料包封材料等。

(8) 莫来石陶瓷

莫来石陶瓷是主晶相为莫来石的陶瓷的总称。莫来石陶瓷具有高的高温强度和良好的抗蠕变性能，低的热导率。高纯莫来石陶瓷韧性较低，不宜作为高温结构材料，主要用于 1000℃ 以上高温氧化气氛下工作的长喷嘴、炉管及热电偶套管。

(9) 赛隆 (Sialon) 陶瓷

赛隆陶瓷是在 Si_3N_4 中添加有一定量的 Al_2O_3、MgO、Y_2O_3 等氧化物形成的一种新型陶瓷。它具有很高的硬度、耐磨性，热膨胀系数小，抗热振性能好，优良的抗氧化性和优异的抗熔融金属腐蚀的能力。赛隆陶瓷主要用于切削刀具，金属挤压模内衬，与金属材料组成摩擦副，汽车上的针形阀、底盘定位销等。

6.3 复合材料

复合材料是由两种以上在物理和化学性质上不同的物质结合起来而得到的一种多相固体材料。

复合材料是多相体系，通常分成两个基本组成相：一个相是连续相，称为基体相，主要起粘接和固定作用；另一个相是分散相，称为增强相，主要起承受载荷作用。此外，基体相和增强相之间的界面特性对复合材料的性能也有很大影响。

复合材料的种类很多，通常可根据以下的三种方法进行分类。

(1) 按基体材料分类

按基体材料的不同，可分为树脂基（又称为聚合物基，如塑料基、橡胶基等）复合材料、金属基（如铝基、铜基、钛基等）复合材料、陶瓷基复合材料、水泥基和碳/碳基复合材料等。

(2) 按增强相的种类和形态分类

按增强相种类和形态的不同，可分为纤维增强复合材料、颗粒增强复合材料、叠层复合材料、骨架复合材料以及涂层复合材料等。纤维增强复合材料又有长纤维或连续纤维复合材料、短纤维或晶须复合材料等，如纤维增强塑料、纤维增强橡胶、纤维增强金属、纤维增强陶瓷等。颗粒增强复合材料又有纯颗粒增强复合材料和弥散增强复合材料。

(3) 按复合材料的性能分类

按复合材料的性能的不同，可分为结构复合材料和功能复合材料。如树脂基、金属基、陶瓷基、水泥基和碳/碳基复合材料等都属于结构复合材料。功能复合材料具有独特的物理性质，有换能、阻尼吸声、导电导磁、屏蔽功能复合材料等。

6.3.1 复合材料的性能

复合材料的性能主要取决于基体相和增强相的性能、两相的比例、两相间界面的性质和增强相几何特征。复合材料既保持了组成材料各自的最佳特性，又有单一材料无法比拟的综合性能。

6.3.1.1 比强度和比模量

比强度和比模量是设计选材时考虑材料承载能力的重要指标，在同样强度条件下，比强度越高的材料，零部件的质量越小；在同样模量条件下，比模量越高的材料，零部件的刚度越大。表 6-4 为常用金属材料与复合材料的性能比较，从表中可见，复合材料具有较高的比强度和比模量，尤其是碳纤维/环氧树脂复合材料，其比强度较钢高约 8 倍，比模量较钢高 3.5 倍左右。

6.3.1.2 疲劳性能

纤维增强复合材料由于纤维自身的疲劳抗力很高、基体材料的塑性较好，因此具有较小的缺口敏感性，难以萌发微裂纹，其纤维和基体间的界面能钝化裂纹尖端、有效地阻止疲劳裂纹的扩展，因此具有较高的疲劳极限。而且纤维增强复合材料有大量独立的纤维，受载后如有少数纤维断裂，载荷会迅速重新分布到其他纤维上，不会产生突然破坏，断裂安全性好。

表 6-4 常用金属材料与复合材料的性能比较

类别	材料	性能				
		密度/(g/cm^3)	抗拉强度/MPa	弹性模量/GPa	比强度/(10^5N·m/kg)	比模量/(10^6N·m/kg)
金属材料	钢	7.8	1020	210	1.34	27
	铝合金	2.8	470	75	1.74	26.8
	钛合金	4.5	1000	110	2.22	24.4
复合材料	碳纤维/环氧树脂	1.45	1500	140	10.34	97
	碳化硅纤维/环氧树脂	2.2	1090	102	4.96	46.4
	硼纤维/环氧树脂	2.1	1344	206	6.4	98
	硼纤维/铝	2.65	1000	200	3.78	75
	玻璃钢	2.0	1040	40	5.2	20

6.3.1.3 减振性能

构件的自振频率与材料比模量的平方根成正比，复合材料的比模量高，因此其自振频率也高，在一般服役条件下不易发生共振。又因为复合材料的界面是非均质多相体系，有较高的吸振能力，材料的阻尼特性好。因此，复合材料具有良好的减振性能。

6.3.1.4 高温性能

与基体材料比较，纤维增强复合材料的高温性能好。大多数纤维增强体具有很高的熔点和较高的高温强度、高温弹性模量和抗蠕变性能，能显著改善复合材料的高温性能。例如，玻璃纤维增强耐热酚醛树脂可以工作在200～300℃条件下。硼纤维或SiC纤维增强铝基复合材料在400℃时仍然具有与室温时相差不大的强度和弹性模量，而铝合金在此时的弹性模量几乎为零，强度也从室温的500MPa降低到约50MPa。

6.3.1.5 其他性能

许多树脂基、金属基、陶瓷基复合材料还具有良好的耐磨性、减摩性、耐蚀性等性能。许多复合材料具有导电、导热、压电效应、换能、吸波等特殊性能。

6.3.2 常用复合材料

6.3.2.1 树脂基复合材料

树脂基复合材料又称聚合物基复合材料，各类增强改性或填充改性的塑料和橡胶都属于树脂基复合材料。

(1) 玻璃纤维增强塑料

玻璃纤维增强塑料（FRP）因其比强度高，可以和钢铁相比，故又称玻璃钢。根据树脂的性质可分为热固性玻璃钢和热塑性玻璃钢。

热固性玻璃钢玻璃纤维的体积分数占60%～70%，常用基体树脂有环氧、酚醛、聚酯和有机硅等。其优点是密度小，强度高，耐腐蚀性好，绝缘性好，绝热性好，吸水性低，防磁，电波穿透性好，易于加工成型。其缺点是弹性模量低，只有结构钢的1/10～1/5，刚性差，耐热性不够高，只能在300℃以下使用。为了提高性能，可对树脂进行改性，例如用环氧-酚醛树脂混溶或有机硅-酚醛树脂混溶。

热塑性玻璃钢玻璃纤维的体积分数占20%～40%，常用基体树脂有尼龙、聚乙烯、聚苯乙烯、聚碳酸酯等。其强度低于热固性玻璃钢，但具有较高韧性、良好的低温性能及低热膨胀系数。

玻璃钢主要用于制造要求自重轻的受力构件和要求无磁性、绝缘、耐腐蚀的零件。例如，在航天工业中制造雷达罩、飞机螺旋桨、直升飞机机身、发动机叶轮、火箭、导弹发动机壳体和燃料箱等；在船舶工业中用于制造轻型船、艇及船艇的各种配件，因玻璃钢比强度大，可用于制造深水潜艇外壳，因玻璃钢无磁性，用其制造的扫雷艇可避免水雷的袭击；在车辆工业中制造汽车、机车、拖拉机的车身、发动机机罩、仪表盘等；在电机电器工业中制造重型发电机护环、大型变压器线圈筒以及各种绝缘零件、各种电器外壳等；在石油化工工业中代替不锈钢制作耐酸、耐碱、耐油的容器、管道等。玻璃纤维增强尼龙可代替有色金属制造轴承、齿轮等精密零件。

(2) 碳纤维增强塑料

碳纤维增强塑料的基体材料主要有环氧、聚酯、聚酰亚胺树脂等，也新开发了许多热塑性树脂。碳纤维增强塑料具有低密度、高比强度和比模量，还具有优良的抗疲劳性能、减摩耐磨性、耐蚀性和耐热性，但碳纤维与基体结合力低，垂直纤维方向的强度和刚度低。

碳纤维增强塑料主要用于航空航天工业中制作飞机机身、机翼、螺旋桨、发动机风扇叶片、卫星壳体等；在汽车工业中用于制造汽车外壳、发动机壳体等；在机械制造工业中制作轴承、齿轮等；在化学工业中制作管道、容器等；还可以制造纺织机梭子，X 射线设备，雷达、复印机、计算机零件，网球拍、赛车等体育用品。

(3) 硼纤维增强塑料

硼纤维增强塑料的基体材料主要有环氧、聚酰亚胺树脂等。具有高的拉伸强度、比强度和比模量，良好的耐热性，但各向异性明显，纵向与横向力学性能相差很大，难以加工，成本昂贵。主要用于航空航天工业中要求高刚度的结构件，如飞机机身、机翼等。

(4) 芳纶纤维增强塑料

芳纶纤维增强塑料的基体材料主要有环氧、聚乙烯、聚碳酸酯、聚酯树脂等。常用的是芳纶纤维/环氧树脂复合材料，它具有较高的拉伸强度，较大的伸长率，高的比模量，还具有优良的疲劳抗力和减振性，其抗冲击性超过碳纤维增强塑料，疲劳抗力高于玻璃钢和铝合金。但压缩强度和层间剪切强度较低。主要用于飞机机身、机翼、发动机整流罩、火箭发动机外壳、防腐蚀容器、轻型船艇、运动器械等。

(5) 石棉纤维增强塑料

石棉纤维增强塑料的基体材料主要有酚醛、尼龙、聚丙烯树脂等。具有良好的化学稳定性和电绝缘性能。主要用于汽车制动件、阀门、导管、密封件、化工耐腐蚀件、隔热件、电绝缘件、导弹和火箭耐热件等。

(6) 碳化硅增强塑料

碳化硅增强塑料是由碳化硅纤维与环氧树脂组成的复合材料。具有高的比强度和比模量。主要用于宇航器上的结构件，还可用于制作飞机机翼、机门、降落传动装置箱等。

(7) 橡胶基复合材料

① 纤维增强橡胶　常用增强纤维有天然纤维、人造纤维、合成纤维、玻璃纤维、金属丝等。纤维增强橡胶制品主要有轮胎、皮带、橡胶管、橡胶布等。这些制品除了要具有轻质高强的性能外，还必须具有柔软和较高的弹性。纤维增强橡胶的制备过程与一般橡胶制品的制备过程相近。

增强轮胎的增强层通常由缓冲层和胎体帘布层构成。缓冲层由玻璃纤维帘子线或合成纤维帘子线构成；胎体帘布层由尼龙纤维、聚酯纤维或棉纤维纺成的帘子线或钢丝增强橡胶构成。纤维增强橡胶三角传动带的增强层位于皮带中上部，增强层有帘布、线绳、钢丝等，主要承受传动时的牵引力。增强橡胶管的增强层通常用各种纤维材料或金属材料制成，压力较低的一般采用各种纤维材料增强，强度要求较高的一般采用金属材料增强。

② 粒子增强橡胶　橡胶中所使用的补强剂，如二氧化硅、氧化锌、活性碳酸钙等，使橡胶的强度、韧性、撕裂强度和耐磨性都显著提高。

6.3.2.2　金属基复合材料

与树脂基复合材料相比，金属基复合材料具有强度高，弹性模量高，耐磨性好，冲击韧度高，耐热性、导热性、导电性好，不易燃、不吸潮，尺寸稳定，不老化等优点。但存在密度较大，成本较高，部分材料制造工艺复杂的缺点。

(1) 纤维及晶须增强金属基复合材料

常用的长纤维增强材料有硼纤维、碳（石墨）纤维、氧化铝纤维、碳化硅纤维（单丝、单束）等，配合的基体金属有铝及铝合金、钛及钛合金、镁及镁合金、铜合金、铅合金、高温合金及金属间化合物等。

常用的短纤维及晶须增强材料有氧化铝纤维、氮化硅纤维，增强晶须有氧化铝晶须（Al_2O_3w）、碳化硅晶须（SiCw）、氮化硅晶须等，配合的基体金属有铝、钛、镁等。

① 硼纤维增强铝基复合材料　是研究最成功、应用最广泛的复合材料。其基体材料有纯铝、变形铝合金、铸造铝合金等，视制造方法而定。它具有很高的比强度、比模量，优异的疲劳性能，良好的耐腐蚀性能，其比强度高于钛合金。主要用于航天飞机蒙皮、大型壁板、长梁、加强肋、航空发动机叶片、导弹构件等。

② 碳纤维增强铝基复合材料　是由碳（石墨）纤维与纯铝、变形铝合金、铸造铝合金组成的。这种复合材料具有高比强度、高比模量、高温强度好，减摩性和导电性好等优点。缺点是复合工艺较困难，易产生电化学腐蚀。主要用于制造航空航天器天线、支架、油箱，飞机蒙皮、螺旋桨、涡轮发动机的压气机叶片，蓄电池极板等，也可用于制造汽车发动机零件（如活塞、汽缸头等）和滑动轴承等。

③ 碳化硅纤维、晶须增强铝基复合材料　SiC/Al 复合材料具有高的比强度、比模量和高硬度，用于制造飞机机身结构件、导弹构件及汽车发动机的活塞、连杆等零件。SiCw/Al 复合材料具有良好的综合性能，易于二次加工，用于航空航天用结构件。

④ 氧化铝纤维、晶须增强铝基复合材料　主要用于制造汽车发动机活塞等。

⑤ 纤维增强钛合金基复合材料　增强纤维主要有碳化硅纤维与硼纤维，基体材料主要为 Ti-6Al-4V 钛合金，具有低密度、高强度、高模量、高耐热性、低热膨胀系数等优点，适用于制造高强度、高刚度的航空航天用结构件。

⑥ 纤维增强镁（或镁合金）基复合材料　具有高的比强度、比模量，低的热膨胀系数，尺寸稳定性好。适于制造航空航天器中尺寸要求严格的零件。

⑦ 碳（石墨）纤维增强铜（或铜合金）基复合材料　除具有一定的强度、刚度外，还具有导电性、导热性好、热膨胀系数小、摩擦因数小、磨损率低等许多优异的性能。主要作为功能材料使用，如制造电机的电刷、大功率半导体中的硅片电极托板、集成电路的散热板。还可用于制造滑动轴承、机车滑块等。

⑧ 纤维增强高温合金基复合材料　具有较高的强度、抗蠕变性、抗冲击性及耐热疲劳性。研究较多的有钨丝增强镍基复合材料、碳化硅增强金属间化合物（如 Ti_3Al、Ni_3Al）基复合材料。

(2) 颗粒增强金属基复合材料

颗粒增强金属基复合材料包括纯颗粒增强金属基复合材料和弥散强化金属基复合材料

两类。

纯颗粒增强金属基复合材料是指颗粒尺寸大于 0.1μm 的金属基复合材料。常用的增强颗粒有碳化硅、氧化铝、碳化钛等，基体金属有铝、钛、镁及其合金以及金属间化合物等。典型的颗粒增强金属基复合材料为硬质合金。

弥散强化金属基复合材料是指颗粒尺寸小于 0.1μm 的金属基复合材料。常用的增强相有 Al_2O_3、MgO、BeO 等氧化物微粒，基体金属主要是铝、铜、钛、铬、镍等。通常采用表面氧化法、内氧化法、机械合金化法、共沉淀法等特殊工艺使增强微粒弥散分布于基体中。

① 碳化硅颗粒增强铝基复合材料（SiCp/Al） 碳化硅颗粒增强铝基复合材料是一种性能优异的复合材料，其比强度与钛合金相近，比模量略高于钛合金，还具有良好的耐磨性。可用来制造汽车零部件，如发动机缸套、衬套、活塞、活塞环、连杆、刹车片驱动轴等；航空航天用结构件，如卫星支架、结构连接件等。还可用来制造火箭、导弹构件等。

② 颗粒增强高温合金基复合材料 颗粒增强高温合金基复合材料的基体材料有钛基和金属间化合物基。典型材料为 TiC/Ti-6Al-4V 复合材料，其强度、弹性及抗蠕变性都较高，使用温度高达 500℃，可用于制造导弹壳体、尾翼和发动机零部件。

③ 弥散强化铝基复合材料 弥散强化铝基复合材料也称为烧结铝，通常采用表面氧化法制备 Al_2O_3。其突出的优点是高温强度好，在 300～500℃之间，其强度远远超过其他变形铝合金。可用于制造飞机机身、机翼，发动机的压气机叶轮、高温活塞，冷却反应堆中核燃料元件的包套材料等。

④ 弥散强化铜基复合材料 弥散强化铜基复合材料具有良好的高温强度和导电性。主要用于高温导电、导热体，如高功率电子管的电极、焊接机的电极、白炽灯引线、微波管等。

6.3.2.3 陶瓷基复合材料

陶瓷具有耐高温、耐磨、耐腐蚀、高抗压强度、高弹性模量等优点，但脆性大，抗弯强度低。用纤维、晶须、颗粒与陶瓷制成复合材料，可提高其强韧性。

（1）纤维、晶须补强增韧陶瓷基复合材料

纤维主要有碳纤维、氧化铝纤维、碳化硅纤维以及金属纤维等。晶须主要是碳化硅晶须，氮化硅晶须也开始使用。研究较多的复合材料有 SiC/SiO_2、C/Si_3N_4、SiC/SiC、SiC/ZrO_2、SiC/Al_2O_3、$SiCw/Si_3N_4$、SiCw/Mullite（碳化硅晶须补强莫来石），SiCw/Y-TZP/Mullite（SiC 晶须和增韧氧化锆同时作为补强剂）、$SiCw/Al_2O_3$、Al_2O_3/SiCw/TiC 纳米复合材料等。

纤维、晶须补强增韧陶瓷具有比强度和比模量高、韧性好的特点，因此除了一般陶瓷的用途外，还可用作切削刀具，在军事和空间技术上也有很好的应用前景。

（2）颗粒补强增韧陶瓷基复合材料

研究较多的复合材料有 TiCp/SiC、$TiCp/Si_3N_4$、ZrB_2/SiC、ZrO_2/Mullite、$TiCp/Al_2O_3$、Si_3N_4/Al_2O_3、SiCp/Y-TZP/Mullite 等。

（3）晶须与颗粒复合补强增韧陶瓷材料

有 SiCw 与 ZrO_2 复合、SiCw 与 SiCp 复合等。晶须与颗粒复合可进一步提高强度和韧性。如 $SiCw/ZrO_2/Al_2O_3$ 材料的抗弯强度可达 1200MPa，断裂韧度达 $10MPa\cdot m^{1/2}$，而 $SiCw/Al_2O_3$ 的抗弯强度为 634MPa，断裂韧度达 $7.5MPa\cdot m^{1/2}$。

(4) 其他类型复合材料

① 夹层复合材料　夹层复合材料是一种由上下两块薄面板和芯材构成的复合材料。面板材料有铝合金板、钛合金板、不锈钢板、高温合金板、玻璃纤维增强塑料、碳纤维增强塑料等。芯材有轻木、泡沫塑料、泡沫玻璃、泡沫陶瓷、波纹板、铝蜂窝、玻璃纤维增强塑料、芳纶纤维增强塑料等。面板和芯材的选择主要根据使用温度和性能要求而定。面板和芯材之间通常采用胶粘接，芯层有一层、二层或多层。在航空航天结构件中普遍应用蜂窝夹层结构复合材料。

夹层复合材料密度小，具有较高的比强度和比刚度，可减轻结构质量，提高疲劳性能。不同的材料有不同的性能，如玻璃纤维增强塑料芯有良好的透波性和绝缘性，泡沫塑料芯有良好的绝热、隔声性能，泡沫陶瓷芯有良好的耐高温、防火性能。

② 碳/碳复合材料　碳/碳复合材料（C/C复合材料）是指用碳（或石墨）纤维增强碳基质（matrix）所制成的复合材料。碳基质是用热固性树脂或沥青的裂解碳或烃类经化学气相沉积（CVD）的沉积碳制成的。碳/碳复合材料有碳纤维增强碳（简写作C-C）、石墨纤维增强碳（简写作Gr-C）、石墨纤维增强石墨（简写作Gr-Gr）三类。

碳/碳复合材料特有的优点是具有优良的高温力学性能，它在1300℃以上时强度不仅没有下降反而升高，据检测强度可以保持到2000℃。单向复合材料的断裂是脆性的，双向和三向复合材料断裂呈“假塑性”，在高应力下不至于发生灾难性破坏。碳/碳复合材料除在较高温度下能与氧、硫、卤素反应外，在很宽广的温度范围内对常遇到的化学腐蚀物具有化学稳定性。碳/碳复合材料还具有多孔性、吸水性、高耐磨性、高热导率及良好的烧蚀性。

碳/碳复合材料可用于航空航天工业，如导弹头和航天飞机机翼前缘，火箭和喷气飞机发动机后燃烧室的喷管用高温材料，高速飞机用刹车盘等。碳/碳复合材料还可用于制造超塑性成型工艺的热锻压模具、粉末冶金中的热压模具、原子反应堆中氦冷却反应器的热交换器、涡轮压气机中的涡轮叶片和涡轮盘热密封件。碳/碳复合材料具有极好的生物相容性，即与血液、软组织和骨骼能相容，而且具有高的比强度和可曲性，可制成许多生物体整形植入材料，如人工牙齿、人工骨骼及人工关节等。

习　题

6-1　简述常用塑料的种类、性能特点及应用。

6-2　简述常用橡胶的种类、性能特点及应用。

6-3　简述陶瓷材料的种类、性能特点及应用。

6-4　什么是复合材料？有哪些种类？复合材料的性能有什么特点？

6-5　简述玻璃钢、碳纤维增强塑料等常用纤维增强塑料的性能特点及应用。

第7章 材料的选用

材料的选用就是在种类繁多的材料中，找出既能满足工程使用的要求，又能降低产品总成本获得最大经济利益，同时还能符合使用环境条件、资源供应情况和环保要求的材料。选材问题的提出或选材的动机主要基于以下原因：根据市场需求决定开发一种新产品；希望改进现有产品以提高产品的各种功能或降低成本并以此作为产品更新换代的契机；零件的早期失效需要改变原来所用材料。然而选材并不是一件容易的事情，往往面临许多困难，一是如何使选用的材料既满足产品的设计功能，又符合技术、经济和美观的要求，以达到产品结构耐久与价廉物美的完美统一；二是在类型和品种繁多的材料中，如何确定可供选择的范围并最终选定某一种最佳或最合适的材料；三是材料选择可能有多种不同的解决办法而没有唯一正确的答案，往往要求考虑候选材料各自的优点和缺点后再做必要的折中和判断。因此，要求工程设计人员必须掌握选材的基本原则和方法。

7.1 选材的基本原则、过程和方法

7.1.1 选材的基本原则

7.1.1.1 选材的使用性能原则

使用性能主要指零件在使用状态下，材料应具有的力学性能、物理性能和化学性能等。由于零件在一定的环境下完成确定的功能和预计的行为必须由使用性能原则来保证，因此，在大多数情况下，使用性能是选材首先要考虑的问题而作为选材过程的切入点。不同零件功能不同，所要求的使用性能也不一样。物理性能和化学性能是零件在特殊条件下工作时，对零件材料提出的特殊要求，如工作于大气、土壤、海水等介质中的零件要具备耐蚀性，传输电流的导线或零件要有良好的导电性等。对于机器零件和工程结构，最重要的是力学性能。在机械零件选材中，绝大多数零件是以屈服强度 $R_{p0.2}$ 为选材依据的；对于在静载荷下不允许断裂的脆性材料制成的零件，抗拉强度 R_m 为选材的重要指标；几乎所有的刚度要求，对刚性结构件在形状、尺寸和受载方式确定时，弹性模量为选材的重要指标；受动载荷的零件，在设计时还应考虑疲劳强度和冲击韧度；对高强度材料制造的构件和中、低强度材料制造的大型构件，低应力脆断是其主要失效形式，此时便应采用断裂韧度 K_{IC} 来进行设计选材。塑性指标 A 和 Z 通常不直接用于设计计算，它的主要作用是增加抗过载的能力。

按使用性能选材时必须注意以下问题。

(1) 材料的尺寸效应

尺寸效应是指材料随截面尺寸增大，力学性能将下降的现象。金属材料，特别是钢材的尺寸效应尤为显著，随尺寸加大，其强度、塑性、韧性均下降，尤以韧性下降最为明显。淬透性越低的钢，尺寸效应就越明显。例如，45 钢调质状态标准拉伸试样测得的屈服强度为 450MPa，而尺寸为 180mm 试样的屈服强度则远小于 450MPa。

(2) 材料的缺口敏感性

实验所用试样形状简单，且多为光滑试样。但实际使用的零件中，如台阶、键槽、螺

纹、焊缝、刀痕、裂纹、夹杂等都是不可避免的，这些皆可看作为“缺口”。在复杂应力作用下，这些缺口处将产生严重的应力集中。因此，光滑试样拉伸试验时，可能表现出高强度与足够塑性，而实际零件使用时就可表现为低强度、高脆性。且材料越硬、应力越复杂，表现越敏感。例如，正火45钢光滑试样的弯曲疲劳极限为280MPa，用其制造带直角键槽的轴，其弯曲疲劳极限则为140MPa；若改成圆角键槽的轴，其弯曲疲劳极限则为220MPa。因此，在应用性能指标时，必须结合零件的实际条件加以修正。必要时可通过模拟试验取得数据作为设计零件和选材的依据。

(3) 材料的性能与加工、处理条件的关系

材料性能是在试样处于内部组织与表面质量确定的状态下测定的，而实际零件在其制造过程中所经历的各种加工工艺有可能引入内部或表面缺陷，如铸造、锻造、焊接、热处理及磨削裂纹、过热、过烧、氧化、脱碳缺陷、切削刀痕等，这些缺陷都会导致零件使用性能的下降。如调质40Cr钢制汽车后轿半轴，若模锻时脱碳，其弯曲疲劳极限仅有90～100MPa，远低于标准光滑试样的545MPa；若将脱碳层磨去（或模锻时防止脱碳），则疲劳极限可上升至420～490MPa，可见表面脱碳缺陷对疲劳性能有巨大的影响。

(4) 硬度值在设计中的作用

由于硬度值的测定方法既简便又不破坏零件，并且在确定条件下与某些力学性能有近似的换算关系，所以在设计和实际生产过程中，往往用硬度值作为控制材料性能和质量检验的依据。但应明确，它也有很大的局限性。局限性之一是硬度对材料的组织不够敏感，经不同处理的材料可获得相同的硬度值，而其他力学性能却相差很大，如65Mn钢制弹簧，其硬度要求为43～47HRC，当热处理出现过热缺陷时，其硬度仍然符合要求，但弹簧的强韧性（尤其是韧性）却大大降低，易发生脆断而不能确保零件的使用安全。所以，设计中在给出硬度值的同时，还必须对处理工艺（主要是热处理工艺）做出明确的规定。

7.1.1.2 选材的工艺性能原则

材料的工艺性能表示了材料的加工难易程度。在选材时，同使用性能相比，工艺性能处于次要地位，但在某些特殊情况下，工艺性能也可成为选材考虑的主要因素。以切削加工为例，在单件小批量生产的条件下，材料切削加工性能的优劣，并不显得重要，而在大批量生产条件下，切削性便会成为选材的决定性因素。

材料所要求的工艺性能与零件制造的加工工艺路线有密切关系，具体的工艺性能，就是根据工艺路线而提出的。在选材过程中，了解零件制造的各种工艺过程的工艺特点和局限性是非常重要的。

(1) 高分子材料的工艺性能

高分子材料的加工工艺路线比较简单，其中变化较多的是成形工艺。高分子材料的切削加工性能较好，与金属基本相同。但需注意，它的导热性较差，在切削过程中散热困难，易使工件温度急剧升高，使它变焦（热固性材料）或变软（热塑性材料）。

(2) 陶瓷材料的工艺性能

陶瓷制品的加工工艺路线也比较简单，主要工艺就是成形，其中包括粉浆成形、压制成形、挤压成形和可塑成形等。陶瓷材料成形后，除了可以用碳化硅或金刚石砂轮磨加工外，几乎不能进行任何其他加工。

(3) 金属材料的工艺性能

金属材料的加工工艺路线远较高分子材料和陶瓷材料复杂，而且变化多，不仅影响零件

的成形，还大大影响零件的最终性能。金属材料的工艺性能包括铸造性能、锻造性能、焊接性能、切削加工性能和热处理工艺性能等。

① 铸造性能　包括流动性、收缩、疏松、成分偏析、吸气性、铸造应力及冷热裂纹倾向等。在二元合金相图上液-固相线间距越小、越接近共晶成分的合金均具有较好的铸造性能。因此铸铁、铸造铝合金、铸造铜合金的铸造性能优良；在应用最广泛的钢铁材料中，铸铁的铸造性能优于铸钢，在钢的范围，中、低碳钢的铸造性能又优于高碳钢，故高碳钢较少用作铸件。

② 压力加工性能　通常用材料的塑性（塑性变形能力）和变形抗力及形变强化能力来综合衡量。一般来说，铸铁不可压力加工，而钢可以压力加工但工艺性能有较大差异。随着钢中碳及合金元素含量的增高，其压力加工性能变差，故高碳钢或高碳高合金钢一般只能进行热压力加工，且热加工性能也较差，如高铬钢、高速钢等。变形铝合金和大多数铜合金，像低碳钢一样具有较好的压力加工性能。

③ 焊接性能　是指被焊材料在一定的焊接条件下获得优质焊接接头的难易程度，它包括两个主要方面：一是焊接接头产生焊接裂纹、气孔等缺陷的倾向性；二是焊接接头的使用可靠性。钢铁材料的焊接性随其碳和合金元素含量的提高而变差，因此钢比铸铁易于焊接，且低碳钢焊接性能最好，中碳钢次之，高碳钢最差。铝合金、铜合金的焊接性能一般不好，应采取一些特殊的施焊措施。

④ 机械加工性能　主要指切削加工性。一般来说，材料的硬度越高、冷变形强化能力越强、切屑不易断排、刀具越易磨损，其切削加工性能就越差。在钢铁材料中，易切削钢、灰铸铁和硬度处于160～230HBW范围的钢具有较好的切削加工性能；而奥氏体不锈钢、高碳高合金钢的切削加工性能较差。铝合金、镁合金及部分铜合金具有优良的切削加工性能。

⑤ 热处理工艺性能　是指材料热处理的难易程度和产生热处理缺陷的倾向。对可热处理强化的材料而言，热处理工艺性能相当重要。合金钢的热处理工艺性能好于碳钢，故形状复杂或尺寸较大且强度要求高的重要机械零件都用合金钢制造。

一般而言，当零件图上确定了材料牌号和性能要求（如硬度）后，制造工艺过程就有了确定的基础。如45钢的轴，如果轴质量小于100kg而数量少于100件时，属于单件生产范畴，采用型材做毛坯，经机械加工和热处理两个工艺过程即可得到我们所需要的零件。有时，这样的轴在单件生产批量的上限时，也可再加上胎模锻的工艺过程；箱体类零件图上选定如HT200这样的铸铁材料后，制造工艺就由铸造、机械加工和热处理三个工艺过程组成；零件图上选择了塑料，如ABS等，在多数情况下只采用注塑一个工艺过程；零件图上选用陶瓷材料时，可由零件形状、大小和产量情况来选择等静压、注浆、热压铸和注射等方法，且成形后一般不再加工，最多再进行余量很小的磨削和研磨工艺。

7.1.1.3　选材的经济性原则

选材应能使零件在其制造及使用寿命内的总费用最低，这是选材的经济性原则。一个零件的总成本与零件寿命、零件重量、加工费用、研究费用、维护费用和材料价格有关。一方面，从产品制造成本构成比例看，机械产品成本中，材料成本占很大比例，降低材料成本对制造者和使用者都是有利的，所以在材料选择时，应从满足使用性能要求的所有材料中选择价格较低的，表7-1为常用金属材料的相对价格。另一方面，从产品的寿命周期成本构成看，降低使用成本比降低制造成本显得重要一些，一些产品制造成本虽然较低，但使用成本较高，使用者同样不愿意购买；运行维护费用占使用成本比例较大，所以减轻产品零备件的自重，降低运行能耗，同样是选择材料应考虑的重要因素。所以，有时虽然选择某些材料花去的成本较高，但是它的性能好，使用寿命长，运行维护费用低，反而使总成本下降。对此，可通过技术经济评价，进行综合性的定量分析。

表 7-1　常用金属材料的相对价格

材　料	相对价格	材　料	相对价格
碳素结构钢	1	铬不锈钢	约 6
低合金高强度结构钢	1.2～1.7	铬镍不锈钢	12～14
优质碳素结构钢	1.3～1.5	普通黄铜	9～17
易切削钢	约 1.7	锡青铜、铝青铜	15～19
合金结构钢(Cr-Ni 钢除外)	1.7～2.5	灰铸铁	约 1.4
铬镍合金结构钢(中合金钢)	约 5	球墨铸铁	约 1.8
滚动轴承钢	约 3	可锻铸铁	2～2.2
碳素工具钢	约 1.6	碳素铸钢件	2.5～3
低合金工具钢	3～6	铸造铝合金、铜合金	8～10
高速钢	10～18	铸造锡基轴承合金	约 23
硬质合金(YT 类刀片)	150～200	铸造铅基轴承合金	约 10
钛合金	约 40	镍	约 25
铝及铝合金	5～10	金	约 50000

7.1.1.4　选材的资源、能源和环保原则

选材的资源、能源和环保原则要求在材料的生产—使用—废弃的全过程中，对资源和能源的消耗尽可能少，对生态环境影响小，材料在废弃时可以再生利用或不造成环境恶化或可以降解。具体地说，应从以下几个方面考虑。

(1) 选择绿色材料

绿色材料或称环境协调材料、生态材料，是指那些具有良好使用性能或功能，并对资源和能源消耗少，对生态与环境污染小，有利于人类健康，再生利用率高或可降解循环利用，在制备、使用、废弃直至再生循环利用的整个过程中，都与环境协调共存的一大类材料。因为绿色材料具有环境协调性，它将是材料发展史上的一个重要转折点。目前，应尽可能选用环境负荷值小的材料。

(2) 减少所用材料种类

使用较少的材料种类，不但可简化产品结构，便于零件的生产、管理和材料的标识、分类与回收，而且在相同的产品数量下，可得到较多的某种回收材料，这无疑对材料回收是非常有益的。如 Whirlpool 公司的包装工程师把用于包装的材料从二十种减少到四种，处理废物的成本下降了 50%以上，材料成本也减少了，性能也得到了改善。

(3) 选用废弃后能自然分解并为自然界吸收的材料

废弃产品得不到及时有效地处理会造成严重的环境污染。高分子材料的加工和使用后的废弃物就属此列，我国成功研究出的由可控光塑料复合添加剂生产的一种新型塑料薄膜在使用后的一定时间内即可降解成碎片，溶解在土壤中被微生物吃掉，从而起到净化环境的作用。

(4) 选用不加任何涂镀的原材料

目前的产品设计为了达到美观、耐用、防腐等要求，大量采用涂镀工艺方法，这不仅给废弃后的产品回收再利用带来困难，而且大部分涂料本身就有毒，涂镀工艺本身也会给环境带来极大污染。

(5) 选用可回收材料或再生材料

许多材料如塑料、铝等均可回收使用。因为这些材料回收后的性能基本不变或下降很少。使用可回收材料不但可减少资源的消耗，而且可以减少原材料在提炼加工过程中对环境的污染。如计算机的显示器外壳、键盘等许多零件都可用可回收塑料来制造。

(6) 尽可能选用无毒材料

许多材料如铅及其化合物、镍及其化合物、铬及其化合物以及许多化学物质如苯、三氯乙烯等都具有毒性。使用有毒材料将给环境及人身造成严重的污染，因此，应尽量避免使用。有毒材料的使用一般有两种方式：一是在产品中直接使用；二是在产品加工过程中用有毒材料来做溶剂、催化剂等。例如，各种便携式计算机一般都用电池来做电源，而电池一般是用铅、镍等有毒材料制造的。如果产品中一定要使用有毒材料，则必须对有毒材料进行显著标注，有毒材料应尽可能布局在便于拆卸的地方，以便回收或集中处理。

7.1.2 选材的基本过程

7.1.2.1 确定零件对所选材料的性能要求

零件对所选材料的性能要求是在对零件工作条件和失效形式进行全面分析的基础上提出来的。

(1) 零件工作条件分析

零件工作条件的含义是工作环境和外力，包括受力状况、环境状况和特殊要求三个方面。

受力状况主要是指载荷的类型（如动载荷、静载荷、循环载荷和单调载荷等）及大小、载荷的形式（如拉伸、压缩、弯曲和扭转等）、载荷的特点（如均布载荷、集中载荷等）和变形方式。

环境状况主要是指温度情况（如低温、常温、高温和变温等）以及介质情况（如有无腐蚀和摩擦作用等）。

特殊要求主要是指对导电性、磁性、热膨胀性、密度和外观等的特殊要求。

(2) 零件失效形式分析

由于某种原因零件丧失预定的功能称为零件的失效。实际上，零件失效形式分析的含义包括两个方面：一是零件在使用中失效，则需对失效的零件进行失效分析，找出失效原因，提出改进措施；二是在设计、选材阶段时，根据零件的工作条件事先对零件的失效形式进行判断、估计和预测。

① 对零件进行失效分析的基本过程

a. 调查取证　这是最关键的一步，包括收集失效零件的残体、表面剥落物或腐蚀产物并进行肉眼观察，测量并记录损坏位置、尺寸变化和断口的宏观特征，必要时照相留据；详细了解零件的工作环境和失效经过，观察相邻零件的损坏情况，判断损坏顺序。

b. 整理分析　整理有关零件设计、材料、加工、安装、使用和维修等方面的资料。

c. 试验研究　通过有针对性地进行化学分析、断口分析、宏观检验、金相分析、应力分析、断裂力学分析、力学性能测试等分析、试验，取得数据。

d. 得出结论　综合以上各种资料，判断失效的原因，提出改进措施，写出分析报告。

② 零件失效常见的主要形式

a. 过量变形　过量弹性变形或塑性变形将改变机械零件的形状和相对位置，使整个机器运转不良，导致失效。

b. 表面损伤　因磨损、腐蚀或接触疲劳使材料逐渐损坏，从而改变零件的形状和尺寸，降低零件精度，使机器不能正常工作。

c. 断裂　断裂是最危险的失效形式，有可能带来灾难性的后果。在多数情况下，断裂是由于变形、磨损、腐蚀等因素的长期作用使材料受力截面变小或性能恶化而产生的结果。

③ 零件的失效原因　大体可分为设计、选材、加工和安装使用四个方面，如图 7-1 所示。在设计、选材开始阶段分析零件可能的失效形式有助于分析对所选材料要求的正确性。通常相同或相近的已知零件所积累的失效分析结论可以作为所设计零件预测失效形式的借鉴。

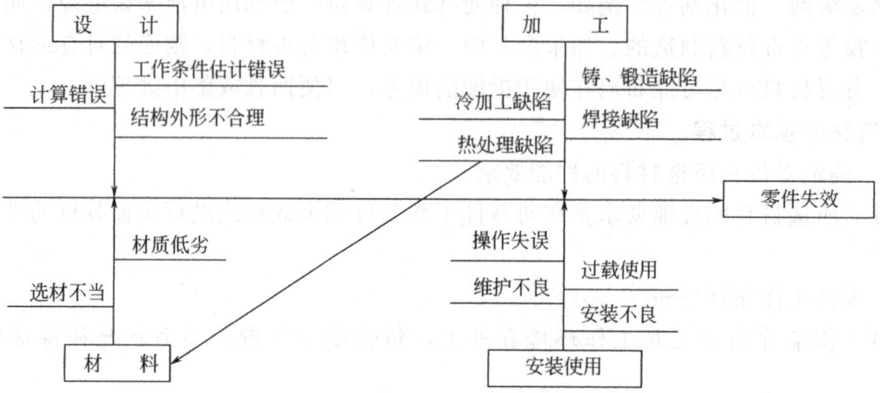

图 7-1　导致零件失效的原因

(3) 确定对材料力学性能指标的具体要求

通过对零件工作条件和失效形式进行的全面分析，可以确定零件对使用性能的要求，表 7-2 为几种常见零件工作条件、失效形式及要求的力学性能。然后利用使用性能与实验室性能的对应关系，将使用性能转化为具体的实验室力学性能指标，例如强度、韧性和耐磨性等。同时根据零件的几何形状和尺寸、工作中所承受的载荷，计算出零件中的应力分布，根据工作应力、使用寿命或安全性与实验室性能指标的关系，确定对实验室性能指标要求的具体数值。

表 7-2　几种常见零件工作条件、失效形式及要求的力学性能

零件	工作条件			常见失效形式	力学性能指标
	应力种类	载荷性质	其他		
紧固螺栓	拉、剪	静载荷	—	过量变形、断裂	强度、塑性
传动轴	弯、扭	循环、冲击	轴颈处摩擦、振动	疲劳破坏、过量变形、轴颈处磨损	综合力学性能
齿轮	压、弯	循环、冲击	强烈摩擦、振动	磨损、疲劳麻点、齿折断	表面高硬度及高的疲劳强度，心部较高强度、韧性
弹簧	扭(螺旋簧)、弯(板簧)	交变、冲击	振动	弹性丧失、疲劳破坏	弹性极限、屈强比、疲劳强度
冷作模具	复杂	交变、冲击	强烈摩擦	磨损、脆断	高硬度、高强度、足够的韧性

7.1.2.2　对可供选择的材料进行筛选

开始选择时，可把所有的工程材料都当成候选对象。这一阶段的重要性是产生可供选择的方案，不必过多地考虑某种材料的可行性。当所有可供选择的方案都提出来后，再淘汰掉明显不合适的设想，最后把注意力集中到看起来现实的设想上。

7.1.2.3　对可供选择的材料进行评价

经过筛选，选用材料的范围已大为缩小，而且这个范围内的几种材料都能不同程度地满足最关键的性能要求。这个阶段的任务就是对照规定的对材料性能的要求衡量候选材料，并最终确定最佳材料。材料选择要求考虑材料本身相互对立的长处和短处，最后做出折中和判断。因此某种零件材料选择可能有不同的结果，对于同样一根轴，有人最终选了45钢，也有人选择40Cr。评价阶段可从最关键的性能（硬要求）开始，然后评价次要性能（软要求），或是根据所有有关的性能对各类候选材料进行比较。此时，使用定量评价的方法应是最合适的。

7.1.2.4　最佳材料的决定

通过上述步骤应该能得出我们要选择的材料。但是有时上述评价的结果是两种甚至三种材料不相上下，评价的结果不明确，此时还需用经验做出判断和决定，显然不明确的评价结果的出现是和对各种要求规定的相对重要性有关。最后当出现没有一种材料能满足各种要求时，或是放宽要求，或是另起炉灶重新设计。

7.1.2.5　零件所选材料的实际验证

对于成批、大量生产的或非常重要的零件需先进行试生产，经台架试验、模拟试验确认无误后再投放市场。此后还要不断接受反馈的质量信息，作为改进产品的依据。

7.1.3　材料选用的方法

7.1.3.1　机械零件传统的选材方法

机械零件传统的选材方法是目前设计人员常用的方法，它是通过参考相同工作环境下的机械零件和查阅设计手册来确定零件的材料。这种选材方法实际上是设计人员凭借自己和他人的丰富实践经验和聪明才智进行的，通常称为素质决策法。该法在目前行之有效，其优点为安全可靠、风险小。它特别适用于定性而难以定量，或仅仅依赖于丰富的实践经验就可以确定的零件的选材。但是，对于那些在特殊的环境下工作的机械零件，对于那些面对诸多因素及多目标的选材，由于众多复杂因素的相互影响以及各个目标之间的相互联系和制约，仅靠实践经验已不能进行科学的分析和全面的衡量。

7.1.3.2　不同力学性能要求下的选材方法

（1）按刚度要求选材

零件的刚度是在载荷作用下保持其原有形状的能力。以悬臂梁为例，如图7-2所示，对于长为l，截面积为S，材料的弹性模量为E，受端载荷F的悬臂梁，其自由端的挠度f为：

$$f=\frac{Fl^3}{3EI} \tag{7-1}$$

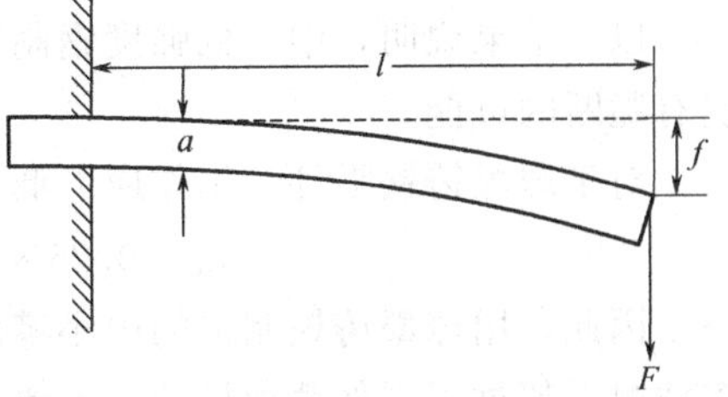

图7-2　受端载荷的悬臂梁

式中，I为惯性矩，其值等于截面积S和惯性半径r平方的乘积，即：

$$I=Sr^2 \tag{7-2}$$

可见，对于梁的刚性设计，一是选用E值大的材料；二是设计时使其截面具有较高的I值。由式（7-2）可知，提高惯性矩的最好方法是增加惯性半径。常见的截面形状不同的梁中，当截面积相等时，工字梁的惯性矩是方形截面的53倍、是矩形截面的17.8倍。

(2) 按强度要求选材

零件的强度因素与材料的强度有很大的关系，一般来说，选用材料的强度越高，导致零件失效的材料强度因素的可能性就越小。按强度要求选材时，较多地是考虑材料的结构效率。

以受轴向力 F 的杆件为例，设其截面积为 S，长为 l，材料密度为 ρ，屈服强度为 $R_{p0.2}$，安全系数为 n，则其结构效率 η 为：

$$\eta=\frac{F}{lS\rho}=\frac{R_{p0.2}S}{lS\rho n}=\frac{R_{p0.2}}{\rho}\times\frac{1}{nl} \tag{7-3}$$

可见，对于受轴向力的杆件，比强度 $R_{p0.2}/\rho$ 是按强度选材的准则。

(3) 按韧性要求选材

材料的韧性指标中，断裂韧度 K_{IC} 可直接用于设计计算。

一般构件中，较常见的是表面半椭圆裂纹。从表面半椭圆裂纹应力强度因子的表达式出发，并考虑一定的安全因素，其临界裂纹尺寸由下式计算。

$$a_c=0.25(K_{IC}/R)^2 \tag{7-4}$$

式中，R 为工作应力，$R=R_{p0.2}/n$，即考虑了一定的安全系数 n。

对于超高强度钢，其屈服强度高而断裂韧度低，取 $R_{p0.2}=1500\text{MPa}$，$K_{IC}=75\text{MPa}\cdot\text{m}^{1/2}$，则：

$$a_c=0.25\times(75/1500)^2=0.625\text{mm}$$

可见，只要出现 0.625mm 这样小的裂纹，零件就会失稳脆断，这样小的裂纹在零件中易形成，且不易检测，说明超高强度钢的脆断隐患较大。选用 K_{IC} 较高的材料，工艺上控制裂纹尺寸不致过大，或适当增大安全系数是解决这类钢脆断问题的途径。

对于中、低强度钢，其韧-脆转变的温度在低温，韧性区的 K_{IC} 可达 $150\text{MPa}\cdot\text{m}^{1/2}$，而在脆性区 K_{IC} 只有 $30\sim40\text{MPa}\cdot\text{m}^{1/2}$。中、低强度钢的工作应力低，取 $R_{p0.2}=200\text{MPa}$。

在韧性区：

$$a_c=0.25\times(150/200)^2=140\text{mm}$$

在脆性区：

$$a_c=0.25\times(30/200)^2=5.6\text{mm}$$

以上结果说明，中、低强度钢制造的零件，在韧性区不容易脆断而可能屈服；在脆性区仍有脆断的可能。

对于球墨铸铁零件，工作应力低，约 10～50MPa，其 K_{IC} 取 $25\text{MPa}\cdot\text{m}^{1/2}$，则：

$$a_c=0.25\times(25/10\sim50)^2=63\sim1563\text{mm}$$

因此，用球墨铸铁制造的中小零件，如小型发动机曲轴、齿轮等，其临界裂纹尺寸在大多情况下超过了零件截面尺寸，不致发生低应力脆断。

(4) 按疲劳强度要求选材

疲劳破坏的零件，疲劳裂纹一般起源于受力最大的表层，对这类零件的力学性能要求主要是强度，特别是弯曲疲劳强度，可选用调质钢、表面硬化钢或采用表面形变强化处理。

(5) 按综合力学性能要求选材

当零件工作时承受循环载荷与冲击载荷时，其失效形式主要是过量变形与疲劳断裂，要求材料具有较好的综合力学性能。如截面上受均匀循环拉应力（或压应力）及多次冲击的零件（汽缸螺栓、锻锤杆、锻模、油泵柱塞、连杆等），要求整个截面淬透。选材时应综合考虑淬透性与尺寸效应。一般可选用调质钢或正火钢、渗碳钢、球墨铸铁等。

(6) 按磨损性能要求选材

不同摩擦条件、不同磨损机制下工作的工件选用的材料有很大的不同。在磨料磨损条件下工作的工件可采用含有碳化物颗粒的合金铸铁、w_C 为3.5%～4.5%的高铬铸铁；在冲击载荷下工作的工件可采用奥氏体锰钢；在黏着磨损条件下工作的工件采用陶瓷、激冷合金铸铁；在高温磨损条件下工作的工件采用钴基或镍基合金；在油润滑条件下工作的一般齿轮和轴类，可用调质钢或渗碳钢制造；在低应力条件下工作的耐磨零件如量具等，可选用高碳钢淬火+低温回火。材料的硬度越高，塑性变形抗力越大，越不容易在接触点形成焊合，摩擦因数也越低。聚四氟乙烯、尼龙-6等高分子材料的摩擦因数很低，具有很好的减摩作用。

7.1.3.3 定量选材方法

定量选材方法是将数理统计、价值分析、可靠性分析等其他学科的成就引入材料领域，结合定性分析而开发出的现代选材方法。

(1) 价值工程法

价值工程是研究如何以最低的成本获得必要功能，取得最佳的经济效果。按照价值工程的基本原理，一个零件的价值（V）是它的必要功能（F）和它所需付出的费用（C）之比：

$$V(\text{价值})=F(\text{功能})/C(\text{成本})$$

在选材问题中，功能即为材料的性能，成本为材料的价格，进行比较即可求得其价值。以焊接构件材料选用的价值分析为例，某焊接构件使用时不允许产生塑性变形，若用碳素结构钢Q235制造，材料费用较低，但性能不高；若选用低合金高强度钢Q345（16Mn），则性能较高而材料费用较高一些。试分析宜采用Q235钢还是Q345钢。

两种钢的价值对比见表7-3，仅从Q235钢和Q345钢的相对价格比为1∶1.1，尚无法确定材料的取舍，还必须比较它们的功能大小。因为该构件较为重要，不允许产生塑性变形，根据这一使用性能要求，可简单地采用材料的屈服极限 R_{eL} 作为功能的指标。计算结果表明，Q345钢的价值比Q235钢提高34%，故应采用Q345钢。结构件采用Q345钢代替Q235钢，虽然材料价格增加10%，但其比强度提高了40%以上，可减轻自重，质量利用系数增大，提高了其经济效益。

表7-3 Q235钢和Q345钢的价值对比

材　料	成本 C/材料相对价格	功能 F		价值
		R_{eL}/MPa	比值	$V=F/C$
Q235	1	235	1	1
Q345	1.1	345	1.47	1.34

(2) 单位成本法

在选择材料时，最简单的情况是，一种材料性质能突出满足最关键的工作要求，在这种情况下，有可能估算不同的材料达到这种要求要花的材料成本。例如，以强度为主要指标选材时，可根据强度和成本进行比较，在要求重量轻、强度高的应用场合，可用比强度来比较材料成本。

(3) 增量效益法

在选择材料时，还经常发生同时有多种材料都能满足一个指定用途的最低要求，需要在多种材料中选择，如果分别采用这些材料来制造，则可以设想，最终构件的性能水平与被比较材料的性能指数成比例，也可以预计每个构件的成本将随加工成本和材料成本而成比例地变化。此时，可进行效益-成本分析，并利用增量效益原理选择出最好的材料。效益-成本分析是把效益/成本比看成是选择不同材料所付代价的一个标志，在这种情况下，效益包括材料性质或构件性能、加工性能的任何改进。当效益和成本用同一单位表示时，效益/成本比等于1，表明用新材料代替现有材料并不合算。所谓增量效益原理，是先把选择对象按成本增加的顺序列表，用成本最低的选择对象作为起始基准，通过计算增益效益（ΔB）和增益成本（ΔC），与成本第二低的选择对象进行比较，若 $\Delta B/\Delta C<1$，则第一对象比第二对象好；若 $\Delta B/\Delta C>1$，则第一对象被淘汰，第二对象成为较好的对象，并继续与第三对象进行比较。按这个程序重复进行，一直到所有的选择对象都被淘汰，剩下一个被认为是最佳选择对象为止。

（4）选材的技术经济评价

对两种或两种以上的材料进行对比分析、综合评价，以确定其中最优者时，可采用以下10个评价指标来综合评价材料及选材过程。

① 对提高最终产品性能程度的评价 a_1（相应的权重系数定为 $k_1=1.55$）。

② 材料的直接经济效益评价（如降低材料成本）a_2（$k_2=1.45$）。

③ 间接经济效益评价（或减少间接经济损失）a_3（$k_3=1.25$）。

④ 降低制造成本的评价 a_4（$k_4=1.15$）。

⑤ 对节约能源程度的评价 a_5（$k_5=1.05$）。

⑥ 对提高产品市场竞争能力或对引进技术的消化吸收能力的评价 a_6（$k_6=1.0$）。

⑦ 对促进并提高技术水平程度的评价 a_7（$k_7=0.85$）。

⑧ 对提高资源利用程度的评价 a_8（$k_8=0.75$）。

⑨ 对环境影响程度的评价 a_9（$k_9=0.53$）。

⑩ 材料的再生利用程度的评价 a_{10}（$k_{10}=0.42$）。

材料技术经济评价指标的计算公式为：

$$H=\sum_{i=1}^{n}a_ik_i \tag{7-5}$$

式中，H 为综合评价结果分数；$n=10$；a_i 为第 i 项的评价系数，需结合具体候选材料经比较确定，可采用相对百分比作为定量化的依据；k_i 为第 i 项的权重系数(已在上述各项评价指标后给出)，是经专家评分后取得的平均值，$\sum_{1}^{10}k_i=10$；由此，最高评价分数为 $H_{max}=\sum_{1}^{10}a_ik_i=100$。

评价时，较劣的材料 a_i 取"0"，而较优的材料按相对百分比确定 a_i，最好的材料 $a_i=10$；若比较材料对某评价项目均"无贡献"或"无影响"时，可省略该评价项目而不影响相对结果。

7.1.3.4 数据库选材法

数据库选材法是随着计算机技术的飞速发展而开发出的现代选材方法，与传统选材方法相比，其优势表现为以下几点。

① 快且准。能充分利用计算机的快速数据处理功能，简化数据处理的任务，快速而准确地查找与定位所需数据和信息。

② 全且易。避免了查找手册的麻烦，一个人机对话的、菜单式的数据库系统，用户使

用起来十分方便。友好的选材界面使用户非常容易地从浩瀚的材料数据中轻松地选出所需材料，而且有效地避免了漏选或错选。另外，利用计算机可以对数据库方便地进行数据维护，保证数据的统一性，规范用户的操作。

③ 智且新。利用材料数据库在得到最佳用材的同时，可以给出多种相近或相似的可用推荐材料，让用户可以结合自己的实际情况进行必要的分析、判断，从而得出最佳选择。另外，将数据库与专家系统结合时，不仅可以在库中已存储的数据中找到所需信息，而且还可以在经验公式的基础上进行一定程度的推理和预测，使选材过程更智能化。如果通过网络将数据进行共享，还可提高数据的利用水平，并使数据库的数据更全更新。

以耐磨料磨损材料数据库系统为例。该系统在建立各分库的基础之上建立耐磨料磨损选材模块，实现选材功能。综合利用多种选材方法，并结合耐磨材料现有资料、信息的具体情况，工程领域的实际需求以及数据的可操作性，在库中用简单判断（输入所选用的耐磨材料及其工况给出判断）、典型零件（选择典型零件的名称给出常用的材料）、综合判断（输入材料所受载荷大小、力学性能要求或所处介质环境及其他有关参数等组合要求，数据库依据所存储的各种经验关系式及已有材料数据和典型零件各种属性，推荐性地给出一种或几种符合在该组合条件下使用的材料，并提供相应的比较数据）三种方式实现选材。

7.2 典型机械零件的选材

7.2.1 轴类零件的选材

7.2.1.1 轴的工作条件与性能要求

轴类零件是机床、汽车、拖拉机以及各类机器的重要零件之一，其功能是支承旋转零件，传递动力或运动。按承载特点有转轴、心轴和传动轴之分，按结构特点有阶梯轴和等径轴之分，此外，还可分为直轴、曲轴、空心轴、实心轴等。转轴在工作时承受弯曲和扭转应力的复合作用，心轴只承受弯曲应力，传动轴主要承受扭转应力。除固定的心轴外，所有作回转运动的轴所承受的应力都是交变应力。轴颈承受较大的摩擦。此外，轴大多都承受一定的过载或冲击。

根据工作特点，轴类零件的主要失效形式有以下几种：断裂，大多是疲劳断裂；轴颈或花键处过度磨损；发生过量弯曲或扭转变形；此外，有时还可能发生振动或腐蚀失效。

因此，轴类零件的性能要求如下。

① 良好的综合力学性能，即强度和塑性、韧性有良好的配合，以防止过载或冲击断裂。

② 高的疲劳强度，防止疲劳断裂。

③ 有相对运动的摩擦部位（如轴颈、花键等处），应具有较高的硬度和耐磨性。

④ 良好的工艺性能，如足够的淬透性、良好的切削加工性等。

⑤ 特殊条件下工作应有的一些特殊性能要求，如高温性能、耐蚀性等。

7.2.1.2 轴类零件材料的选择

轴类零件一般按强度、刚度计算和结构要求进行零件设计与选材。通过强度、刚度计算保证轴的承载能力，防止过量变形和断裂失效；结构要求则是保证轴上零件的可靠固定与拆装，并使轴具有合理的结构工艺性及运转的稳定性。

制造轴类零件的材料主要是碳素结构钢和合金结构钢。此外，球墨铸铁和高强度铸铁也越来越多地被作为轴用材料。

① 轻载、低速，不重要的轴（如心轴、联轴节、拉杆、螺栓等），可选用Q235、Q275等碳素结构钢，这类钢通常不进行热处理。

② 受中等载荷且转速和精度要求不高、冲击与循环载荷较小的轴类零件（如曲轴、连杆、机床主轴等），常选用中碳优质碳素结构钢，如35、40、45、50钢（其中45钢应用最多）经调质或正火处理，为了提高轴表面的耐磨性，还可进行表面淬火及低温回火。

③ 对于承受较大载荷或要求精度高的轴，以及处于高、低温等恶劣条件下工作的轴（如汽车、拖拉机、柴油机的轴，压力机曲轴等），应选用合金钢。合金钢比碳钢具有更好的力学性能和高的淬透性等性能，但对应力集中敏感性较高，价格也较贵，所以只有当载荷较大并要求限制轴的外形、尺寸和重量，或要求提高轴颈的耐磨性等性能时，才考虑采用合金钢。

常用于制造轴的合金钢及其热处理可分为如下几类。

① 承受中等载荷、转速中等、精度要求较高、有低的冲击和交变载荷的轴类零件，可选用低淬透性合金调质钢40MnB、40Cr等经调质处理。性能要求更高一些的可选用中或高淬透性合金调质钢35CrMo、40CrNi、40CrNiMo等经调质处理。为了提高轴表面的耐磨性，还可进行表面淬火及低温回火。

② 要求高精度、高尺寸稳定性及高耐磨性的轴，如镗床主轴，常选用氮化钢如38CrMoAl，并进行调质和氮化处理。还可选用65Mn弹簧钢或9Mn2V、GCr15等高碳合金钢经调质和高频表面淬火处理。

③ 当强烈摩擦，并承受较大冲击和交变载荷作用时，可采用合金渗碳钢制造，如20Cr、20CrMnTi、12CrNi3等。

④ 球墨铸铁（包括合金球墨铸铁）越来越多地取代中碳钢（如45钢），作为制造轴的材料。它们制造成本低，使用效果良好，因而得到广泛应用，例如汽车发动机的曲轴、普通机床的主轴等。球墨铸铁的热处理方法主要是退火、正火及表面淬火等，还可进行调质或等温淬火等各种热处理以获得更高的力学性能。

7.2.1.3 典型轴类零件的选材及加工工艺路线

制造轴类零件常采用锻造、切削加工、热处理（预备热处理及最终热处理）等工艺，其中切削加工和热处理工艺是制造轴类零件必不可少的。台阶尺寸变化不大的轴，可选用与轴的尺寸相当的圆棒料直接切削加工而成，然后进行热处理，不必经过锻造加工。

下面以几种典型轴类零件为例进行具体分析。

(1) 机床主轴

CA6140卧式车床主轴如图7-3所示。该轴承受交变弯曲和扭转的复合应力，载荷和转速不高，冲击载荷也不大，属于中等载荷的轴。但大端的轴颈、锥孔和卡盘、顶尖之间有摩擦，这些部位要求有较高的硬度和耐磨性。

CA6140车床主轴的选材、热处理及加工工艺路线如下。

材料：45钢。

热处理技术条件：整体调质，硬度220～250HBW；C面及ϕ90mm×80mm段外圆表面淬火，硬度52HRC，锥孔硬度48HRC。

加工工艺路线：锻造→正火→粗加工→调质→半精加工→表面淬火及低温回火→磨削加工。

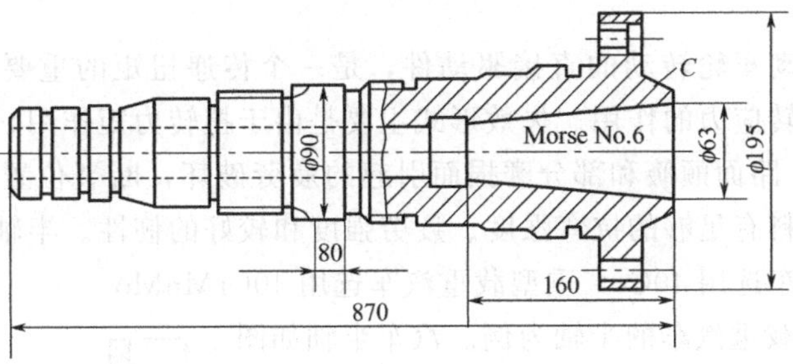

图 7-3　CA6140 卧式车床主轴

由于轴颈变化较大，采用锻造成形，通过减径拔长，锻成阶梯状毛坯。

正火的目的在于：得到合适的硬度，便于切削加工；改善锻造组织，为调质作准备。

调质是为了使主轴得到高的综合力学性能和疲劳强度。为了更好地发挥调质效果，安排在粗加工后进行。

对轴颈和锥孔进行表面淬火、低温回火，旨在提高硬度，增加耐磨性。

常见机床主轴的工作条件、用材及热处理见表 7-4。

表 7-4　常见机床主轴的工作条件、用材及热处理

序号	工作条件	材料	热处理及硬度	应用实例
1	①与滑动轴承配合 ②中等载荷，心部强度要求不高，但转速高 ③精度不太高 ④疲劳应力较高，但冲击不大	20Cr 20MnVB 20Mn2B	渗碳淬火 58～62HRC	精密车床、内圆磨床等主轴
	①与滑动轴承配合 ②重载荷，高转速 ③高疲劳，高冲击	20CrMnTi 12CrNi3	渗碳淬火 58～63HRC	转塔车床、齿轮磨床、精密丝杠车床、重型齿轮铣床等主轴
2	①与滑动轴承配合 ②重载荷，高转速 ③精度高，轴隙小 ④高疲劳，高冲击	38CrMoAl	调质 250～280HBW 渗氮≥900HV	高精度磨床主轴、镗床镗杆
3	①与滑动轴承配合 ②中轻载荷 ③精度不高 ④低冲击，低疲劳	45	正火 170～217HBW 或调质 220～250HBW 小规格局部整体淬火 42～47HRC 大规格轴颈表面感应淬火 48～52HRC	龙门铣床，立铣、小型立式车床等小规格主轴，C61100 等大、重型车床主轴
	①与滑动轴承配合 ②中等载荷，转速较高 ③精度较高 ④中等冲击和疲劳	40Cr 42MnVB 42CrMo	调质 220～250HBW 轴颈表面淬火 52～61HRC（42CrMo 取上限，其他钢取中、下限） 装拆部位表面淬火 48～53HRC	齿轮铣床、组合车床、车床、磨床砂轮等主轴
	①与滑动轴承配合 ②中、重载荷 ③精度高 ④高疲劳，但冲击小	65Mn GCr15 9Mn2V	调质 250～280HBW 轴颈表面淬火≥59HRC 装卸部位表面淬火 50～55HRC	磨床主轴
4	①与滑动轴承配合 ②中、小载荷，转速低 ③精度不高 ④稍有冲击	45 50Mn2	调质 220～250HBW 正火 192～241HBW	一般车床主轴、重型机床主轴

(2) 汽车半轴

汽车半轴是驱动车轮转动的直接驱动件，是一个传递扭矩的重要部件，工作时承受冲击、弯曲疲劳和扭转应力的作用。失效形式主要是由于扭转力矩作用，工作时频繁启动、变速、反向（倒车）、路面颠簸和部分磨损而引起的疲劳破坏，断裂位置主要集中于轴杆部或花键根部。要求材料有足够的抗弯强度、疲劳强度和较好的韧性。半轴材料依据其工作条件选用，中型载重汽车选用40Cr，重型载重汽车选用40CrMnMo。

以跃进-130型载重汽车的半轴为例。汽车半轴如图7-4所示。

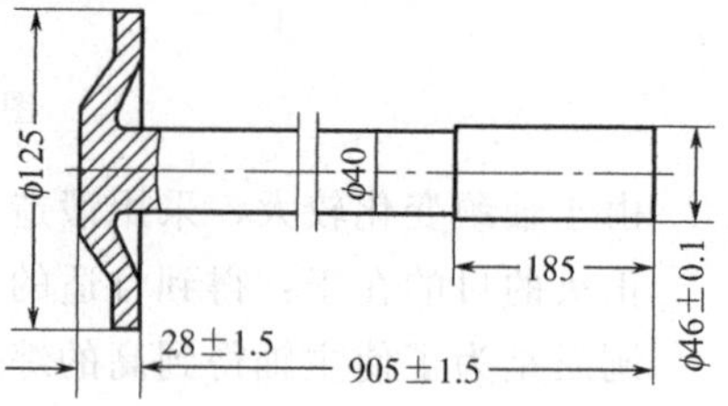

图 7-4　汽车半轴

汽车半轴的选材、热处理及加工工艺路线如下。

材料：40Cr。

热处理技术条件：正火，187～241HBW；调质，杆部37～42HRC，盘部外圆24～34HRC。调质后半轴的显微组织为回火索氏体或回火托氏体，心部允许有铁素体存在。

加工工艺路线：锻造→正火→机加工→调质→盘部钻孔→精加工。

正火的目的是为了得到合适的硬度，以便切削加工，同时可以改善锻造组织，为调质作准备。

调质的目的是使半轴具有高的综合力学性能。

淬火后回火温度根据杆部要求的硬度选为（420±10)℃，回火后水冷，以防产生回火脆性。

(3) 内燃机曲轴

曲轴是内燃机的重要零件之一，在工作时承受周期性变化的气体压力和活塞连杆惯性作用力、弯曲应力、扭转应力、拉伸应力、压缩应力、摩擦应力、剪切应力和小能量多次冲击力等复杂交变负荷及全部功率输出任务，服役条件恶劣。轴颈严重磨损和疲劳断裂是轴颈主要失效形式。在轴颈与曲柄过渡圆角处易产生疲劳裂纹，向曲柄深处扩展导致断裂。在高速内燃机中，曲轴还受到扭转振动的影响，产生很大的应力。因此，轴颈表面应有高的疲劳强度、优良的耐磨性和足够的硬化层深度，以满足多次修磨；基体应有高的综合力学性能与强韧性配合。

曲轴分为锻钢曲轴和球墨铸铁曲轴两类。长期以来，人们认为曲轴在动载荷下工作，材料有较高的冲击韧度更为安全。实践证明，这种想法不够全面，目前轻、中载荷，低、中速内燃机已成功地使用球墨铸铁曲轴。如果能保证铸铁质量，对一般内燃机曲轴完全可以采用球墨铸铁制造，同时可简化生产工艺，降低成本。

① 球墨铸铁曲轴　以110型柴油机球墨铸铁曲轴为例，说明其加工工艺路线。

材料：QT600-3球墨铸铁。

热处理技术条件：整体正火，R_m≥650MPa，硬度240～300HBW；轴颈表面淬火＋低温回火，硬度≥55HRC；珠光体数量：试棒≥75%，曲轴≥70%。

加工工艺路线：铸造成形→正火＋高温回火→切削加工→轴颈表面淬火＋低温回火→磨削。

铸造是保证这类曲轴质量的关键，例如铸造后的球化情况、有无铸造缺陷、成分及显微组织是否合格等都十分重要。在保证铸造质量的前提下，球墨铸铁曲轴的静强度、过载特性、耐磨性和缺口敏感性都比 45 钢锻钢曲轴好。

正火的目的是为了增加组织内珠光体的数量并使之细化，以提高抗拉强度、硬度和耐磨性，回火的目的是为了消除正火风冷所造成的内应力。

轴颈表面淬火是为了进一步提高该部位的硬度和耐磨性。

② 锻造合金曲轴　以机车内燃机曲轴为例，说明其选材及加工工艺路线。

材料：50CrMoA。

热处理技术条件：整体调质，$R_m \geqslant 950MPa$，$R_{p0.2} \geqslant 750MPa$，$A \geqslant 12\%$，$Z \geqslant 45\%$，$KU_2 \geqslant 45J$，30～35HRC；轴颈表面淬火回火，60～65HRC，硬化层深度 3～8mm。

加工工艺路线：锻造→退火→粗加工→调质→半精加工→表面淬火＋低温回火→磨削。

7.2.2 齿轮类零件的选材

7.2.2.1 齿轮的工作条件与性能要求

齿轮是各类机械、仪表中应用最多的零件之一，其作用是传递动力、调节速度和运动方向。只有少数齿轮受力不大，仅起分度作用。

齿轮工作时的受力情况是：齿根承受很大的交变弯曲应力；换挡、启动或啮合不均匀时，齿部承受一定冲击载荷；齿面相互滚动或滑动接触，承受很大的接触应力，并发生强烈的摩擦。此外，润滑油腐蚀及外部硬质磨粒的侵入等，都可加剧齿轮工作条件的恶化。

按照工作条件的不同，齿轮的主要失效形式有以下几种。

① 断齿　一种断裂为轮齿根部所受的脉动弯曲应力引起的疲劳断裂；另一种断裂为短时过载或过大冲击所引起的过载断裂。过载断裂一般发生在轮齿淬透的齿轮或脆性材料制造的齿轮中。

② 齿面接触疲劳损坏　在轮齿啮合时，接触区产生很大的接触应力，在这一应力反复作用下，轮齿表面会产生疲劳裂纹。裂纹的扩展，使表层金属呈小块状剥落下来，出现小凹坑，即形成点蚀。

③ 齿面磨损　主要有齿面黏着磨损和齿面磨粒磨损两种形式。

齿面黏着磨损是在重载传动中，由于齿面工作区的压力很大，润滑油膜很容易破裂，因此造成金属直接接触，接触区产生瞬时高温，致使两轮齿表面焊合在一起，进而使较软的齿轮齿面金属被撕下，在轮齿工作面上形成沟槽。高速重载齿轮容易产生局部黏着。

齿面磨粒磨损是因齿面间滚动和滑动摩擦或外部硬质颗粒的侵入，使齿面产生磨损的现象。齿面产生严重磨损后，轮齿不仅失去正确的齿形，并且齿侧间隙增大，甚至因齿厚的减薄而引起轮齿折断。在开式传动（即齿轮不在封闭的箱体内，润滑条件差）和低速齿轮中，齿面磨粒磨损是主要的失效形式。

④ 齿面塑性变形　主要因齿轮强度不足和齿面硬度较低在低速重载和启动、过载频繁的齿轮传动中容易产生。

因此，齿轮类零件的性能要求有以下几点。

① 高的接触疲劳强度、高的表面硬度和耐磨性，防止齿面损伤。

② 高的抗弯强度、足够的弯曲疲劳强度、适当的心部强度和韧性，防止疲劳、过载及冲击断裂。

③ 良好的切削加工性和热处理工艺性，以获得高的加工精度和低的表面粗糙度，提高齿轮抗磨损能力。

此外，在齿轮副中两齿轮齿面硬度应有一定差值。小齿轮的齿根薄，受载次数多，应比大齿轮的硬度高一些。一般差值是：软齿面为30～50HBW，硬齿面在5HRC左右。

7.2.2.2　齿轮材料的选择

齿轮用材绝大多数是钢（锻钢与铸钢），某些开式传动的低速齿轮可用铸铁，特殊情况下还可采用有色金属和工程塑料。

确定齿轮用材的主要依据是：齿轮的传动方式（开式或闭式）、载荷性质与大小（齿面接触应力和冲击负荷等）、传动速度（节圆线速度）、精度要求、淬透性及齿面硬化要求、齿轮副的材料及硬度值的匹配情况等。

（1）钢制齿轮

钢制齿轮有型材和锻件两种毛坯形式。一般锻造齿轮毛坯的纤维组织与轴线垂直，分布合理，故重要用途的齿轮都采用锻造毛坯。

钢制齿轮按齿面硬度分为硬齿面和软齿面：齿面硬度＜350HBW为软齿面，齿面硬度＞350HBW为硬齿面。

① 轻载，低、中速，冲击力小，精度较低的一般齿轮，选用中碳钢（如Q275、40、45、50、50Mn等）制造，常用正火或调质等热处理制成软齿面齿轮，正火硬度为160～200HBW，调质硬度一般为200～280HBW（≤350HBW）。此类齿轮硬度适中，齿形加工可在热处理后进行，工艺简单，成本低。主要用于标准系列减速箱齿轮，以及冶金机械、重型机械和机床中的一些次要齿轮。

② 中载，中速，受一定冲击载荷、运动较为平稳的齿轮，选用中碳钢或合金调质钢，如45、50Mn、40Cr、42SiMn等，也可采用55Tid、60Tid等低淬透性钢。其最终热处理采用高频或中频淬火及低温回火，制成硬齿面齿轮，齿面硬度可达50～55HRC，齿轮心部保持原正火或调质状态，具有较好的韧性。大多数机床齿轮属于这种类型。

③ 重载，中、高速，受较大冲击载荷的齿轮，选用低碳合金渗碳钢或碳氮共渗钢，如20Cr、20MnB、20CrMnTi、30CrMnTi等。其热处理是渗碳、淬火、低温回火，齿轮表面获得58～63HRC的硬度，因淬透性高，齿轮心部有较高的强韧性。这种齿轮的表面耐磨性、抗接触疲劳强度、抗弯强度及心部的抗冲击能力都高于表面淬火齿轮，但热处理变形较大，在精度要求较高时应安排磨削加工。主要用于汽车、拖拉机的变速箱和后桥中的齿轮。

④ 精密传动齿轮或磨齿有困难的硬齿面齿轮（如内齿轮），要求精度高、热处理变形小宜采用氮化钢，如35CrMo、38CrMoAl等。热处理采用调质及氮化，氮化后齿面硬度可达850～1200HV（相当于65～70HRC），热处理变形极小，热稳定性好（在500～550℃仍能保持高硬度），并有一定耐磨性。其缺点是硬化层薄，不耐冲击，不适用于重载齿轮，多用于载荷平稳的精密传动齿轮或磨齿困难的内齿轮。

（2）铸钢齿轮

某些尺寸较大（如直径大于400mm）、形状复杂并受一定冲击的齿轮，其毛坯用锻造难以加工时需要采用铸钢。常用碳素铸钢为ZG270-500、ZG310-570、ZG340-640等，载荷较大的采用合金铸钢，如ZG40Cr、ZG35CrMo、ZG42MnSi等。

铸钢齿轮通常是在切削加工前进行正火或退火，以消除铸造内应力，改善组织和性能的不均匀，从而提高切削加工性。要求不高、转速较低的铸钢齿轮，可在退火或正火处理后使用；对耐磨性要求高的，可进行表面淬火（如火焰淬火）。

(3) 铸铁齿轮

灰铸铁可用于制造开式传动齿轮，常用的牌号有HT200、HT250、HT300等。灰铸铁组织中的石墨起润滑作用，减摩性较好，不易咬合，切削加工性能好，成本低。其缺点是抗弯强度差，性脆，抗冲击性差。只适用于制造一些轻载、低速、不受冲击的齿轮。

由于球墨铸铁的强韧性较好，在闭式齿轮传动中，有用球墨铸铁（如QT600-3、QT450-10、QT400-15等）代替铸钢的趋势。

铸铁齿轮在铸造后一般进行去应力退火或正火、回火处理，硬度在170～269HBW之间，为提高耐磨性还可进行表面淬火。

(4) 有色金属齿轮

对仪表齿轮或接触腐蚀介质的轻载齿轮，常用抗蚀、耐磨的有色金属型材制造。常见的有黄铜（如H62）、铝青铜（如QAl9-4）、硅青铜（如QSi3-1）、锡青铜（QSn6.5-0.1）。硬铝和超硬铝（如2Al2、7A04）可制作轻质齿轮。另外，对蜗轮蜗杆传动，由于传动比大、承载力大，常用锡青铜制作蜗轮（配合钢制蜗杆），以减摩及减少咬合和黏着现象。

(5) 工程塑料齿轮

在轻载、无润滑条件下工作的小型齿轮，可以选用工程塑料制造，常用的有尼龙、ABS、聚甲醛、聚碳酸酯、夹布层压热固性树脂等。工程塑料具有重量轻、摩擦因数小、减振、工作噪声低等特点，适于制造仪表、小型机械的无润滑、轻载齿轮。其缺点是强度低，工作温度低，不宜用于制作承受较大载荷的齿轮。

(6) 粉末冶金材料齿轮

一般适用于大批量生产的小齿轮，如汽车发动机的定时齿轮（材料Fe-C0.9）、分电器齿轮（材料Fe-C0.9-Cu2.0）、农用柴油机中的凸轮轴齿轮（材料Fe-Cu-C）、联合收割机中的油泵齿轮等。

表7-5为常用钢制齿轮的材料、热处理及性能。

7.2.2.3 典型齿轮选材及加工工序安排举例

(1) 机床齿轮

机床齿轮属于运转平稳、负荷不大、工作条件较好的一类，一般选用碳钢制造，经高频感应热处理后的硬度、耐磨性、强度及韧性已能满足性能要求。

下面以CM6132机床中的齿轮为例进行分析。

材料：45钢。

热处理技术条件：正火，840～860℃空冷，硬度160～217HBW；高频感应加热喷水冷却，180～200℃低温回火，硬度50～55HRC。

加工工艺路线：锻造→正火→粗加工→调质→半精加工→高频淬火及低温回火→精磨。

正火可使同批坯料具有相同硬度，便于切削加工，使组织均匀，消除锻造应力。对一般齿轮来说，正火也可作为高频淬火前的预备热处理工序。

调质可使齿轮具有较高的综合力学性能，提高齿轮心部的强度、韧性，使齿轮能够承受较大的弯曲应力和冲击应力。

高频淬火及低温回火是赋予齿轮表面性能的关键工序，通过高频淬火可以提高齿轮表面的硬度和耐磨性，增强抗疲劳破坏能力；低温回火是为了消除淬火应力。

(2) 汽车、拖拉机齿轮

表 7-5 常用钢制齿轮的材料、热处理及性能

传动方式	工作条件		小齿轮			大齿轮		
	速度	载荷	材料	热处理	硬度	材料	热处理	硬度
开式传动	低速	轻载、无冲击、非重要齿轮	Q275	正火	150～190HBW	HT200		170～230HBW
						HT250		170～240HBW
		轻载、小冲击	45	正火	170～200HBW	QT500-5	正火	170～207HBW
						QT600-3		197～269HBW
闭式传动	低速	中载	45	正火	170～200HBW	35	正火	150～180HBW
			ZG310-570	调质	200～250HBW	ZG270-500	调质	190～230HBW
		重载	45	整体淬火	38～48HRC	ZG270-500	整体淬火	35～40HRC
	中速	中载	45	调质	200～250HBW	35	调质	190～230HBW
				整体淬火	38～48HRC		整体淬火	35～40HRC
			40Cr 40MnB 40MnVB	调质	230～280HBW	45,50	调质	220～250HBW
						ZG270-500	正火	180～230HBW
						35,40	调质	190～230HBW
		重载	45	整体淬火	38～48HRC	35	整体淬火	35～40HRC
				表面淬火	45～52HRC	45	调质	220～250HBW
			40Cr 40MnB 40MnVB	整体淬火	35～42HRC	35,40	整体淬火	35～40HRC
				表面淬火	52～56HRC	45,50	表面淬火	45～50HRC
	高速	中载、无猛烈冲击	40Cr 40MnB 40MnVB	整体淬火	35～42HRC	35,40	整体淬火	35～40HRC
				表面淬火	52～56HRC	45,50	表面淬火	45～50HRC
		中载、有冲击	20Cr 20MnVB 20CrMnTi	渗碳淬火	56～62HRC	ZG310-570	正火	160～210HBW
						35	调质	190～230HBW
						20Cr, 20MnVB	渗碳淬火	56～62HRC
		重载、高精度、小冲击	38CrAl 38CrMoAlA	渗氮	＞850HV	35CrMo	调质	255～302HBW

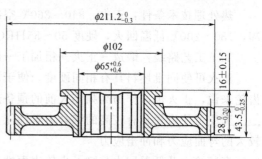

汽车、拖拉机（或坦克）齿轮主要分装在变速箱和差速器中。在变速箱中，通过齿轮来改变发动机、曲轴和主轴齿轮的转速；在差速器中，通过齿轮来增加扭转力矩，调节左右两轮的转速，并将发动机动力传给主动轮，推动汽车、拖拉机运行。它们传递的功率和承受的冲击力、摩擦力都很大，工作条件比机床齿轮繁重得多。因此，对耐磨性、疲劳强度、心部强度和冲击韧度等都有更高的要求。通常选用渗碳钢，经渗碳（或碳氮共渗）、淬火及低温回火后使用。现以解放牌载重汽车变速箱变速

图 7-5 汽车变速齿轮

齿轮（图 7-5）为例，分析其选材及热处理。

该齿轮将发动机动力传递到后轮，并起倒车的作用，工作时承载、磨损及冲击负荷均较大。

要求齿轮表面有较高的耐磨性和疲劳强度，心部有较高的强度（R_m>1000MPa）及韧性（KU_2>48J）。常选用 20CrMnTi 进行渗碳。

热处理技术条件：表层 w_C＝0.8%～1.05%，渗碳层深度为 0.8～1.3mm，齿面硬度 58～62HRC，心部硬度 33～45HRC。

加工工艺路线：锻造→正火→粗加工、半精加工→渗碳淬火、低温回火→喷丸→精磨。

该齿轮属于大批量生产，考虑到形状、结构特点，毛坯采用模锻件，以提高生产率、节约材料，使纤维分布合理，提高力学性能。

热处理方法：正火，950～970℃空冷，硬度 179～217HBW；渗碳 920～940℃，保温 4～6h，预冷至 830～850℃直接入油淬火，低温回火（180±10)℃，保温 2h。

7.2.3 箱体支承类零件的选材

7.2.3.1 箱体支承类零件功能与性能要求

箱体及支承件是机器中的基础零件，机床床身、床头箱、变速箱、进给箱、溜板箱、内燃机缸体等，都是箱体类零件，起着支撑其他零件的作用。轴和齿轮等零件安装在箱体中，以保持相互的位置并协调地运动；机器上各个零部件的重量都由箱体和支承件承担，因此箱体支承类零件主要受压应力，部分受一定的弯曲应力。此外，箱体还要承受各零件工作时的动载作用力以及稳定在机架或基础上的紧固力；箱体一般形状复杂，体积较大，且具有中空壁薄的特点，一般多选用铸造毛坯。其性能要求有以下几点。

① 具有足够的强度和刚度。

② 对精度要求高的机器的箱体，要求有较好的减振性及尺寸稳定性。

③ 对于有相对运动的表面要求有足够的硬度和耐磨性。

④ 具有良好的工艺性，以利于加工成形，如铸造性能或焊接性能等。

7.2.3.2 箱体支承类零件的选材

箱体支承类零件常用材料有以下几种。

① 铸铁　铸造性好，价格低廉，消振性能好，故对于形状复杂、工作平稳、中等载荷的箱体、支承件一般都采用灰铸铁或球墨铸铁制作。例如金属切削机床中的各种箱体、支承件。

② 铸钢　载荷较大、承受冲击较强的箱体支承类部件常采用铸钢制造，其中 ZG35Mn、ZG40Mn 应用最多。铸钢的铸造性较差，由于其工艺性的限制，所制部件往往壁厚较大、形体笨重。

③ 有色金属铸造　要求重量轻、散热良好的箱体可用有色金属及其合金制造。例如柴油机喷油泵壳体，还有飞机发动机上的箱体多采用铸造铝合金生产。

④ 型材焊接　体积及载荷较大、结构形状简单、生产批量较小的箱体，为了减轻重量也可采用各种低碳钢型材拼制成焊接件。常用钢材为焊接性优良的 Q235、20、Q345 等。

箱体支承类零件的加工工艺路线是：铸造→人工时效（或自然时效)→切削加工。

箱体支承类零件尺寸大、结构复杂，铸造（或焊接）后形成较大的内应力，在使用期间会发生缓慢变形。因此，箱体支承类零件毛坯（如一般机床床身），在加工前必须长期放置（自然时效）或进行去应力退火（人工时效）。对精度要求很高或形状特别复杂的箱体（如精密机床床身)，在粗加工以后、精加工以前增加一次人工时效，消除粗加工所造成的内应力影响。

去应力退火一般在550℃加热，保温数小时后随炉缓冷至200℃以下出炉。

习　题

7-1 何谓“失效”？失效分析的主要目的是什么？机械零件失效的基本类型有哪些？失效原因又有哪些？

7-2 轴类、齿轮类零件可能出现的失效形式各有哪些？

7-3 一尺寸为ϕ30mm×250mm的轴用30钢制造，经高频表面淬火（水冷）和低温回火，要求摩擦部分表面硬度达50～55HRC，但使用过程中摩擦部分严重磨损，试分析失效原因，并提出解决问题的方法。

7-4 某厂采用T10钢制造一机用钻头对铸件钻ϕ10mm深孔，在正常工作条件下仅钻几个孔，钻头便很快磨损。据检验，钻头的材料、加工工艺、组织和硬度均符合规范。试分析磨损原因，并提出解决办法。

7-5 请为下列机械零件、构件选择适宜的材料，并安排主要的热处理工艺（如果需要进行热处理)，并简述理由：

(1) 汽车板簧（45、60Si2Mn、2A01)；
(2) 机床床身（Q235、T10A、HT200)；
(3) 受冲击载荷的齿轮（40MnB、20CrMnTi、KTZ450-06)；
(4) 桥梁构件（Q345、40、3Cr13)；
(5) 滑动轴承（GCr15、ZSnSb11Cu6、耐磨铸铁)；
(6) 曲轴（9SiCr、Cr12MoV、50CrMoA)；
(7) 螺栓（40Cr、H70、T12A)；
(8) 高速切削刃具（W6Mo5Cr4V2、T8MnA、ZGMn13)。

参考文献

[1] 李恒德，师昌绪主编. 中国材料发展现状及迈入新世纪对策. 济南：山东科学技术出版社，2002.
[2] 谭家俊，李国俊主编. 国内外金属材料及热处理技术现状与发展. 北京：国防工业出版社，1995.
[3]《机械工程手册 电机工程手册》编委会主编. 机械工程手册工程材料卷. 第2版. 北京：机械工业出版社，1996.
[4] 卢锦德等. 材料进展. 五金科技，2004，(2)：28.
[5] 石德珂，金志浩编著. 材料力学性能. 西安：西安交通大学出版社，1998.
[6] 王从曾主编. 材料性能学. 北京：北京工业大学出版社，2001.
[7] 冶金工业信息标准研究院，中国标准出版社第二编辑室编. 金属材料物理试验方法标准汇编. 第2版. 北京：中国标准出版社，2002.
[8] 国家标准 GB/T 228.1—2010，GB/T 231.1—2009，GB/T 230.1—2009，GB/T 4340.1—2009，GB/T 229—2007，GB/T 4337—2008，GB/T 4161—2007 等.
[9] 胡赓祥，蔡珣主编. 材料科学基础. 上海：上海交通大学出版社，2000.
[10] 崔忠圻，刘北兴编. 金属学与热处理原理. 哈尔滨：哈尔滨工业大学出版社，1998.
[11] 全国热处理标准化技术委员会编. 热处理标准应用手册. 北京：机械工业出版社，1997.
[12] 徐洲，赵连城主编. 金属固态相变原理. 北京：科学出版社，2004.
[13] 樊东黎，潘健生，徐跃明，佟晓辉主编. 材料热处理工程//中国材料工程大典（第15卷）. 北京：化学工业出版社，2006.
[14]《热处理手册》编委会编. 热处理手册. 第4版. 北京：机械工业出版社，2008.
[15] 黄守伦. 实用化学热处理与表面强化新技术. 北京：机械工业出版社，2002.
[16] 北京机电研究所编. 先进热处理制造技术. 北京：机械工业出版社，2002.
[17] 戚亚光，薛叙明主编. 高分子材料改性. 北京：化学工业出版社，2005.
[18] 徐滨士等编著. 表面工程的理论与技术. 北京：国防工业出版社，1999.
[19] 徐滨士，刘世参等编著. 表面工程. 北京：机械工业出版社，2000.
[20] 赵文轸主编. 材料表面工程导论. 西安：西安交通大学出版社，1998.
[21] 干勇，田志凌，董瀚，冯涤，王新林主编. 钢铁材料工程(上)//中国材料工程大典（第2卷）. 北京：化学工业出版社，2006.
[22] 王祖滨等编著. 低合金高强度钢. 北京：原子能出版社，1996.
[23] 张增歧，梁林霞. 限制淬透性轴承钢 GCr4 及热处理. 机械工人（热加工），2004，(4)：32.
[24] 王文明. 新型高淬透性轴承钢 GCr15SiMo 的应用. 轴承，1999，(2)：12.
[25] 刘永长，谢业万. 新型高淬透性轴承钢 GCr18Mo. 特殊钢，1995，16（4)：29.
[26] 尤绍军等. 轴承零件的选材及热处理，金属热处理，2004，29（9)：26.
[27] 钟顺思，王昌生主编. 轴承钢. 北京：冶金工业出版社，2000.
[28] 邓玉昆等编著. 高速工具钢. 北京：冶金工业出版社，2002.
[29] 徐进等编著. 模具钢. 北京：冶金工业出版社，2002.
[30] 陆世英等编著. 不锈钢. 北京：原子能出版社，1995.
[31] 吴承建等编著. 金属材料学. 北京：冶金工业出版社，2000.
[32] 海钦等主编. 中国工业材料大典. 上海：上海科学技术文献出版社，1999.
[33]《有色金属科学技术》编委会主编. 有色金属科学技术. 北京：冶金工业出版社，1990.
[34] 黄德彬主编. 有色金属材料手册. 北京：化学工业出版社，2005.
[35] 张洁主编. 金属热处理及检验. 北京：化学工业出版社，2005.
[36] 中国冶金百科全书总编辑委员会《金属材料》卷编辑委员会编. 金属材料. 北京：冶金工业出版社，2001.
[37] 李春胜，黄德彬主编. 金属材料手册. 北京：化学工业出版社，2005.
[38] 戈晓岚，赵茂程主编. 工程材料. 南京：东南大学出版社，2004.
[39] 耿洪滨，吴宜勇编著. 新编工程材料. 哈尔滨：哈尔滨工业大学出版社，2000.
[40] 梁光启，林子为编著. 工程材料学. 上海：上海科学技术出版社，1987.
[41] 王章忠主编. 机械工程材料. 北京：机械工业出版社，2001.
[42] 李俊寿主编. 新材料概论. 北京：国防工业出版社，2004.

[43] 王正品等主编. 金属功能材料. 北京：化学工业出版社，2004.
[44] 李炯辉等编著. 钢铁材料金相图谱. 上海：上海科学技术出版社，1981.
[45] 杨瑞成等主编. 机械工程材料. 重庆：重庆大学出版社，2000.
[46] 齐宝森等主编. 机械工程材料. 哈尔滨：哈尔滨工业大学出版社，2003.
[47] 刘志峰，刘光复编著. 绿色设计. 北京：机械工业出版社，1999.
[48] 沈莲等. 机械工程材料与设计选材. 西安：西安交通大学出版社，1996.
[49] 杨瑞成等编著. 工程设计中材料选择与应用. 北京：化学工业出版社，2004.
[50] 詹武. 机械工程中钢材选用探讨. 机械工程材料，2001，25（12）：20-22.
[51] [英]克兰 FAA，查尔斯 JA 著. 工程材料选择与应用. 王庆绥等译. 北京：科学出版社，1990.
[52] Andrew Briggs. The Science of New Materials. Oxford：Blackwell，1992.
[53] [日]高橋昇. 金属材料学. 第3版. 森北出版株式会社，1991.